# 建筑装饰工程计量与计价

主　编　魏爱敏

副主编　王春丽　魏爱婕　施秀凤

参　编　邱玉婷　李志丹

主　审　佘立中

北京理工大学出版社
BEIJING INSTITUTE OF TECHNOLOGY PRESS

## 内 容 提 要

本书除绪论外共分为十三章，主要内容包括建筑装饰工程定额计价，建筑装饰工程工程量清单计价，建筑面积计算，楼地面装饰工程计量与计价，墙、柱面装饰与隔断、幕墙工程计量与计价，天棚工程计量与计价，油漆、涂料、裱糊工程计量与计价，其他装饰工程计量与计价，拆除工程计量，装配式装修工程，措施项目，建筑装饰工程工程量清单计价文件编制实训和建筑装饰工程造价管理软件等。

本书可作为高等院校土木工程类相关专业的教材，也可供建筑设计、室内设计及建筑装饰工程造价编制与管理人员工作时参考使用。

### 图书在版编目（CIP）数据

建筑装饰工程计量与计价 / 魏爱敏主编.—北京：北京理工大学出版社，2020.10
ISBN 978-7-5682-9112-5

Ⅰ.①建… Ⅱ.①魏… Ⅲ.①建筑装饰－工程造价 Ⅳ.①TU723.3

中国版本图书馆CIP数据核字（2020）第187019号

出版发行 / 北京理工大学出版社有限责任公司

社　　址 / 北京市海淀区中关村南大街5号

邮　　编 / 100081

电　　话 / （010）68914775（总编室）
　　　　　　（010）82562903（教材售后服务热线）
　　　　　　（010）68948351（其他图书服务热线）

网　　址 / http://www.bitpress.com.cn

经　　销 / 全国各地新华书店

印　　刷 / 北京紫瑞利印刷有限公司

开　　本 / 787毫米×1092毫米　1/16

印　　张 / 16　　　　　　　　　　　　　　　　责任编辑 / 多海鹏

字　　数 / 388千字　　　　　　　　　　　　　　文案编辑 / 多海鹏

版　　次 / 2020年10月第1版　2020年10月第1次印刷　　责任校对 / 周瑞红

定　　价 / 72.00元　　　　　　　　　　　　　　责任印制 / 边心超

# 前 言

建筑装饰是指为保护建筑物的主体结构、完善建筑物的使用功能和美化建筑物，采用装饰材料或饰物，对建筑物的内外表面及空间进行的各种处理过程。建筑装饰工程计量与计价是正确确定建筑装饰工程造价的重要工作，是按照建筑装饰工程的用途和不同特点，综合运用科学的技术，经济、管理的手段和方法，根据建筑工程工程量清单计价规范、建筑与装饰工程工程量计算规范和建筑装饰工程消耗量定额，以及建筑装饰工程施工图纸，对其工程量和工程价格进行科学合理的预测、优化、计算和分析等一系列活动的总称。

建筑装饰工程计量与计价是一项烦琐且工作量大的活动。建筑装饰工程计量与计价不能仅从字面的简单释义来理解，认为其只是根据施工图纸对建筑装饰工程的工程量和工程价格进行一般的计算。建筑装饰工程计量与计价的准确性对建筑装饰工程造价的预测、优化、计算、分析等多种活动的成果，以及控制整个建筑工程造价管理的效果都会产生重要的影响。

建筑装饰工程计量与计价的准确与否，对正确确定建设单位工程造价等起着举足轻重的作用。本书作为高等教育工程造价专业核心教材之一，根据高等教育培养高技能应用型人才的要求进行编写，目的在于培养学生综合运用理论知识解决实际问题的能力，提高学生的实际工作技能，从而满足企业用人的需要。

本书严格依据建筑装饰工程计量与计价现行标准、规范及定额编写，力求做到理论联系实际，加强可操作性、可应用性和适用性，立足学科前沿，强调新技术的应用，注重研究实际问题，学以致用，为培养具有较强应用能力的高素质人才做了初步的探索和尝试。

本书由广州城建职业学院魏爱敏担任主编，由北京创汇嘉盛装饰工程有限公司王春丽、广州城建职业学院魏爱婕、广州城建职业学院施秀凤担任副主编，宿迁泽达职业技术学院邱玉婷、中闳建设集团有限公司李志丹参与编写。全书由广州大学佘立中教授主审。

本书虽经反复讨论修改，但限于编者的学识及专业水平和实践经验，书中仍难免有疏漏和不妥之处，恳请广大读者指正。

编　者

# 目 录

# 绪 论

## 一、建筑装饰工程项目划分

一个工程建设项目是一个工程综合体，可以分解为许多有内在联系的独立和不独立的工程。为了便于对工程项目的建设进行管理和费用的确定，将工程项目按其组成划分为建设项目、单项工程、单位工程、分部工程和分项工程。

### 1. 建设项目

建设项目是指具有设计任务书、经济上实行独立核算、管理上具有独立组织形式的基本建设单位。建设项目具有单件性并具有一定的约束条件。

### 2. 单项工程

单项工程是指具有独立的设计文件，建成后可以独立发挥生产能力或使用效益的工程。其是建设项目的组成部分，一个建设项目可以是一个或多个单项工程。

### 3. 单位工程

单位工程一般是指具有独立的设计文件，可以独立组织施工和单独成为核算对象，但建成后一般不能单独进行生产或发挥使用效益的工程。其是按照专业工程性质来划分的，是单项工程的组成部分。

### 4. 分部工程

分部工程是单位工程的组成部分，是按单位工程不同的结构形式、工程部位、构件性质、使用材料、设备种类等来划分的工程项目。例如，建筑装饰工程中的楼地面工程、顶棚工程、墙柱面工程等。

### 5. 分项工程

分项工程是分部工程的组成部分。它的划分要按照"分项三原则"进行，即首先按照不同材料（如楼地面工程中的地毯、木地板、瓷砖等）；其次按照同种材料不同规格（如地面瓷砖尺寸有 300 mm×300 mm、400 mm×400 mm、600 mm × 600 mm 等）；最后按照不同的施工工艺（如石材楼地面工程的拼花及普通铺设）。分项工程是用较简单的施工过程来完成的，是计算工料消耗的最基本构成项目，是单位工程组成的基本要素，是建筑装饰工程造价的最小计算单元。其在"预算定额"中是组成定额的基本单元体，这种单元体也被称为定额子目。

综上所述，一个建设项目是由一个或几个单项工程组成的；一个单项工程是由几个单位工程组成的;一个单位工程又可划分为若干个分部工程;一个分部工程又可划分为许多分项工程。因此,在进行工程造价计算时,务必认真、仔细地对项目工程进行项目划分并做到不漏项、不错项、不重项,否则将影响项目工程造价的计算。

## 二、建筑装饰工程计价方法

工程计价是依据项目划分原理,从最小的计价单元(分项工程)逆向汇总计算出工程造价的过程,即通过计算各分项工程的价格并汇总得到相应的分部工程价格,再汇总各分部工程价格得到相应的单位工程价格,再汇总各单位工程价格得到相应的单项工程价格,再汇总各单项工程价格得到建设项目总造价。需要说明的是,对于建筑装饰工程计价,只需要计算汇总到单位工程即可。

目前,在我国建筑装饰工程计价有两种计算方法,即传统的定额计价法和世界通用的工程量清单计价法。

### 1. 定额计价法

简单来说,建设工程定额计价法是我国长期以来在工程价格形成中采用的计价模式。在计价中以国家或地方主管部门颁布的定额为依据,按定额规定的分部分项子目,逐项计算工程量,套用定额单价以确定人工费、材料费及机械费(以下简称人、材、机),然后按规定取费标准确定构成工程价格的其他费用及利润和税金,最后汇总即可以获得建筑装饰工程造价。

但这种方法计算出来的造价有其局限性,因为定额计价法中所用的定额中的"人、材、机"的消耗量是按社会平均水平测得的,价格是地区统一确定的,取费的费率是根据地区平均水平测算的,因此,这种计价不能真正反映承包人的实际成本及各项费用的实际开支,在一定程度上限制了企业的公平竞争。

### 2. 工程量清单计价法

工程量清单计价法是一种与市场经济相适应的计价模式,工程量清单计价是招标人公开提供工程量清单,投标人根据招标文件、工程量清单等内容,结合本企业的实际情况自主报价,并据此签订合同价款,进行工程结算的计价活动。在这个活动中,承包人作为工程项目的承建者,是工程造价的确定主体。在多变的市场条件下,项目的造价应以承建人在项目建造中的合理成本费用为基础,并考虑适当的利润、税金和可能的可变因素来确定。

由此可见,无论使用何种方法计价,实际上都离不开"量、价、费"的计算。"量"指的是建筑装饰工程中各分项工程的工程量及定额中表达的一定计量单位"人、材、机"的消耗量;"价"指的是构成项目的"人、材、机"的预算单价及工程的合价;"费"指的是国家规定的各种取费。

# 第一章

# 建筑装饰工程定额计价

## 📖 知识目标

1. 掌握人工费、材料费、施工机具使用费、企业管理费、利润、规费和税金的计算。

2. 了解工程建设定额的分类；熟悉按生产要素分类。

3. 了解建筑装饰定额的作用与特点；掌握定额人工消耗量指标、定额材料消耗量指标、定额机械台班消耗量指标的确定；掌握人工工日单价的确定、材料预算单价的确定、机械台班单价的确定。

4. 熟悉建筑装饰工程预算定额的应用、建筑装饰工程预算定额的编制依据、建筑装饰工程预算定额的编制原则、建筑装饰工程预算定额的编制程序。

## ⊕ 能力目标

1. 能详细描述建筑装饰工程费用构成；具备人工费、材料费、施工机具使用费、企业管理费、利润、规费及税金的计算能力。

2. 能进行定额人工消耗量指标、定额材料消耗量指标、定额机械台班消耗量指标的确定，具备定额消耗量换算的能力。

3. 熟悉建筑装饰定额计价方法"工料单价法"及"实物计价法"。

## 第一节　建筑装饰工程费用项目组成（按构成要素划分）

建筑装饰工程按照费用构成要素划分为人工费、材料（包含工程设备）费、施工机具使用费、企业管理费、利润、规费和税金。其中，人工费、材料费、施工机具使用费、企业管理费、利润包含在分部分项工程费、措施项目费和其他项目费中。

建筑安装工程
费用项目组成

### 一、人工费

人工费是指按工资总额构成规定，支付给从事建筑安装工程施工的生产工人和附属生产单位工人的各项费用。其内容包括以下几项：

（1）计时工资或计件工资。计时工资或计件工资是指按计时工资标准和工作时间或对已做工作按计件单价支付给个人的劳动报酬。

（2）奖金。奖金是指对超额劳动和增收节支支付给个人的劳动报酬，如节约奖、劳动竞赛奖等。

（3）津贴、补贴。津贴、补贴是指为了补偿职工特殊或额外的劳动消耗和因其他特殊原因支付给个人的津贴，以及为了保证职工工资水平不受物价影响支付给个人的物价补贴，如流动施工津贴、特殊地区施工津贴、高温（寒）作业临时津贴、高空津贴等。

（4）加班加点工资。加班加点工资是指按规定支付的在法定节假日工作的加班工资和在法定日工作时间外延时工作的加点工资。

（5）特殊情况下支付的工资。特殊情况下支付的工资是指根据国家法律、法规和政策规定，因病、工伤、产假、计划生育假、婚丧假、事假、探亲假、定期休假、停工学习、执行国家或社会义务等原因按计时工资标准或计时工资标准的一定比例支付的工资。

## 二、材料费

材料费是指施工过程中耗费的原材料、辅助材料、构配件、零件、半成品或成品、工程设备的费用。其内容包括以下几项：

（1）材料原价。材料原价是指材料、工程设备的出厂价格或商家供应价格。

（2）运杂费。运杂费是指材料、工程设备自来源地运至工地仓库或指定堆放地点所发生的全部费用。

（3）运输损耗费。运输损耗费是指材料在运输装卸过程中不可避免的损耗所产生的费用。

（4）采购及保管费。采购及保管费是指为组织采购、供应和保管材料、工程设备的过程中所需要的各项费用，包括采购费、仓储费、工地保管费、仓储损耗。

工程设备是指构成或计划构成永久工程一部分的机电设备、金属结构设备、仪器装置及其他类似的设备和装置。

## 三、施工机具使用费

施工机具使用费是指施工作业所发生的施工机械、仪器仪表使用费或其租赁费。

（1）施工机械使用费。以施工机械台班耗用量乘以施工机械台班单价表示，施工机械台班单价应由下列七项费用组成：

1）折旧费。折旧费是指施工机械在规定的使用年限内，陆续收回其原值的费用。

2）大修理费。大修理费指施工机械按规定的大修理间隔台班进行必要的大修理，以恢复其正常功能所需的费用。

3）经常修理费。经常修理费是指施工机械除大修理以外的各级保养和临时故障排除所需的费用，包括为保障机械正常运转所需替换设备与随机配备工具附具的摊销和维护费用，机械运转中日常保养所需润滑与擦拭的材料费用及机械停滞期间的维护和保养费用等。

4）安拆费及场外运费。安拆费是指施工机械（大型机械除外）在现场进行安装与拆卸所需的人工、材料、机械和试运转费用以及机械辅助设施的折旧、搭设、拆除等费用；场外运费指施工机械整体或分体自停放地点运至施工现场或由一施工地点运至另一施工地点的运输、装卸、辅助材料及架线等费用。

5）人工费。人工费是指机上司机（司炉）和其他操作人员的人工费。

6)燃料动力费。燃料动力费是指施工机械在运转作业中所消耗的各种燃料及水、电费等。

7)税费。税费是指施工机械按照国家规定应缴纳的车船使用税、保险费及年检费等。

（2）仪器仪表使用费。仪器仪表使用费是指工程施工所需使用的仪器仪表的摊销及维修费用。

## 四、企业管理费

企业管理费是指建筑安装企业组织施工生产和经营管理所需的费用。其内容包括：

（1）管理人员工资。管理人员工资是指按规定支付给管理人员的计时工资、奖金、津贴补贴、加班加点工资及特殊情况下支付的工资等。

（2）办公费。办公费是指企业管理办公用的文具、纸张、账表、印刷、邮电、书报、办公软件、现场监控、会议、水电、烧水和集体取暖降温（包括现场临时宿舍取暖降温）等费用。

（3）差旅交通费。差旅交通费是指职工因公出差、调动工作的差旅费、住勤补助费，市内交通费和误餐补助费，职工探亲路费，劳动力招募费，职工退休、退职一次性路费，工伤人员就医路费，工地转移费以及管理部门使用的交通工具的油料、燃料等费用。

（4）固定资产使用费。固定资产使用费是指管理和试验部门及附属生产单位使用的属于固定资产的房屋、设备、仪器等的折旧、大修、维修或租赁费。

（5）工具、用具使用费。工具、用具使用费是指企业施工生产和管理使用的不属于固定资产的工具、器具、家具、交通工具和检验、试验、测绘、消防用具等的购置、维修和摊销费。

（6）劳动保险和职工福利费。劳动保险和职工福利费是指由企业支付的职工退职金、按规定支付给离休干部的经费，集体福利费，夏季防暑降温、冬季取暖补贴，上下班交通补贴等。

（7）劳动保护费。劳动保护费是指企业按规定发放的劳动保护用品的支出，如工作服、手套、防暑降温饮料以及在有碍身体健康的环境中施工的保健费用等。

（8）检验试验费。检验试验费是指施工企业按照有关标准规定，对建筑以及材料、构件和建筑安装物进行一般鉴定、检查所发生的费用，包括自设实验室进行试验所耗用的材料等费用。其不包括新结构、新材料的试验费，对构件做破坏性试验及其他特殊要求检验试验的费用和建设单位委托检测机构进行检测的费用，对此类检测发生的费用，由建设单位在工程建设其他费用中列支。但对施工企业提供的具有合格证明的材料进行检测不合格的，该检测费用由施工企业支付。

（9）工会经费。工会经费是指企业按工会法规定的全部职工工资总额比例计提的工会经费。

（10）职工教育经费。职工教育经费是指按职工工资总额的规定比例计提，企业为职工进行专业技术和职业技能培训、专业技术人员继续教育、职工职业技能鉴定、职业资格认定以及根据需要对职工进行各类文化教育所发生的费用。

（11）财产保险费。财产保险费是指施工管理用财产、车辆等的保险费用。

（12）财务费。财务费是指企业为施工生产筹集资金或提供预付款担保、履约担保、职工工资支付担保等所发生的各种费用。

（13）税金。税金是指企业按规定缴纳的房产税、车船使用税、土地使用税、印花税等。

（14）其他。其他包括技术转让费、技术开发费、投标费、业务招待费、绿化费、广告费、公证费、法律顾问费、审计费、咨询费、保险费等。

## 五、利润

利润是指施工企业完成所承包工程获得的盈利。

## 六、规费

规费是指按国家法律、法规规定，由省级政府和省级有关权力部门规定必须缴纳或计取的费用。其内容包括以下几项：

（1）社会保险费。

1）养老保险费。养老保险费是指企业按照规定标准为职工缴纳的基本养老保险费。

2）失业保险费。失业保险费是指企业按照规定标准为职工缴纳的失业保险费。

3）医疗保险费。医疗保险费是指企业按照规定标准为职工缴纳的基本医疗保险费。

4）生育保险费。生育保险费是指企业按照规定标准为职工缴纳的生育保险费。

5）工伤保险费。工伤保险费是指企业按照规定标准为职工缴纳的工伤保险费。

（2）住房公积金。住房公积金是指企业按照规定标准为职工缴纳的住房公积金。

（3）工程排污费。工程排污费是指企业按照规定缴纳的施工现场工程排污费。

其他应列而未列入的规费，按实际发生计取。

## 七、税金

税金是指国家税法规定的应计入建筑安装工程造价内的增值税、城市维护建设税、教育费附加以及地方教育附加。

（1）采用一般计税方法时增值税的计算。

当采用一般计税方法时，建筑业增值税税率为 9%，其计算公式为

$$增值税＝税前造价 \times 9\%$$

税前造价为人工费、材料费、施工机具使用费、企业管理费、利润和规费之和，各费用项目均以不包含增值税可抵扣进项税额的价格计算。

营业税改征增值税试点实施办法

（2）采用简易计税方法时增值税的计算。

1）简易计税的适用范围。根据《营业税改征增值税试点实施办法》及《营业税改征增值税试点有关事项的规定》，简易计税方法主要适用于以下几种情况：

营业税改征增值税试点有关事项的规定

①小规模纳税人发生应税行为适用简易计税方法计税。小规模纳税人通常是指纳税人提供建筑服务的年应征增值税销售额未超过 500 万元，并且会计核算不健全，不能按规定报送有关税务资料的增值税纳税人。年应税销售额超过 500 万元，但不经常发生应税行为的单位也可以选择按照小规模纳税人计税。

②一般纳税人以清包工方式提供的建筑服务，可以选择适用简易计税方法计税。以清包工方式提供建筑服务，是指施工方不采购建筑工程所需的材料或只采购辅助材料，并收取人工费、管理费或者其他费用的建筑服务。

关于建筑服务等营改增试点政策的通知

③一般纳税人为甲供工程提供的建筑服务，就可以选择适用简易计税方法计税。甲供工程是指全部或部分设备、材料、动力由工程发包方自行采购的建筑工程。

④一般纳税人为建筑工程老项目提供的建筑服务，可以选择适用简易计税方法计税。建筑工程老项目：《建筑工程施工许可证》注明的合同开工日期在 2016 年 4 月 30 日前的建筑工程项目；未取得《建筑工程施工许可证》的，建筑工程承包合同注明的开工日期在 2016 年 4 月 30 日前的建筑工程项目。

2）简易计税的计算方法。当采用简易计税方法时，建筑业增值税税率为 3％，计算公式为

$$增值税＝税前造价×3\%$$

税前造价为人工费、材料费、施工机具使用费、企业管理费、利润和规费之和，各费用项目均以包含增值税进项税额的含税价格计算。

# 第二节　工程建设定额的分类

## 一、按生产要素分类

生产过程是劳动者利用劳动手段，对劳动对象进行加工改造的过程。可见，生产活动包括劳动者、劳动者手段和劳动对象三个不可缺少的要素。劳动者是指生产活动中各专业工种的技术人员；劳动手段是指劳动者使用的生产工具和机械设备；劳动对象是指原材料、半成品和构配件等。与其相对应的定额便是劳动消耗定额、材料消耗定额、机械台班消耗定额。

### 1. 劳动消耗定额

劳动消耗定额又称人工定额，是指在正常的施工技术和组织条件下，生产单位合格产品所需要的劳动消耗量标准。其反映生产工人劳动生产率的平均水平，反映建筑安装企业的社会平均先进水平。

劳动消耗定额根据其表现形式可分为时间定额和产量定额。

（1）时间定额又称工时定额，是指在合理的劳动组织与合理使用材料的条件下，完成单位合格产品所必需消耗的劳动时间。时间定额的单位是以完成单位合格产品的工日数来表示的，如工日/（m 或 m²、m³、t、座、组等）。每个工日按现行制度规定为 8 h。

（2）产量定额又称每工产量，是指在合理的劳动组织与合理使用材料的条件下，规定某工种某技术等级的工人（或人工班组）在单位时间里所完成的质量合格的产品数量。产量定额单位是以一个工日完成合格产品的数量来表示的，如（m 或 m²、m³、t、座、组等）/工日。

由此可见，时间定额与产量定额在数值上互为倒数，即

$$时间定额＝1/产量定额$$
$$产量定额＝1/时间定额$$
$$时间定额×产量定额＝1$$

### 2. 材料消耗定额

材料消耗定额简称材料定额，它是指在节约与合理使用材料的条件下，生产质量合格的单位工程产品所必需消耗的一定规格的质量合格的材料、成品、半成品、构配件、动力与燃料的数量标准。

### 3. 机械台班消耗定额

机械台班消耗定额又称机械台班使用定额，简称机械定额，是指某种机械在合理的劳

动组织、合理的施工条件和合理使用机械的条件下，完成质量合格的单位产品所必需消耗的一定规格的施工机械的台班数量标准。其反映了机械在单位时间内的生产率。

机械台班消耗定额按表现形式可分为时间定额和产量定额两种形式。

(1)机械台班时间定额是指在合理组织施工和合理使用机械的条件下，某种机械完成质量合格的产品所必需消耗的工作时间。其计量单位以完成单位产品所需的台班数或工日数来表示，如台班(或工日)/(m 或 $m^2$、$m^3$、t、座、组等)，每一台班是指施工机械工作 8 h。

(2)机械台班产量定额是指在合理的劳动组织、合理的施工组织和正常使用机械的条件下，某种机械在单位机械时间内完成质量合格的产品数量。计量单位为(m 或 $m^2$、$m^3$、t、座、组等)/台班(或工日)。

综上可知，机械台班时间定额与机械台班产量定额在数值上互为倒数，即

$$机械台班时间定额 = 1/机械台班产量定额$$
$$机械台班产量定额 = 1/机械台班时间定额$$
$$机械台班时间定额 \times 机械台班产量定额 = 1$$

## 二、按编制程序和用途分类

### 1. 施工定额

施工定额是指在合理的劳动组织与正常的施工条件下，完成单位合格产品所必需消耗的人工、材料和施工机械台班的数量标准。

施工定额属于企业定额性质，是施工企业组织生产和加强管理，在企业内部使用的一种定额。施工定额是以某一施工过程或基本工序为研究对象，表示生产产品数量与生产要素消耗的综合关系而编制的定额，由劳动定额、材料消耗定额和机械台班定额三个相对独立的部分组成。

### 2. 预算定额

预算定额是指在合理的施工条件下，为完成一定计量单位的合格建筑产品所必需消耗的人工、材料和施工机械台班的数量标准及其费用标准。预算定额不仅可以表现为计"量"的定额，还可以表现为计"价"的定额，即在包括人工、材料、机械台班消耗量的同时，还包括人工、材料和施工机械台班费用基价，即建筑工程直接工程费。

### 3. 概算定额

概算定额是指完成单位合格产品(扩大的工程结构构件或分部分项工程)所消耗的人工、材料和机械台班的数量标准及其费用标准，是在预算定额基础上，根据有代表性的工程通用图和标准图等资料进行综合扩大而成的一种计价性定额。

概算定额是编制扩大初步设计概算、确定建设项目投资额的依据。概算定额一般是在预算定额的基础上综合扩大而成的，每一综合分项概算定额都包含了数项预算定额。概算定额是编制概算指标的依据，是进行方案设计、进行技术经济比较和选择的依据，也是编制主要材料需要量的计算基础。

### 4. 概算指标

概算指标是以整个建筑物为对象，按照建筑面积、体积或构筑物，以座为计量单位，规定所需人工、材料、机械台班的消耗量和资金数。概算指标的设定和初步设计的深度相适应，是设计单位编制设计概算或建设单位编制年度投资计划的依据，也可以作为编制估算指标的基础。

**5. 投资估算指标**

投资估算指标是在项目建议书、可行性研究和编制设计任务书阶段编制投资估算、计算投资需要量时使用的一种定额。

投资估算指标通常是以独立的单项工程或完整的工程项目为计算对象，编制确定的生产要素消耗的数量标准或项目费用标准，是根据已建工程或现有工程的价格数据和资料，经分析、归纳和整理编制而成的。投资估算指标是在项目建议书和可行性研究阶段编制投资估算、计算投资需要量时使用的一种指标，是合理确定建设工程项目投资的基础。

## 三、按专业分类

（1）建筑工程消耗量定额。建筑工程消耗量定额是指建筑工程人工、材料及机械的消耗量标准。

（2）装饰工程消耗量定额。装饰工程是指房屋建筑的装饰装修工程。装饰工程消耗量定额是指建筑装饰装修工程人工、材料及机械的消耗量标准。

（3）安装工程消耗量定额。安装工程是指各种管线、设备等的安装的工程。安装工程消耗量定额是指安装工程人工、材料及机械的消耗量标准。

（4）市政工程消耗量定额。市政工程是指城市的道路、桥梁等公共设施及公用设施的建设工程。市政工程消耗量定额是指市政工程人工、材料及机械的消耗量标准。

# 第三节　建筑装饰定额的作用与特点

定额就是进行生产经营活动时，在人力、物力、财力消耗方面所应遵守或达到的数量标准。所谓建筑装饰工程定额，是指在一定的施工技术与建筑艺术综合创作条件下，为完成该项装饰工程质量合格的产品，消耗在单位基本构造要素上的人工、机械和材料的数量标准与费用额度。

## 一、建筑装饰定额的作用

**1. 定额是编制施工图预算造价的基础**

装饰工程造价的确定需要通过编制装饰工程施工图预算的方法来计算。在施工图设计阶段，根据施工设计图纸、装饰工程预算定额及当地的取费标准，可以编制出装饰工程施工图预算。

**2. 定额是编制各种计划的依据**

工程建设活动需要编制各种计划来组织与指导生产，而计划编制中又需要各种定额来作为计算人力、物力、财力等资源需要量的依据。

**3. 定额是组织和管理施工的工具**

建筑装饰装修工程施工企业要计算和平衡资源需要量、组织材料供应、调配劳动力、签发任务单、组织劳动竞赛、调动人的积极因素、考核工程消耗和劳动生产率、贯彻按劳分配工资制度、计算工人报酬等，都要利用定额。因此，从组织施工和管理生产的角度来说，企业定额又是建筑装饰装修工程施工企业组织和管理施工的工具。

**4. 定额是总结先进生产方法的手段**

定额是在平均先进的条件下，通过对生产流程的观察、分析、综合等过程制定的，它可以最严格地反映出生产技术和劳动组织及先进合理程度。因此，可以以定额方法为手段，对同一产品在同一操作条件下的不同的生产方法进行观察、分析和总结，从而得到一套比较完整、优良的生产方法，作为生产中推广的范例。

## 二、建筑装饰定额的特点

### 1. 结合性

定额在执行范围内任何单位与企业必须遵守执行，不得随意更改其内容与标准。若需要修改、调整和补充，须经主管部门批准，下达有关文件。国家对工程设计标准和企业经营水平能进行统一的考核和有效监督，所以其具有一定的法令性。

### 2. 科学性

建筑装饰装修定额的科学性表现在制定定额所采用的方法上，其通过不断吸收现代科学技术的新成就，不断完善，形成一套严密的确定定额水平的科学方法，不仅在实践中已经行之有效，而且还有利于研究建筑产品在生产过程中的工时利用情况，从中找出影响劳动消耗的各种主客观因素，设计出合理的施工组织方案，挖掘生产潜力，提高企业管理水平，减少以致杜绝生产中的浪费现象，促进生产的不断发展。

### 3. 权威性

建筑装饰装修的客观基础是定额的科学性，只有科学的定额才具有权威性。在社会主义市场经济条件下，它必然涉及各有关方面的经济关系和利益关系。赋予工程建设定额一定的权威性，就意味着在规定的范围内，对于定额的使用者和执行者来说，无论主观上愿意或不愿意，都必须按定额的规定执行。在当前市场不规范的情况下，赋予工程建设定额以权威性是十分必要的。

### 4. 时间性

定额具备明显的时间性，而且定额的执行也有一个时间过程，所以，每一次制定的定额必须是相对稳定的，不能朝令夕改。


# 第四节　建筑装饰定额消耗量指标及定额基价的确定


## 一、建筑装饰定额消耗量指标的确定

### 1. 定额人工消耗量指标的确定

人工消耗量指标是指完成一定计量单位分项工程或结构构件所必需的各种用工量。其包括基本用工和其他用工两部分内容。

（1）基本用工是指完成单位合格产品所必需消耗的技术工种用工，以不同工种列出定额工日。

（2）其他用工是指技术工种劳动定额内未包括，而计价定额内又必须考虑的用工。其内容包括辅助用工、超运距用工和人工幅度差。

1）辅助用工是指材料加工的用工和施工配合的用工，如筛砂子、洗石子、整理模板、机械土方配合用工等。

2)超运距用工是指超距离运输所增加的用工。

3)人工幅度差是指在劳动定额中未包括，而在计价定额中又必须考虑的用工。国家现行规范规定，建筑装饰工程人工幅度差系数为 $10\% \sim 15\%$。

人工幅度差的具体内容包括以下几项：

①各工种之间的工序搭接及交叉作业相互配合所发生的停歇用工。

②施工机械的转移及临时水、电线路移动所造成的停工。

③质量检查和隐蔽工程验收工作的影响。

④班组操作地点转移用工。

⑤工序交接时对前一工序不可避免的修正用工。

⑥施工中不可避免的其他零星用工。

定额人工消耗量指标计算公式如下：

定额人工消耗量指标＝(基本用工量＋辅助用工量＋超运距用工量)×(1＋人工幅度差系数)

**2. 定额材料消耗量指标的确定**

材料消耗量包括直接用于建筑安装工程之上并构成工程实体的材料、施工操作过程中不可避免产生的施工废料、施工操作过程中不可避免产生的正常的材料损耗。

(1)材料消耗净用量与损耗量的划分。

1)材料净用量直接构成工程实体的材料。

2)材料损耗量是不可避免的施工废料和施工操作损耗。

(2)净用量与损耗量之间的关系。

1)材料消耗量＝材料消耗净用量＋材料损耗量。

2)损耗率 $=\dfrac{损耗量}{净用量}$。

(3)材料消耗量的计算。

$$材料消耗量＝材料净用量＋材料净用量×损耗率$$
$$＝材料净用量×(1＋损耗率)$$

**3. 定额机械台班消耗量指标的确定**

施工机械台班定额是施工机械生产率的反映。编制高质量的机械台班定额是合理组织机械施工，有效利用施工机械，进一步提高机械生产率的必备条件。

机械台班消耗量指标是指完成一定计量单位分项工程或结构构件所必需的各种机械台班用量。定额的机械化水平是以多数施工企业采用和已推广的先进方法为标准的。

确定机械台班消耗量应以统一劳动定额中机械施工项目的台班产量为基础进行计算，考虑在合理施工组织条件下机械的停歇时间、机械幅度差等因素。

## 二、建筑装饰定额基价的确定

定额基价是指在合格的施工条件下，完成一定计量单位质量合格的分部分项工程，所需"人、材、机"的消耗量及相应的货币表现形式，即人工费、材料费和机械费，三者之和即定额基价。可见，建筑装饰工程造价的高低不仅取决于建筑装饰工程预算定额中的"人、材、机"消耗量的多少，同时，还取决于各地区建筑装饰行业"人、材、机"单价的高低。因此，正确确定"人、材、机"单价是计算建筑装饰工程造价的重要依据。

$$定额基价＝人工费＋材料费＋机械费$$

其中
$$人工费＝\sum（定额工日数×人工单价）$$
$$材料费＝\sum（定额材料用量×材料单价）$$
$$机械费＝\sum（定额机械台班用量×机械台班单价）$$

**1. 人工工日单价的确定**

（1）人工单价的构成。人工工日单价简称人工单价，是指施工企业平均技术熟练程度的生产工人在每工作日（国家法定工作时间内），按规定从事施工作业应得的日工资总额。其基本反映了建筑装饰工人的工资水平和一个工人在一个工作日中可以得到的劳动报酬。

人工单价的构成在各地区、各部门不尽相同，按现行有关规定，其内容组成如下：

1）基本工资：是指发放给生产工人的基本工资，包括岗位工资、技能工资和年终工资。其与工人的技术等级有关，一般来说，技术等级越高，工资就越高。表现为计时工资或计件工资。

2）奖金：是指对超额劳动和增收节支支付给个人的劳动报酬，如节约奖、劳动竞赛奖等。

3）津贴补贴：是指为了补偿职工特殊或额外的劳动消耗和因其他特殊原因支付给个人的津贴，以及为了保证职工工资水平不受物价影响支付给个人的物价补贴，如流动施工津贴、特殊地区施工津贴、高温（寒）作业临时津贴、高空津贴等。

4）加班加点工资：是指按规定支付的在法定节假日工作的加班工资和在法定日工作时间外延时工作的加点工资。

5）特殊情况下支付的工资：是指根据国家法律、法规和政策规定，因病、工伤、产假、计划生育假、婚丧假、事假、探亲假、定期休假、停工学习、执行国家或社会义务等原因按计时工资标准或计时工资标准的一定比例支付的工资。

（2）日工资单价的两种表现形式。

1）主要适用于施工企业投标报价时自主确定人工费，也是工程造价管理机构编制计价定额、确定定额人工单价或发布人工成本信息的参考依据。

2）适用于工程造价管理机构编制计价定额时确定定额人工费，是施工企业投标报价的参考依据。

工程造价管理机构确定日工资单价应通过市场调查、根据工程项目的技术要求，参考实物工程量人工单价综合分析确定，最低日工资单价不得低于工程所在地人力资源和社会保障部门所发布的最低工资标准：普工1.3倍、一般技工2倍、高级技工3倍。

工程计价定额不可只列一个综合工日单价，应根据工程项目技术要求和工种差别适当划分多种日工资单价，确保各分部工程人工费的合理构成。

**2. 材料预算单价的确定**

材料预算单价是指施工过程中耗费的构成工程实体的建筑装饰材料（如原材料、辅助材料、构配件、零件、半成品或成品）由其来源地（或交货地点），经中间转运，到达工地仓库（或施工现场）并经检验合格后的全部价格。材料预算单价包括材料原价、运杂费、采购保管费等。其计算公式为

材料单价＝［（材料原价＋材料运杂费）×（1＋运输损耗率）］×（1＋采购保管费费率）－
包装品回收值

（1）材料原价。材料原价是指材料的出厂价格或商家供应价格。出厂价由政府物价管理

部门根据成本、利润分析确定(政府指导价)，或生产者、经营者根据市场供求关系确定(市场调节价)。供应价是指材料没有直接从厂家采购、订货，而是经过了供销部门，在原价基础上加上了供销部门手续费。

同种材料如果因数量关系需要从不同来源地采购，而且采购数量及采购单价也不尽相同，此时要按加权平均数进行计算，而不能用简单的数学方法平均。加权平均原价有以下两种情境算法：

1)已给出不同地点供应量占比的计算方法。

$$加权平均原价 = K_1 C_1 + K_2 C_2 + \cdots + K_n C_n$$

式中　$K_1$，$K_2$，$\cdots$，$K_n$——不同地点的供应量占所有供应量的比例；

$C_1$，$C_2$，$\cdots$，$C_n$——不同地点的供应价。

2)只给出不同地点供应量的计算方法。

$$加权平均原价 = \frac{M_1 C_1 + M_2 C_2 + \cdots + M_n C_n}{M_1 + M_2 + \cdots + M_n}$$

式中　$M_1 + M_2 + \cdots + M_n$——不同地点的供应量；

$C_1$，$C_2$，$\cdots$，$C_n$——不同地点的供应价。

(2)材料运杂费。材料运杂费是指材料自来源地(交货地)起，运至施工地仓库或堆放场地，全部运输过程中所支出的一切费用。其包括运输费、调车费、装卸费、损耗费等。运输费、调车费、装卸费根据不同来源地的供应数量及不同运输、调车、装卸的单价，均按加权平均数计算。

(3)运输损耗费。运输损耗费是指材料在装卸、运输过程中发生的不可避免的合理损耗。该费用可以计入材料运输费，也可以单独计算。

运输损耗费＝(材料原价＋材料运杂费)×运输损耗率

(4)采购保管费。采购保管费是指材料部门在组织采购、供应和保管材料过程中所发生的各种费用。其包括采购费、仓储费、工地保管费和仓储损耗。

由于建筑装饰材料的种类、规格繁多，采购保管费不可能按每种材料在采购过程中所发生的实际费用计取，只能规定几种费率。目前，由国家统一规定的综合采购保管费费率为25%(其中，采购费费率为1%，保管费费率为15%)。由建设单位供应材料到现场仓库的，施工企业只收保管费。

采购保管费＝(材料原价＋材料运杂费＋运输损耗费)×采购保管费费率

或

采购保管费＝[(材料原价＋材料运杂费)×(1＋运输损耗率)]×采购保管费费率

(5)检验试验费。检验试验费是指对建筑材料、构件和建筑安装物进行一般鉴定、检查所发生的费用。其包括自设实验室进行试验所耗用的材料和化学药品等费用，不包括新结构、新材料的试验费和建设单位对具有出厂合格证明的材料进行检验，对构件做破坏性试验及其他特殊要求检验试验的费用。

(6)材料包装费。材料包装费是指为便于材料运输和保护材料而进行包装所需要的费用。材料包装费的计算一般有以下两种情况：

1)由生产厂家负责包装的材料。由生产厂家负责包装的材料，如袋装水泥、铁钉、玻璃、油漆、卫生陶瓷等，其包装费已计入原价，不再另行计算，但应在材料预算价格中扣除包装品的回收价值。

$$包装品的回收价值＝包装品原价×回收率×残值率$$

包装品的回收价值，地区有规定的，按地区规定计算；地区无规定的，可根据实际情况计算。

**3. 机械台班单价的确定**

机械台班单价是指一台施工机械在一个台班内所需分摊和开支的全部费用之和。按费用性质的不同，可以分为以下两大类：

（1）第一类费用：属于不变费用，即无论机械运转情况如何，无论施工地点和条件，都需要支出的比较固定的经常性费用。其主要包括折旧费、大修理费、经常修理费、安拆费及场外运费。

1）折旧费：是指施工机械在规定的使用年限内，陆续收回其原值的费用。

2）大修理费：是指施工机械按规定的大修理间隔台班进行必要的大修理，以恢复其正常功能所需的费用。

3）经常修理费：是指施工机械除大修理外的各级保养和临时故障排除所需的费用。其包括为保障机械正常运转所需替换设备与随机配备工具器具的摊销和维护费用，机械在运转中日常保养所需润滑与擦拭的材料费用以及机械停滞期间的维护和保养费用等。

4）安拆费及场外运费。

①安拆费是指施工机械（大型机械除外）在现场进行安装与拆卸，所需的人工、材料、机械和试运转费用以及机械辅助设施的折旧、搭设、拆除等费用。

②场外运费是指施工机械整体或分件自停放地点运至施工现场，或由一施工地点运至另一施工地点的运输、装卸、辅助材料及架线等费用。

（2）第二类费用：属于可变费用，即只有机械运转工作时才发生的费用，且不同地区、不同季节、不同环境下的费用标准也不同。其主要包括台班人工费、台班燃料动力费、台班税费。

1）台班人工费：是指机上司机（司炉）和其他操作人员的人工费。

2）燃料动力费：是指施工机械在运转作业中所消耗的各种燃料及水、电等。

3）税费：是指施工机械按照国家规定应缴纳的车船使用税、保险费及年检费等。

# 第五节　建筑装饰定额计价方法

定额计价方法包括工料单价法及实物计价法，常用工料单价法。

## 一、工料单价法

应用工料单价法编制装饰装修工程施工图预算时，应保证分项工程的名称、工作内容、施工方法、使用材料、计量单位等，均应与预算定额相应子目所列的内容一致，避免重项、错项、漏项的现象发生。大致可分为以下几步：

（1）根据装饰装修工程预算定额，按分部分项工程的顺序确定预算项目，先计算出各分项工程工程量，再乘以对应定额子目的基价和"人、材、机"费用单价，计算出各分项工程的费用和"人、材、机"费用。

（2）汇总，即单位工程的分部分项工程费及其中的人工费、材料费、机械费。

（3）按照规定的计价规则，计算措施项目费（其中，单价措施费与分部分项工程费计算方法一样，总价措施项目费按计价基数乘以费率计算）、企业管理费、规费、利润、税金等，从而生成单位工程施工图预算，即装饰装修工程施工图预算。

施工图纸的某些设计要求与预算定额的规定不完全符合时，应根据预算定额的使用说明，对分项工程定额基价进行调整、换算或补充。

当人工工日单价、材料市场价格、机械台班市场价格等与预算定额的预算价格不一致时，也应对分项工程定额基价进行调整或换算。

套定额时，应套用换算后的定额，这样才可保证以工料单价法编制的装饰装修工程施工图预算更准确，更接近装饰装修工程造价的实际情况。

## 二、实物计价法

定额计价法中的实物计价法，与工料单价法有以下几个异同点：

（1）同样根据建筑装饰工程预算定额，按分部分项工程的顺序确定预算项目，先计算出各分项工程工程量。

（2）套定额子目时不是套定额子目的基价或"人、材、机"费用单价，而是套用相应的"人、材、机"的定额消耗量。

（3）再分别乘以工程所在地当时的"人、材、机"的实际价格，从而计算出各分项工程的费用和"人、材、机"费用。

（4）汇总，即得到单位工程的分部分项工程费及其中的"人、材、机"费用。

其他费用的计算程序及方法与工料单价法一样，最后生成装饰装修工程施工图预算。

实物计价法以当地实时的"人、材、机"价格为计算依据，得出的各项费用与市场情况更接近，更具有实际意义。

应用实物计价法编制装饰装修工程施工图预算时应注意：若套用定额子目中所有材料的消耗量和市场价格，预算工作量太大，其实也没有多大意义，因为装饰工程中大多数辅助材料对预算造价的影响不大，所以在应用实物法时可以只考虑套用预算定额子目中主要材料的消耗量和市场价格，大多数辅助材料的价格还是以预算定额为准。这样，既可以保证足够的预算准确度，又可以大大减少换算工作量，加快预算编制速度。

另外，应用实物计价法计算分项工程的费用和"人、材、机"费用的过程，还可以理解为是先进行定额换算后，再对上述费用的计算。

## 三、工料单价法与实物计价法的区别

### 1. 计算直接费的方法不同

单价法是先用分项工程的工程量和预算基价计算分项工程的直接费，经汇总得到单位工程直接费。采用这种方法计算直接费较简便，便于不同工程之间进行比较。

实物法是先计算单位工程所需的各种"人、材、机"数量，乘以"人、材、机"单价，汇总为直接费。单位工程所用的工种多、材料品种规格复杂、机械设备型号不一，因此采用实物法计算单位工程所需的各种"人、材、机"用量较烦琐，"人、材、机"单价为市场价格，因此，其工程造价能动态地反映建筑产品价格，符合价值规律。

### 2. 进行工料分析的目的不同

单价法在直接费计算后进行工料分析，目的是为价差调整提供数据。有些地区或某些单位工程只对主要材料进行价差调整，因此，工料分析也只分析主要材料的用量。

实物法在计算直接费之前进行工料分析，主要是为了计算单位工程的直接费。为了保证单位工程直接费的准确、完整，工料分析必须计算单位工程所需的全部工料及用量。

# 第六节　建筑装饰工程预算定额的应用及工料分析

## 一、建筑装饰工程预算定额的应用

地区建筑装饰装修预算定额的应用有定额的直接套用、定额的换算和定额的补充。地区建筑装饰装修预算定额的应用主要包括以下几方面：

（1）熟悉定额组成，精准查找定额编号。在编制施工图预算时，对工程项目均须填写定额编号，目的是便于检查使用定额时项目套用是否正确、合理，以减少差错、提高管理水平。

（2）预算定额的查阅方法。查阅定额表的目的是在定额表中找出所需的项目名称、人工、材料、机械名称及它们所对应的数值。一般查阅分两步进行：第一步，从目录入手找到相应的分部工程，再在其中找到对应的分项工程子目；第二步，按照目录中所示的相应子目页码查找相关定额内容。

（3）预算定额表。预算定额表是定额最基本的表现形式。看懂定额表，是学习预算重要的一步。一张完整的定额表必须列有工作内容、计量单位、项目名称、定额编号、定额基价等。

### 1. 建筑装饰工程预算定额的直接套用

当分项工程项目的实际设计要求、材料做法等与预算定额表中相应子目的工作内容一致或基本一致时，可以直接套用该相应定额子目的"人、材、机"消耗量、定额基价，计算出分项工程的直接工程费及分项工程的综合用工量、各种材料用量、各种机械台班用量。

### 2. 建筑装饰工程预算定额的调差与换算

由于定额子目的制定与实际应用有个时间差，加之新材料、新工艺的诞生，以及"人、材、机"的市场价格波动，这就导致了部分分项工程的项目特征与定额子目内容不能完全匹配，从而无法直接套用定额。这就必须对原建筑装饰工程预算定额进行调差与换算，也就是在"原定额基价"基础上进行调整，继而得到新的基价，称为"新基价"。有了"新基价"，再乘以分项工程的工程量，就可以得到调整后的工程直接费。

### 3. 建筑装饰工程预算定额的补充

设计图样中的某些工程项目，由于采用了新结构、新材料和新工艺等，在现行定额中缺项，没有类似定额项目可供套用，又不属于换算范围，所以应该编制补充定额。其编制方法与定额单价确定的方法相同：先计算所缺项目的人工、材料和机械台班的消耗数量，再根据本地区的人工工日单价、材料预算价格和机械台班单价计算出该项目的人工费、材料费和机械费，最后汇总为补充定额单价。

由于补充定额还没有定额编号，因此在使用时，在定额编号一栏写上汉字"补"。

### 4.《〈北京市建设工程计价依据——预算定额〉房屋建筑与装饰工程》

其主要包括以下几项：

（1）房屋建筑与装饰工程预算定额：房屋建筑与装饰工程共一册（京建发〔2018〕18号附

件1动态调整）；

（2）仿古建筑工程预算定额：仿古建筑工程共一册；

（3）通用安装工程预算定额：机械设备安装工程，热力设备安装工程，静置设备与工艺金属结构制作安装工程，电气设备安装工程，建筑智能化工程，自动化控制仪表安装工程，通风空调工程，工业管道工程，消防工程，给水排水、采暖、燃气工程，通信设备及线路工程，刷油、防腐蚀、绝热工程共十二册（京建发〔2018〕18号附件2动态调整）；

（4）市政工程预算定额：市政道路、桥梁工程，市政管道工程共两册（京建发〔2018〕18号附件3动态调整）；

（5）园林绿化工程预算定额：庭园工程，绿化工程共两册；

（6）构筑物工程预算定额：构筑物工程共一册；

（7）城市轨道交通工程预算定额：土建工程，轨道工程，通信、信号工程，供电工程，智能与控制、机电工程共五册（京建发〔2018〕18号附件4动态调整）。

与之配套使用的有《北京市建设工程和房屋修缮材料预算价格》《北京市建设工程和房屋修缮机械台班费用定额》。

（1）本计价依据是在全国和本市有关定额的基础上，结合多年来的执行情况，以及行之有效的"新技术、新工艺、新材料、新设备"的应用，并根据正常的施工条件、国家颁发的施工及验收规范、质量评定标准和安全技术操作规程，施工现场文明安全施工及环境保护的要求，现行的标准图、通用图等为依据编制的。

（2）本计价依据是根据目前北京市施工企业的装备设备水平、成熟的施工工艺、合理的劳动组织条件制定的，除各章另有说明外，均不得因上述因素有差异而对定额子目进行调整或换算。

（3）本计价依据适用于北京市行政区域内的工业与民用建筑、市政、园林绿化、轨道交通工程的新建、扩建；复建仿古工程；建筑整体更新改造；市政改建以及行道新辟栽植和旧园林栽植改造等工程。本计价依据不适用于房屋修缮工程、临时性工程、山区工程、道路及园林养护工程等。

（4）本计价依据是编制施工图预算、进行工程招标投标、签订建设工程承包合同、拨付工程和办理竣工结算的依据，是统一北京市建设工程预（结）算工程量计算规则、项目划分及计量单位的依据，是完成规定计量单位分项工程计价所需的人工、材料、施工机械台班消耗量的标准，也是编制概算定额和估算指标的基础。

## 二、工料分析

工料分析是分析完成一个装饰工程项目所需要消耗的各种劳动力以及不同种类和规格的装饰材料的数量。装饰工程造价中人工费和材料费占比很大，有些项目的造价主要由人工费和材料费组成。因此，进行工料分析，合理地调配劳动力，正确地管理和使用材料，是降低工程造价的主要措施之一。

（1）在施工管理中为单位工程的分部分项工程项目提供人工、材料的预算用量。

（2）生产计划部门根据工料分析编制施工计划、安排生产、统计完成工作量。

（3）劳资部门根据工料分析组织、调配劳动力，编制工资计划。

（4）材料部门根据工料分析编制材料供应计划、储备材料、安排加工订货。

（5）财务部门依据工料分析进行财务成本核算和经济分析。

# 第七节　建筑装饰工程预算定额的编制

## 一、建筑装饰工程预算定额的编制依据

**1. 建筑装饰工程施工图、会审记录等设计资料**

建筑装饰工程施工图是经过有关方面批准认可的合法图样。施工图包括设计说明、平面图、立面图、剖面图和节点详图，有些项目还附有效果图及施工图所涉及的标准图集等。图中对装饰工程施工内容、构造做法、材料品种及其颜色、质量要求等有明确表达。装饰施工图是装饰工程预算最根本的依据。

图样会审是由建设单位、设计单位、施工单位和监理单位等一起参与的将施工图中的错误、遗漏、矛盾等问题找出来，并解决这些问题的过程。图样会审记录是装饰施工图的补充，也是装饰工程预算的重要依据。

**2. 建筑装饰工程施工组织设计**

施工组织设计是确定单位工程施工方案、施工方法、主要技术组织措施，以及施工现场平面布置等内容的技术文件。在装饰工程预算中，施工组织设计是确定措施项目费最重要的依据。

**3. 预算定额或单位估价表**

预算定额或单位估价表是编制装饰工程预算必不可少的基本依据之一。从划分装饰工程分部分项项目到计算工程量都必须以此为标准。

**4. 当地的计价依据和取费标准**

当地的计价依据和取费标准是合理确定装饰工程预算费用组成和计算程序的重要依据。

**5. 建筑装饰材料价格信息**

建筑装饰材料价格信息是准确计算材料费的依据。

**6. 装饰工程施工合同**

装饰工程施工合同是确定工程价款支付方式、材料供应方式及有关费用计算方法的依据。

## 二、建筑装饰工程预算定额的编制原则

为保证预算定额的质量，充分发挥预算定额的作用，方便实际使用，在编制工作中应遵循以下原则：

(1)按社会平均水平确定预算定额的原则。预算定额是确定和控制建筑安装工程造价的主要依据。因此，必须遵照价值规律的客观要求，即按生产过程中所消耗的社会必要劳动时间确定定额水平。预算定额的平均水平，是在正常的施工条件及合理的施工组织和工艺条件、平均劳动熟练程度和劳动强度下，完成单位分项工程基本构造要素所需要的劳动时间。

(2)简明适用的原则。简明适用的原则，一是指在编制预算定额时，对于那些主要的、常用的、价值量大的项目，分项工程划分宜细；对于次要的、不常用的、价值量相对较小的项目，分项工程划分则可以粗一些。二是指预算定额要项目齐全，要注意补充那些因采用新技术、新结构、新材料而出现的新的定额项目。如果项目不全，缺项多，就会使计价

工作缺少充足而可靠的依据。三是要求合理确定预算定额的计算单位，简化工程量的计算，尽可能地避免同一种材料用不同的计量单位和一量多用，尽量减少定额附注和换算系数。

## 三、建筑装饰工程预算定额的编制程序

### 1. 熟悉装饰施工图及相关施工说明

预算人员在编制预算之前，要充分、全面地熟悉施工图样及相关资料，了解设计意图，掌握工程全貌。阅读图纸时要仔细了解各分项工程的构造、尺寸，以及规定的材料品种、规格。只有在对设计全部图样非常熟悉的基础上，才能结合预算定额，准确无误地对工程项目进行划分，从而保证既不漏项，也不重项、错项，继而保证预算计算的准确性。

另外，要注意对比设计的分部分项工程项目与定额项目的内容是否一致，是否采用新材料、新工艺，从而导致定额缺项需要补充定额等，并及时做好记录，以便精确计算工程量，为正确套用定额项目奠定基础。

### 2. 熟悉施工组织设计

在编制装饰工程预算前，一定要认真熟悉并注意施工组织设计中影响预算造价的内容，如施工方法、施工机具、脚手架的搭设方式、材料垂直运输方式、安全文明施工、环境保证措施等。要严格按照施工组织设计所确定的施工方法和技术组织设计措施，正确计算措施项目费，确保装饰工程预算的准确性。

### 3. 熟悉现行预算定额及取费标准

熟悉定额时首先应浏览目录，从中了解定额分部分项工程项目的划分方法及定额编排的顺序。其次应认真阅读和理解定额的总说明及分部说明，因为在这些说明中通常会指出定额的适用范围、已经考虑和未考虑的因素以及定额换算的原则和方法等，是正确套用定额的先决条件。当然，最应熟悉的还有定额的项目表。要理解定额项目表中各项目所包含的工作内容，定额子目基价的费用组成、适用条件等，保证不遗漏、不重复计算分部分项工程费用。

另外，由于各地区的取费标准各有不同，因此，编制装饰工程预算时，一定要熟悉当地的预算定额及取费标准，严格按当地的计价程序和费率标准进行计算。另外，还应及时掌握装饰工程材料的实时价格、工程合同等相关造价方面的规定，因为这些均会对装饰工程的造价有所影响。

### 4. 分项

在充分、全面地熟悉施工图纸及相关设计资料的基础上，按项目预算要求，依次对分部工程（如地面工程、墙面工程、吊顶工程等）进行分项。参照前面所讲的"分项三原则"，即按分部工程所使用的不同材料（如地面工程中使用的地板、瓷砖等）或同种材料不同规格（如地砖：500 mm×500 mm，300 mm×300 mm 等），或不同施工工艺（如拼花地砖、异形吊顶等）完成分项。

### 5. 查定额，确定分项子目定额编号

分项完成并检查无误后，根据分项内容查相应定额，从定额相应的分部工程中找到相符合的分项子目，并将分项子目的定额编号标入对应的分项工程编号栏内，以备用。

另外，在列项时要注意将需要换算和补充的分项工程项目，在定额编码栏里加以注明"换"及"补"字样，以示与直接套用的区别。

### 6. 计算分项工程工程量

根据施工图提供的信息计算每个分项工程的工程量，并填入工程量汇总表（参考案例相关表格）。工程量计算非常重要，它的准确与否将直接影响装饰工程预算造价的准确性。因此，要特别注意以下两点：

（1）编制预算时，应严格按照预算定额各章节中的工程量计算规则进行计算，看清楚图示尺寸，不得随意增加或减少工程量。

（2）要注意计量单位的统一。因为工程量是以物理计量单位或自然计量单位表示的具体分项工程的数量，如根、m、个等。而定额项目表中所定的计量单位往往是扩大的计量单位，如 100 m、10 m、10 个等，主要是便于统计计算。因此，按惯例，工程量的计算结果还是要按定额的计量单位进行调整，使计算出来的工程量的计量单位与预算定额的计量单位保持一致。如石材地面的工程量为 80 $m^2$，定额计量单位为 100 $m^2$，则将工程量换算为 0.8（100 $m^2$）。

### 7. 套用预算定额

根据第 5 条查出的分项工程对应的定额编号来套用定额，查出该分项工程的定额基价（包括人工费单价、材料费单价、机械费单价）。

### 8. 调差

根据"人、材、机"的市场价格对各个分项工程进行调差，并计算出调整后的新基价。但是应当注意的是，如果是学生练习之用，为了方便，在掌握相关知识的前提下，只需要换算价格变化较大、价值占比较大的人工及主材价格就行了，其他辅材等对整体价格影响不大，暂不调整。但在实际工程中，则需要全面调整。另外，对于需要换算和补充的分项工程，要事先做好换算及补充，计算出相应的新基价，以备用。

### 9. 计算直接费

根据已计算出的各分项工程相对应的工程量和新基价，二者相乘，即可以计算出各个分项工程的定额直接费（包括定额人工费、定额材料费、定额机械费），并分别汇总得到分部工程、单位工程直接费。

### 10. 工料分析

按照前面所讲工料分析的方法，对各分项工程进行工料分析，计算出各分项工程所需的"人、材、机"的消耗数量。

### 11. 取费

按照本地区相应装饰定额费率取费标准及计费程序，计算工程管理费、利润、规费及税金。

### 12. 汇总造价

汇总造价并填入汇总表中。

### 13. 编制预算书

主要完成封面、编制说明，将建筑装饰工程预算书的相关内容按照一定顺序装订成册，形成一份完整的工程预算书。

**本章小结**

定额在现代化经济和社会生活中无处不在，同时，随着生产力的发展不断变化，对社会经济生活起着计划、调节、组织、预测、控制和咨询作用。本章主要介绍建筑装饰工程费用项目组成、工程建设定额的分类、建筑装饰定额的作用和特点、建筑装饰定额消耗指标及定额基价的确定、建筑装饰定额计价方法、建筑装饰工程预算定额的应用及其编制等。

## 思考与练习

### 一、填空题

1. _____是指按工资总额构成规定，支付给从事建筑安装工程施工的生产工人和附属生产单位工人的各项费用。

2. _____是指施工过程中耗费的原材料、辅助材料、构配件、零件、半成品或成品、工程设备的费用。

3. _____是指构成或计划构成永久工程一部分的机电设备、金属结构设备、仪器装置及其他类似的设备和装置。

4. _____是指施工作业所发生的施工机械、仪器仪表使用费或其租赁费。

5. _____是指施工企业完成所承包工程获得的盈利。

6. _____是指按国家法律、法规规定，由省级政府和省级有关权力部门规定必须缴纳或计取的费用。

7. _____是指在正常的施工技术和组织条件下，生产单位合格产品所需要的劳动消耗量标准。

8. 劳动消耗定额根据其表现形式可分为_____和_____。

9. 机械台班定额按表现形式分为_____和_____两种形式。

10. 国家现行规范规定，建筑装饰工程人工幅度差系数为_____。

### 二、选择题

1. 施工机械台班单价的费用组成不包括( )。

    A. 折旧费　　　　B. 大修理费　　　　C. 经常修理费　　　D. 采购及保管费

2. 企业管理费是指建筑安装企业组织施工生产和经营管理所需的费用。其内容不包括( )。

    A. 安拆费及场外运费　　　　　　B. 差旅交通费

    C. 固定资产使用费　　　　　　　D. 工具、用具使用费

3. 规费不包括( )。

    A. 社会保险费　　　B. 住房公积金　　　C. 工会经费　　　　D. 工程排污费

### 三、简答题

1. 人工费的内容包括哪些？

2. 材料费的主要内容包括哪些？

3. 什么是税金？

4. 工程建设定额按编制程序和用途可分为哪几类？

5. 建筑装饰定额的作用有哪些？

6. 建筑装饰定额的特点有哪些？

7. 工料单价法与实物计价法的区别有哪些？

8. 建筑装饰工程预算定额在编制工作中应遵循哪些原则？

# 第二章
# 建筑装饰工程工程量清单计价

## 📖 知识目标

1. 了解工程量的计量单位、意义、一般原则和计算依据。

2. 掌握分部分项工程量清单、措施项目清单、其他项目清单及规费、税金项目清单的概念及编制。

3. 了解工程量的计量单位、意义、一般原则、计算依据；了解建筑装饰工程工程量清单的作用、内容、编制依据、原则；熟悉建筑装饰工程工程量清单的编制方法。

4. 熟悉综合单价的含义和计算步骤。

## ⊕ 能力目标

能独立编制分部分项工程量清单、措施项目清单、其他项目清单及规费、税金项目清单。

## 第一节　建筑装饰工程费用项目组成（按造价形成划分）

建筑装饰工程费用按造价形成划分为分部分项工程费、措施项目费、其他项目费、规费和税金。其中，分部分项工程费、措施项目费、其他项目费包含人工费、材料费、施工机具使用费、企业管理费和利润。

建筑装饰工程报价＝分部分项工程费＋措施项目费＋其他项目费＋规费＋税金

### 一、分部分项工程费

分部分项工程费是指各专业工程的分部分项工程应予列支的各项费用。

$$分部分项工程费＝\sum（分部分项工程×相应分部分项综合单价）$$

（1）专业工程。专业工程是指按现行国家计量规范划分的房屋建筑与装饰工程、仿古建筑工程、通用安装工程、市政工程、园林绿化工程、矿山工程、构筑物工程、城市轨道交通工程、爆破工程等各类工程。

(2)分部分项工程。分部分项工程是指按现行国家计量规范对各专业工程划分的项目，如房屋建筑与装饰工程划分的土石方工程、地基处理与桩基工程、砌筑工程、钢筋及钢筋混凝土工程等。

各类专业工程的分部分项工程划分见现行国家或行业计量规范。

## 二、措施项目费

措施项目费是指为完成建设工程施工，发生于该工程施工前和施工过程中的技术、生活、安全、环境保护等方面的费用。

$$措施项目费 = \sum 各措施项目费$$

措施项目费的内容包括以下几项：

(1)安全文明施工费。

1)环境保护费是指施工现场为达到环保部门要求所需要的各项费用。

2)文明施工费是指施工现场文明施工所需要的各项费用。

3)安全施工费是指施工现场安全施工所需要的各项费用。

4)临时设施费是指施工企业为进行建设工程施工所必须搭设的生活和生产用的临时建筑物、构筑物和其他临时设施费用，包括临时设施的搭设、维修、拆除、清理费或摊销费等。

(2)夜间施工增加费。夜间施工增加费指因夜间施工所发生的夜班补助费及夜间施工降效、夜间施工照明设备摊销和照明用电等费用。

(3)二次搬运费。二次搬运费是指因施工场地条件限制而发生的材料、构配件、半成品等一次运输不能到达堆放地点，必须进行二次或多次搬运所发生的费用。

(4)冬、雨期施工增加费。冬、雨期施工增加费是指在冬期或雨期施工需增加的临时设施、防滑、排除雨雪、人工及施工机械效率降低等费用。

(5)已完工程及设备保护费。已完工程及设备保护费是指竣工验收前，对已完工程及设备采取的必要保护措施所发生的费用。

(6)工程定位复测费。工程定位复测费是指工程施工过程中进行全部施工测量放线和复测工作的费用。

(7)特殊地区施工增加费。特殊地区施工增加费是指工程在沙漠或其边缘地区，高海拔、高寒、原始森林等特殊地区施工增加的费用。

(8)大型机械设备进出场及安拆费。大型机械设备进出场及安拆费是指机械整体或分体自停放场地运至施工现场或由一个施工地点运至另一个施工地点，所发生的机械进出场运输和转移费用及机械在施工现场进行安装、拆卸所需的人工费、材料费、机械费、试运转费和安装所需的辅助设施的费用。

(9)脚手架工程费。脚手架工程费是指施工需要的各种脚手架搭、拆、运输费用以及脚手架购置费的摊销(或租赁)费用。

措施项目及其包含的内容详见各类专业工程的现行国家或行业计量规范。

## 三、其他项目费

其他项目费包括暂列金额、暂估价、计日工和总承包服务费。

$$其他项目费 = 暂列金额 + 暂估价 + 计日工 + 总承包服务费$$

(1)暂列金额。暂列金额是指建设单位在工程量清单中暂定并包括在工程合同价款中的一笔款项。其用于施工合同签订时尚未确定或者不可预见的所需材料、工程设备、服务的采购，施工中可能发生的工程变更、合同约定调整因素出现时的工程价款调整以及发生的索赔、现场签证确认等。

（2）暂估价。暂估价包括材料暂估单价、工程设备暂估单价、专业工程暂估价。暂估价中的材料、工程设备暂估单价应根据工程造价信息或参照市场价格估算，列出明细表；专业工程暂估价应分不同专业，按有关计价规定估算，列出明细表。

（3）计日工。计日工是指在施工过程中，施工企业完成建设单位提出的施工图纸以外的零星项目或工作所需的费用。

（4）总承包服务费。总承包服务费是指总承包人为配合、协调建设单位进行的专业工程发包，对建设单位自行采购的材料、工程设备等进行保管以及施工现场管理、竣工资料汇总整理等服务所需的费用。

### 四、规费

同"按构成要素划分"中的规费内容。

### 五、税金

同"按构成要素划分"中的税金内容。

# 第二节　建筑装饰工程工程量及其计算

工程量是以规定的物理计量单位或自然计量单位所表示的各个具体分项工程或构配体的数量。

## 一、工程量的计量单位

物理计量单位是指法定计量单位，如长度单位 m、面积单位 $m^2$、体积单位 $m^3$、质量单位 kg 等。

自然计量单位一般是以物体的自然形态表示的计量单位，如套、组、台、件、个等。

## 二、工程量计算的意义

工程量计算是指建设工程项目以工程设计图纸、施工组织设计或施工方案及有关技术经济文件为依据，按照相关工程国家标准的计算规则、计量单位等规定，进行工程数量的计算活动，在工程建设中简称工程计量。

工程量计算是定额计价时编制施工图预算、工程量清单计价时编制招标工程量清单的重要环节。工程量计算是否正确，直接影响工程预算造价及招标工程量清单的准确性，从而进一步影响发包人所编制的工程招标控制价及承包人所编制的投标报价的准确性。另外，在整个工程造价编制工作中，工程量计算所消耗的劳动量占整个工程造价编制工作量的70%左右。因此，在工程造价编制过程中，必须对工程量计算这个重要环节给予充分的重视。

另外，工程量是施工企业编制施工计划，组织劳动力和供应材料、机具的重要依据。

因此，正确计算工程量对工程建设各单位加强管理、正确确定工程造价具有重要的现实意义。

工程量计算一般采取表格的形式，表格中一般应包括所计算工程量的项目名称、工程量计算式、单位和工程量等内容（表2-1）。表格中的工程量计算式应注明轴线或部位，且应简明扼要，以便进行审查和校核。

表 2-1　工程量计算表

工程名称：　　　　　　　　　　　　　　　　　　　　　　　　　　　　第　页　共　页

| 序号 | 项目名称 | 工程量计算式 | 单位 | 工程量 |
|---|---|---|---|---|
|  |  |  |  |  |
|  |  |  |  |  |
|  |  |  |  |  |
|  |  |  |  |  |
|  |  |  |  |  |
|  |  |  |  |  |
|  |  |  |  |  |
|  |  |  |  |  |
|  |  |  |  |  |
|  |  |  |  |  |
|  |  |  |  |  |
|  |  |  |  |  |
|  |  |  |  |  |

计算：　　　　　　校核：　　　　　　审查：　　　　　　　年　月　日

## 三、工程量计算的一般原则

（1）计算规则要一致。工程量计算必须与相关工程现行国家工程量计算规范规定的工程量计算规则相一致。现行国家工程量计算规范规定的工程量计算规则中对各分部分项工程的工程量计算规则作了具体规定，计算时必须严格按规定执行。例如，楼梯面层的工程量按设计图示尺寸以楼梯（包括踏步、休息平台及宽度不大于 500 mm 的楼梯井）水平投影面积计算。

（2）计算口径要一致。计算工程量时，根据施工图纸列出的工程项目的口径（指工程项目所包括的工作内容），必须与现行国家工程量计算规范规定相应的清单项目的口径相一致，即不能将清单项目中已包含的工作内容拿出来另列子目计算。

（3）计算单位要一致。计算工程量时，所计算工程项目的工程量单位必须与现行国家工程量计算规范中相应清单项目的计量单位相一致。

在现行国家工程量计算规范规定中，工程量的计量单位规定如下：

1）以体积计算的为立方米（m³）。

2）以面积计算的为平方米（m²）。

3）长度为米（m）。

4）质量为吨或千克（t 或 kg）。

5）以件（个或组）计算的为件（个或组）。

（4）计算尺寸的取定要准确。计算工程量时，首先要对施工图尺寸进行核对，对各项目计算尺寸的取定要准确。

（5）计算的顺序要统一。要遵循一定的顺序进行计算。计算工程量时要遵循一定的计算顺序，依次进行计算，这是避免发生漏算或重算的重要措施。

（6）计算精确度要统一。工程量的数字计算要准确，一般应精确到小数点后三位，汇总时，其准确度取值要达到以下要求：

1）以 t 为单位，应保留小数点后三位数字，第四位四舍五入。

2）以 $m^3$、$m^2$、m、kg 为单位，应保留小数点后两位数字，第三位四舍五入。

3）以个、件、根、组、系统为单位，应取整数。

## 四、工程量计算的依据

建筑装饰工程量计算除依据《房屋建筑与装饰工程工程量计算规范》(GB 50854—2013)外，还应依据以下文件：

（1）经审定通过的施工设计图纸及其说明。

（2）经审定通过的施工组织设计或施工方案。

（3）经审定通过的其他有关技术经济文件。

## 五、工程量计算的方法

工程量计算，通常采用按施工先后顺序、按现行国家工程量计算规范的分部分项顺序和用统筹法进行计算。

（1）按施工先后顺序计算工程量。按施工先后顺序计算工程量即按工程施工顺序的先后来计算工程量。大型和复杂工程应先划成区域，编成区号，分区计算。

（2）按现行国家工程量计算规范的分部分项顺序计算工程量。按现行国家工程量计算规范的分部分项顺序计算工程量，即按相关工程现行国家工程量计算规范所列分部分项工程的次序来计算工程量。由前到后，逐项对照施工图设计内容，能对上号的就计算。采用这种方法计算工程量，要求熟悉施工图纸，具有较广的工程设计基础知识，并且要注意施工图中有的项目在现行国家工程量计算规范可能未包括，这时编制人应补充相关的工程量清单项目，并报省级或行业工程造价管理机构备案，切记不可因现行国家工程量计算规范中缺项而漏项。

（3）用统筹法计算工程量。统筹法是通过研究分析事物内在规律及其相互依赖关系，从全局出发，统筹安排工作顺序，明确工作重心，以提高工作质量和工作效率的一种科学管理方法。在实际工作中，工程量计算一般采用统筹法。

用统筹法计算工程量的基本要点是：统筹顺序，合理安排；利用基数，连续计算；一次计算，多次应用；结合实际，灵活机动。

1）统筹顺序，合理安排。计算工程量的顺序是否合理，直接关系到工程量计算效率的高低。工程量计算一般以施工顺序和定额顺序进行计算，若违背这个规律，势必造成烦琐计算，浪费时间和精力。统筹顺序、合理安排可以克服用老方法计算工程量的缺陷。

2）利用基数，连续计算。基数是单位工程的工程量计算中反复运用的数据，要提前将这些数据计算出来，供各分项工程的工程量计算时查用。

3）一次计算，多次应用。在工程量计算中，凡是不能用"线"和"面"基数进行连续计算的项目，或工程量计算中经常用到的一些系数，如木门窗、屋架、钢筋混凝土预制标准构件、土方放坡断面系数等，应事先组织力量，将常用数据一次计算出，汇编成建筑工程量计算手册。当需要计算有关的工程量时，只要查手册就能很快计算出所需要的工程量。这样可以减少以往那种按图逐项地进行烦琐而重复的计算，也能保证准确性。

4)结合实际，灵活机动。由于工程设计差异很大，故运用统筹法计算工程量时必须具体问题具体分析，结合实际，灵活运用下列方法予以解决：

①分段计算法。如遇外墙的断面不同，可以采取分段法计算工程量。

②分层计算法。如遇多层建筑物，各楼层的建筑面积不同，可用分层计算法。

③补加计算法。如带有墙柱的外墙，可以先计算出外墙体积，然后加上砖柱体积。

④补减计算法。如每层楼的地面面积相同，地面构造除一层门厅为水磨石面外，其余均为水泥砂浆地面，可以先按每层都是水泥砂浆地面计量各楼层的工程量，然后减去门厅的水磨石面工程量。

# 第三节　建筑装饰工程工程量清单及其编制

建筑装饰工程工程量清单是表示建设工程的分部分项工程项目、措施项目、其他项目的名称和相应数量，以及规费、税金项目等内容的明细清单，其由招标人按照《房屋建筑与装饰工程工程量计算规范》(GB 50854—2013)附录中的编码、项目名称、计量单位和工程量计算规则进行编制。工程量清单在建设工程发承包及实施过程的不同阶段，分别被称为"招标工程量清单"和"已标价工程量清单"等。

建筑装饰工程工程量清单是拟建工程招标文件的组成部分。采用工程量清单方式招标，工程量清单必须作为招标文件的组成部分，其准确性和完整性由投标人负责。

## 一、建筑装饰工程工程量清单的作用

(1)建筑装饰工程工程量清单是工程量清单计价的基础，并作为编制招标控制价、投标报价、计算工程量、支付工程款、调整合同价款、办理竣工结算及工程索赔等的依据之一。

(2)建筑装饰工程工程量清单由招标人统一提供，统一的工程量避免了由于计算不准确、项目不一致等人为因素造成的不公正影响，创造了一个公平的竞争环境。

(3)建筑装饰工程工程量清单是招标文件的组成部分，其作为信息的载体，为投标人提供信息，使其对工程有全面的了解。

(4)建筑装饰工程工程量清单是装饰工程造价确定的依据。

1)建筑装饰工程工程量清单是编制招标控制价的依据。实行工程量清单计价的建设工程，其招标控制价应根据《建设工程工程量清单计价规范》(GB 50500—2013)(以下简称"13计价规范")的有关要求、施工现场的实际情况、合理的施工方法等进行编制。

2)建筑装饰工程工程量清单是确定投标报价的依据。投标报价应根据招标文件中的工程量清单和有关要求、施工现场的实际情况及拟订的施工方案或施工组织设计，依据企业定额和市场价格信息，或参照住房城乡建设主管部门发布的社会平均消耗量定额进行编制。

3)建筑装饰工程工程量清单是评标时的依据。建筑装饰工程工程量清单是招标、投标的重要组成部分和依据，因此，它也是评标委员会在对标书的评审中参考的重要依据。

4)建筑装饰工程工程量清单是甲、乙双方确定工程合同价款的依据。

(5)建筑装饰工程工程量清单是装饰工程造价控制的依据。

1)建筑装饰工程工程量清单是计算装饰工程变更价款和追加合同价款的依据。在工程施工中，因设计变更或追加工程影响工程造价时，合同双方应根据工程量清单和合同其他约定调整合同价格。

2)建筑装饰工程工程量清单是支付装饰工程进度款和竣工结算的依据。在施工过程中，发包人应按照合同约定和施工进度支付工程款，依据已完项目工程量和相应单价计算工程进度款。工程竣工验收通过后，承包人应依据工程量清单的约定及其他资料办理竣工结算。

3)建筑装饰工程工程量清单是装饰工程索赔的依据。在合同履行过程中，对于并非自己的过错，而是由对方过错造成的实际损失，合同一方可以向对方提出经济补偿和(或)工期顺延的要求，即索赔。工程量清单是合同文件的组成部分，因此，它是索赔的重要依据之一。

## 二、建筑装饰工程工程量清单的内容

### 1. 建筑装饰工程工程量清单说明

建筑装饰工程工程量清单说明主要是招标人告知投标人拟招标工程的工程量清单的编制依据及作用，清单中的工程量仅仅作为投标报价的基础，是招标人估算得出的，结算时的工程量应以招标人或由其授权委托的监理工程师核准的实际完成量为依据，提示投标申请人重视工程量清单，以及正确使用工程量清单。

### 2. 建筑装饰工程工程量清单表

建筑装饰工程工程量清单表是工程量清单的重要组成部分，合理的清单项目设置和准确的工程数量，是编制正确清单的前提和基础。对于招标人，建筑装饰工程工程量清单表是进行投资控制的前提和基础，建筑装饰工程工程量清单表编制的质量直接关系和影响到工程建设的最终结果。分部分项工程量和单价措施项目清单表见表2-2。

**表 2-2　分部分项工程量和单价措施项目清单表**

工程名称：　　　　　　　　　　标段：　　　　　　　　　　第　页　共　页

| 序号 | 项目编码 | 项目名称 | 项目特征描述 | 计量单位 | 工程量 | 金额/元 | | |
| --- | --- | --- | --- | --- | --- | --- | --- | --- |
| | | | | | | 综合单价 | 合价 | 其中 暂估价 |
| | | | | | | | | |
| | | | | | | | | |
| | | | | | | | | |
| | | | | | | | | |
| | | | | | | | | |
| | | | | | | | | |
| 本页小计 | | | | | | | | |
| 合　计 | | | | | | | | |
| 注：为计取规费等的使用，可在表中增设"其中：定额人工费"。 | | | | | | | | |

建筑装饰工程工程量清单表共设置7栏：第1栏为序号，是整个清单表项目的序号；

第 2 栏为项目编码，是每个清单项目的具体编号；第 3 栏为项目名称，是具体的清单项目的设置，清单项目应在设计图纸的基础上按照工程的分部分项工程量计算规则进行设置；第 4 栏为项目特征描述，内容应按规定，结合拟建工程的实际，能满足确定综合单价的需要；第 5 栏为计量单位，为清单项目的具体单位；第 6 栏为工程量，在完成清单项目设置后，应根据图纸及计算规则计算各清单项目的工程量；第 7 栏为金额。

## 三、建筑装饰工程工程量清单的编制依据

招标工程量清单应由招标人负责编制，若招标人不具有编制工程量清单的能力，则可以根据《工程造价咨询企业管理办法》（建设部令第 149 号）的规定，委托具有工程造价咨询性质的工程造价咨询人编制。

招标工程量清单必须作为招标文件的组成部分，其准确性（数量未算错）和完整性（不缺项漏项）应由招标人负责。招标人应将工程量清单连同招标文件一起发（售）给投标人。投标人依据工程量清单进行投标报价时，对工程量清单不负有核实的义务，更不具有修改和调整的权利。例如，招标人委托工程造价咨询人编制工程量清单，其责任仍由招标人负责。

建筑装饰工程工程量清单的编制主要依据以下内容：

（1）"13 计价规范"和《房屋建筑与装饰工程工程量计算规范》（GB 50854—2013）。

（2）国家或省级、行业建设主管部门颁发的计价定额和办法。

（3）建设工程设计文件及相关资料。

（4）与建设工程有关的标准、规范、技术资料。

（5）拟定的招标文件。

（6）施工现场情况、地勘水文资料、工程特点及常规施工方案。

（7）其他相关资料。

建设工程工程量
清单计价规范

## 四、建筑装饰工程工程量清单的编制原则

（1）符合"四个统一"。工程量清单编制必须符合"四个统一"的要求，即项目编码统一、项目名称统一、计量单位统一、工程量计算规则统一，并应满足方便管理、规范管理及工程计价的要求。

（2）遵守有关的法律、法规及招标文件的要求。工程量清单必须遵守《中华人民共和国合同法》及《中华人民共和国招标投标法》的要求。建筑装饰工程工程量清单是招标文件的核心，编制清单必须以招标文件为准则。

（3）工程量清单的编制依据应齐全。受委托的编制人首先要检查招标人提供的图纸、资料等编制依据是否齐全，必要的情况下还应到现场进行调查取证，力求工程量清单编制依据的齐全。

（4）工程量清单编制力求准确合理。工程量的计算应力求准确，清单项目的设置力求合理、不漏不重。还应建立健全工程量清单编制审查制度，确保工程量清单编制的全面性、准确性和合理性，提高清单编制质量和服务质量。

## 五、建筑装饰工程工程量清单的编制方法

### （一）分部分项工程工程量清单编制

分部分项工程是分部工程与分项工程的总称。分部工程是单位工程的组成部分，是按

结构部位及施工特点或施工任务将单位工程划分为若干个分部工程。例如，房屋建筑与装饰工程可分为土石方工程、桩基工程、砌筑工程、混凝土及钢筋混凝土工程、门窗工程、楼地面装饰工程、天棚工程等分部工程。分项工程是分部工程的组成部分，是按不同施工方法、材料、工序等将分部工程分为若干个分项或项目的工程。例如，天棚工程可分为天棚抹灰、天棚吊顶、采光天棚、天棚其他装饰等分项工程。

分部分项工程项目清单必须载明项目编码、项目名称、项目特征、计量单位和工程量，这五个要件在分部分项工程项目清单的组成中缺一不可。分部分项工程项目清单必须根据各专业工程计量规范规定的五要件进行编制。分部分项工程和单价措施项目清单与计价表不只是编制招标工程量清单的表式，也是编制招标控制价、投标报价和竣工结算的最基本用表。

**1. 项目编码确定**

房屋建筑与装饰工程
工程量计算规范

项目编码是指分项工程和措施项目工程量清单项目名称的阿拉伯数字标识的顺序码。工程量清单项目编码应采用 12 位阿拉伯数字表示，1～9 位应按《房屋建筑与装饰工程工程量计算规范》(GB 50854—2013)附录规定设置，10～12 位应根据拟建工程的工程量清单项目名称设置，同一招标工程的项目编码不得有重码。各位数字的含义如下：

(1)第一、二位为专业工程代码。房屋建筑与装饰工程为 01，仿古建筑为 02，通用安装工程为 03，市政工程为 04，园林绿化工程为 05，矿山工程为 06，构筑物工程为 07，城市轨道交通工程为 08，爆破工程为 09。

(2)第三、四位为专业工程附录分类顺序码。在《房屋建筑与装饰工程工程量计算规范》(GB 50854—2013)附录中，房屋建筑与装饰工程共分为 17 部分，其各自专业工程附录分类顺序码分别为：附录 A 土石方工程，附录分类顺序码为 01；附录 B 地基处理与边坡支护工程，附录分类顺序码为 02；附录 C 桩基工程，附录分类顺序码为 03；附录 D 砌筑工程，附录分类顺序码为 04；附录 E 混凝土及钢筋混凝土工程，附录分类顺序码为 05；附录 F 金属结构工程，附录分类顺序码为 06；附录 G 木结构工程，附录分类顺序码为 07；附录 H 门窗工程，附录分类顺序码为 08；附录 J 屋面及防水工程，附录分类顺序码为 09；附录 K 保温、隔热、防腐工程，附录分类顺序码为 10；附录 L 楼地面装饰工程，附录分类顺序码为 11；附录 M 墙、柱面装饰与隔断、幕墙工程，附录分类顺序码为 12；附录 N 天棚工程，附录分类顺序码为 13；附录 P 油漆、涂料、裱糊工程，附录分类顺序码为 14；附录 Q 其他装饰工程，附录分类顺序码为 15；附录 R 拆除工程，附录分类顺序码为 16；附录 S 措施项目，附录分类顺序码为 17。

(3)第五、六位为分部工程顺序码。以天棚工程为例，在《房屋建筑与装饰工程工程量计算规范》(GB 50854—2013)附录 N 中，天棚工程共分为 4 节，其各自分部工程顺序码分别为：N.1 天棚抹灰，分部工程顺序码为 01；N.2 天棚吊顶，分部工程顺序码为 02；N.3 采光天棚，分部工程顺序码为 03；N.4 天棚其他装饰，分部工程顺序码为 04。

(4)第七至九位分项工程项目名称顺序码。以天棚工程中天棚吊顶为例，在《房屋建筑与装饰工程工程量计算规范》(GB 50854—2013)附录 N 中，天棚吊顶共分为 6 项，其各自分项工程项目名称顺序码分别为：吊顶天棚 001，格栅吊顶 002，吊筒吊顶 003，藤条造型悬挂吊顶 004，织物软雕吊顶 005，装饰网架吊顶 006。

(5)第十至十二位清单项目名称顺序码。以天棚工程中吊筒吊顶为例，按《房屋建筑与装饰工程工程量计算规范》(GB 50854—2013)的有关规定，吊筒吊顶需要描述的清单项目特征包括：吊筒形状、规格；吊筒材料种类；防护材料种类。清单编制人在对吊筒吊顶进行编码时，即可以在全国统一九位编码011302003的基础上，根据不同的吊筒形状、规格、吊筒材料种类，防护材料种类等因素，对第十至十二位编码自行设置，编制出清单项目名称顺序码001、002、003、004…

**2. 项目名称确定**

分部分项工程清单的项目名称应按《房屋建筑与装饰工程工程量计算规范》(GB 50854—2013)附录的项目名称结合拟建工程的实际确定。

**3. 项目特征描述**

项目特征是表征构成分部分项工程项目、措施项目自身价值的本质特征，是对体现分部分项工程量清单、措施项目清单的特有属性和本质特征的描述。分部分项工程清单的项目特征应按《房屋建筑与装饰工程工程量计算规范》(GB 50854—2013)附录中规定的项目特征，结合拟建工程项目的实际特征予以描述。

(1)项目特征描述的作用。

1)项目特征是区分清单项目的依据。工程量清单项目特征是用来表述分部分项工程量清单项目的实质内容，用于区分计价规范中同一清单条目下各个具体的清单项目。没有项目特征的准确描述，对于相同或相似的清单项目名称就无从区分。

2)项目特征是确定综合单价的前提。工程量清单项目的特征决定了工程实体的实质内容，必然直接决定了工程实体的自身价值。因此，工程量清单项目特征描述的准确与否，直接关系到工程量清单项目综合单价的准确确定。

3)项目特征是履行合同义务的基础。实行工程量清单计价，工程量清单及其综合单价是施工合同的组成部分，因此，如果工程量清单项目特征描述不清甚至漏项、错误，导致在施工过程中更改，就会发生分歧，甚至引起纠纷。

(2)项目特征描述的要求。为达到规范、简捷、准确、全面描述项目特征的要求，在描述工程量清单项目特征时应注意以下几点：

1)涉及正确计量的内容必须描述。如010802002彩板门，当以樘为单位计量时，项目特征需要描述门洞口尺寸；当以 m² 为单位计量时，门洞口尺寸描述的意义不大，可以不描述。

2)涉及材质要求的内容必须描述。如油漆的品种，是调和漆还是硝基清漆等；管材的材质，是碳钢管还是塑钢管、不锈钢钢管等；混凝土构件混凝土的种类，是清水混凝土还是彩色混凝土，是预拌(商品)混凝土还是现场搅拌混凝土。

3)对计量计价没有实质影响的内容可以不描述；应由投标人根据施工方案确定的可以不描述；应由投标人根据当地材料和施工要求确定的可以不描述；应由施工措施解决的可以不描述。

4)对采用标准图集或施工图纸能够全部或部分满足项目特征描述要求的，项目特征描述可以直接采用"详见××图集或××图号"的方式。

5)对注明由投标人根据施工现场实际自行考虑决定报价的，项目特征可以不描述。

**4. 计量单位确定**

分部分项工程量清单的计量单位应按《房屋建筑与装饰工程工程量计算规范》(GB 50854—2013)附录中规定的计量单位确定。规范中的计量单位均为基本单位，与定额中所采用的基本单位扩大一定的倍数不同。如质量以 t 或 kg 为单位，长度以 m 为单位，面积以 m² 为单位，体积以 m³ 为单位，自然计量的以个、件、套、组、樘为单位。当计量单位有两个或两个以上时，应根据所编工程量清单项目的特征要求，选择最适宜表现该项目特征并方便计量的单位。例如，门窗工程有樘和 m² 两个计量单位，在实际工作中，就应该选择最适宜、最方便计量的单位来表示。

**5. 工程数量确定**

分部分项工程量清单中所列工程量应按《房屋建筑与装饰工程工程量计算规范》(GB 50854—2013)附录中规定的工程量计算规则计算。

**6. 工作内容确定**

工作内容是指为了完成分部分项工程项目或措施项目所需要发生的具体施工作业内容。《房屋建筑与装饰工程工程量计算规范》(GB 50854—2013)附录中给出的是一个清单项目所可能发生的工作内容，在确定综合单价时需要根据清单项目特征中的要求，或根据工程具体情况，或根据常规施工方案，从中选择具体的施工作业内容。

工作内容不同于项目特征，在清单编制时不需要描述。项目特征体现的是清单项目质量或特性的要求或标准，工作内容体现的是完成一个合格的清单项目需要具体做的施工作业，对于一项明确了分部分项工程的项目或措施项目，工作内容确定了其工程成本。

如 010809001 木窗台板，其项目特征为：基层材料种类；窗台板材质、规格、颜色；防护材料种类。工程内容为：基层清理；基层制作、安装；窗台板制作、安装；刷防护材料。通过对比可以看出，"窗台板材质、规格、颜色"是对窗台板质量标准的要求，属于项目特征；"窗台板制作、安装"是窗台板制作、安装过程中的工艺和方法，体现的是如何做，属于工作内容。

**7. 补充项目确定**

随着工程建设中新材料、新技术、新工艺等的不断涌现，《房屋建筑与装饰工程工程量计算规范》(GB 50854—2013)附录所列的工程量清单项目不可能包含所有项目。在编制工程量清单时，若出现规范附录中未包括的清单项目，则编制人应进行补充，并报省级或行业工程造价管理机构备案，省级或行业工程造价管理机构应汇总报住房和城乡建设部标准定额研究所。

工程量清单项目的补充应涵盖项目编码、项目名称、项目描述、计量单位、工程量计算规则及包含的工作内容，按《房屋建筑与装饰工程工程量计算规范》(GB 50854—2013)附录中相同的列表方式表述。

补充项目的编码由专业工程代码(工程量计算规范代码)与 B 和三位阿拉伯数字组成，并应从××B001 起顺序编制，同一招标工程的项目不得重码。

**(二)措施项目清单编制**

措施项目清单应根据拟建工程的实际情况列项。措施项目清单的编制需要考虑多种因素，除工程本身的因素外，还涉及水文、气象、环境、安全等因素。由于影响措施项目设置的因素太多，故计量规范不可能将施工中可能出现的措施项目一一列出。在编制措施项目清单时，因工程情况不同，出现计量规范附录中未列的措施项目，可以根据工程的具体情况对措施项目清单进行补充。

措施项目费用的发生与使用时间、施工方法或两个以上的工序相关，并大多与实际完成的实体工程量的大小关系不大，如安全文明施工、夜间施工、非夜间施工照明、二次搬运、冬雨期施工、地上地下设施、建筑物的临时保护设施、已完工程及设备保护等。措施项目中不能计算工程量的清单，以项为计量单位进行编制，见表2-3。

表 2-3　总价措施项目清单与计价表

工程名称：　　　　　　　　　　　　　标段：　　　　　　　　　　　第　页　共　页

| 序号 | 项目编码 | 项目名称 | 计算基础 | 费率/% | 金额/元 | 调整费率/% | 调整后金额/元 | 备注 |
|---|---|---|---|---|---|---|---|---|
| | | 安全文明施工费 | | | | | | |
| | | 夜间施工增加费 | | | | | | |
| | | 二次搬运费 | | | | | | |
| | | 冬雨期施工增加费 | | | | | | |
| | | 已完工程及设备保护费 | | | | | | |
| | | | | | | | | |
| | | | | | | | | |
| | | | | | | | | |
| | | 合计 | | | | | | |

注：1. "计算基础"中安全文明施工费可为"定额基价""定额人工费"或"定额人工费＋定额机械费"，其他项目可为"定额人工费"或"定额人工费＋定额机械费"。

　　2. 按施工方案计算的措施费，若无"计算基础"和"费率"的数值，也可只填"金额"数值，但应在备注栏说明施工方案出处或计算方法。

编制人（造价人员）：　　　　　　　　　　　　复核人（造价工程师）：

### (三)其他项目清单编制

其他项目清单应按暂列金额；暂估价，包括材料(工程设备)暂估价/结算价、专业工程暂估价/结算价；计日工；总承包服务费；索赔与现场签证列项(表2-4)。若出现上述未列项目，则应根据工程实际情况补充。

表 2-4　其他项目清单与计价汇总表

工程名称：　　　　　　　　　　　　　标段：　　　　　　　　　　　第　页　共　页

| 序号 | 项目名称 | 金额/元 | 结算金额/元 | 备　注 |
|---|---|---|---|---|
| 1 | 暂列金额 | | | |
| 2 | 暂估价 | | | |
| 2.1 | 材料(工程设备)暂估价/结算价 | — | | |
| 2.2 | 专业工程暂估价/结算价 | | | |
| 3 | 计日工 | | | |
| 4 | 总承包服务费 | | | |
| 5 | 索赔与现场签证 | — | | |
| | 合计 | | | |

注：材料(工程设备)暂估单价计入清单项目综合单价，此处不汇总。

### 1. 暂列金额

暂列金额是招标人在工程量清单中暂定并包括在合同价款中的一笔款项。清单计价规范中明确规定暂列金额用于施工合同签订时尚未确定或者不可预见的所需材料、设备、服务的采购，施工中可能发生的工程变更、合同约定调整因素出现时的工程价款调整以及发生的索赔、现场签证确认等的费用。

无论采用何种合同形式，其理想的标准是，一份合同的价格就是其最终的竣工结算价格，或者至少两者应尽可能接近。我国规定对政府投资工程实行概算管理，经项目审批部门批复的设计概算是工程投资控制的刚性指标，即使商业性开发项目也有成本的预先控制问题，否则，无法相对准确地预测投资的收益和科学合理地进行投资控制。但工程建设自身的特性决定了工程的设计需要根据工程进展不断地进行优化和调整，业主需求可能会随工程建设进展而出现变化，工程建设过程还会存在一些不可预见、不能确定的因素。消化这些因素必然会影响合同价格的调整，暂列金额正是因应这类不可避免的价格调整而设立，以便达到合理确定和有效控制工程造价的目标。

另外，暂列金额列入合同价格不等于就属于承包人所有了，即使是总价包干合同，也不等于列入合同价格的所有金额就属于承包人，是否属于承包人应得金额，取决于具体的合同约定，只有按照合同约定程序实际发生后，才能成为承包人的应得金额，纳入合同结算价款中。扣除实际发生金额后的暂列金额余额仍属于发包人所有。设立暂列金额并不能保证合同结算价格就不会再出现超过合同价格的情况，是否超出合同价格完全取决于工程量清单编制人暂列金额预测的准确性，以及工程建设过程是否出现了其他事先未预测到的事件。

暂列金额明细表见表2-5。

表2-5　暂列金额明细表

工程名称：　　　　　　　　　　标段：　　　　　　　　　　　　第　页　共　页

| 序号 | 项目名称 | 计量单位 | 暂定金额/元 | 备注 |
|---|---|---|---|---|
| 1 | | | | |
| 2 | | | | |
| 3 | | | | |
| 4 | | | | |
| 5 | | | | |
| 合计 | | | | — |

注：此表由招标人填写，如不能详列，也可只列暂定金额总额，投标人应将上述暂列金额计入投标总价中。

### 2. 暂估价

暂估价是指招标阶段直至签订合同协议时，招标人在招标文件中提供的用于支付必然要发生但暂时不能确定价格的材料以及专业工程的金额。暂估价类似于FIDIC合同条款中的Prime Cost Items，在招标阶段预见肯定要发生，只是因为标准不明确或者需要由专业承包人完成，暂时无法确定价格。暂估价数量和拟用项目应当结合工程量清单中的"暂估价表"予以补充说明。

为方便合同管理，需要纳入分部分项工程项目清单综合单价中的暂估价应只是材料、工程设备费，以方便投标人组价。

专业工程的暂估价应是综合暂估价，包括除规费和税金外的管理费、利润等。总承包招标时，专业工程设计深度往往是不够的，一般需要交由专业设计人设计，出于提高可建造性考虑，国际上的惯例一般是由专业承包人负责设计，以发挥其专业技能和专业施工经验的优势。这类专业工程交由专业分包人完成是国际工程的良好实践，目前在我国工程建设领域也很普遍。公开透明、合理地确定这类暂估价的实际开支金额的最佳途径就是通过施工总承包人与工程建设项目招标人共同组织招标。

暂估价中的材料、工程设备暂估单价应根据工程造价信息或参照市场价格估算，列出明细表；专业工程暂估价应分不同专业，按有关计价规定估算，列出明细表。暂估价可以按照表2-6及表2-7的格式列示。

表2-6 材料（工程设备）暂估单价及调整表

工程名称：　　　　　　　　　　标段：　　　　　　　　　第　页　共　页

| 序号 | 材料（工程设备）名称、规格、型号 | 计量单位 | 数量 | | 暂估/元 | | 确认/元 | | 差额±/元 | | 备注 |
|---|---|---|---|---|---|---|---|---|---|---|---|
| | | | 暂估 | 确认 | 单价 | 合价 | 单价 | 合价 | 单价 | 合价 | |
| | | | | | | | | | | | |
| | | | | | | | | | | | |
| | | | | | | | | | | | |
| | 合计 | | | | | | | | | | |

注：此表由招标人填写"暂估单价"，并在备注栏说明暂估单价的材料、工程设备拟用在哪些清单项目上，投标人应将上述材料、工程设备暂估单价计入工程量清单综合单价报价中。

表2-7 专业工程暂估价及结算价表

工程名称：　　　　　　　　　　标段：　　　　　　　　　第　页　共　页

| 序号 | 工程名称 | 工程内容 | 暂估金额/元 | 结算金额/元 | 差额±/元 | 备注 |
|---|---|---|---|---|---|---|
| | | | | | | |
| | | | | | | |
| | | | | | | |
| | | | | | | |
| | 合计 | | | | | |

注：此表"暂估金额"由招标人填写，招标人应将"暂估金额"计入投标总价中。结算时按合同约定结算金额填写。

### 3. 计日工

计日工是为了解决现场发生的零星工作的计价而设立的。国际上常见的标准合同条款中，大多数设立了计日工计价机制。计日工对完成零星工作所消耗的人工工时、材料数量、施工机械台班进行计量，并按照计日工表中填报的适用项目的单价进行计价支付。计日工适用的所谓零星工作，一般是指合同约定之外或者因变更而产生的、工程量清单中没有相应项目的额外工作，尤其是那些时间不允许事先商定价格的额外工作。

编制工程量清单时，"项目名称""计量单位""暂估数量"由招标人填写；编制招标控制价时，人工、材料、机械台班单价由招标人按有关计价规定填写并计算合价；编制投标报价时，人工、材料、机械台班单价由投标人自主确定，按已给暂估数量计算合价计入投标总价中。

计日工表见表2-8。

表2-8　计日工表

工程名称：　　　　　　　　　　　标段：　　　　　　　　　第　页　共　页

| 编号 | 项目名称 | 单位 | 暂定数量 | 实际数量 | 综合单价/元 | 合价/元 | |
| --- | --- | --- | --- | --- | --- | --- | --- |
| | | | | | | 暂定 | 实际 |
| 一 | 人工 | | | | | | |
| 1 | | | | | | | |
| 2 | | | | | | | |
| 3 | | | | | | | |
| | 人工小计 | | | | | | |
| 二 | 材料 | | | | | | |
| 1 | | | | | | | |
| 2 | | | | | | | |
| 3 | | | | | | | |
| | 材料小计 | | | | | | |
| 三 | 施工机械 | | | | | | |
| 1 | | | | | | | |
| 2 | | | | | | | |
| 3 | | | | | | | |
| | 施工机械小计 | | | | | | |
| 四 | 企业管理费和利润 | | | | | | |
| | 总　计 | | | | | | |

注：此表项目名称、暂定数量由招标人填写，编制招标控制价时，单价由招标人按有关规定确定；投标时，单价由投标人自主确定，按暂定数量计算合价计入投标总价中；结算时，按发承包双方确定的实际数量计算合价。

**4. 总承包服务费**

总承包服务费是为了解决招标人在法律、法规允许的条件下进行专业工程发包及自行供应材料、工程设备，并需要总承包人对发包的专业工程提供协调和配合服务，对甲供材料、工程设备提供收发和保管服务，以及进行施工现场管理时发生并向总承包人支付的费用。招标人应预计该项费用，并按投标人的投标报价向投标人支付该项费用。

总承包服务费应列出服务项目及其内容等。编制招标工程量清单时，招标人应将拟定进行专业分包的专业工程、自行采购的材料设备等决定清楚，填写项目名称、服务内容，以便投标人决定报价；编制招标控制价时，招标人按有关计价规定计价；编制投标报价时，由投标人根据工程量清单中的总承包服务内容，自主决定报价；办理竣工结算时，发承包双方应按承包人已标价工程量清单中的报价计算，如发承包双方确定调整的，则按调整后的金额计算。

总承包服务费计价表见表2-9。

## 表 2-9　总承包服务费计价表

工程名称：　　　　　　　　　　　　　　标段：　　　　　　　　　　　　第　页　共　页

| 序号 | 项目名称 | 项目价值/元 | 服务内容 | 计算基础 | 费率/% | 金额/元 |
|------|---------|-----------|---------|---------|--------|---------|
| 1 | 发包人发包专业工程 | | | | | |
| 2 | 发包人提供材料 | | | | | |
| | | | | | | |
| | | | | | | |
| | | | | | | |
| | 合　计 | — | — | | — | |

注：此表项目名称、服务内容由招标人填写，编制招标控制价时，费率及金额由招标人按有关计价规定确定；投标时，费率及金额由投标人自主报价，计入投标总价中。

### (四)规费、税金项目清单编制

根据《建筑安装工程费用项目组成》的规定，规费包括工程排污费、社会保险费(养老保险费、失业保险费、医疗保险费、工伤保险费、生育保险费)、住房公积金。规费作为政府和有关权力部门规定必须缴纳的费用，编制人对《建筑安装工程费用项目组成》未包括的规费项目，在编制规费项目清单时应根据省级政府或省级有关权力部门的规定列项。目前我国税法规定应计入建筑安装工程造价的税种包括增值税、城市建设维护税、教育费附加和地方教育附加。如国家税法发生变化，税务部门依据职权增加了税种，则应对税金项目清单进行补充。

规费、税金项目计价表见表2-10。

### 表 2-10　规费、税金项目计价表

工程名称：　　　　　　　　　　　　　　标段：　　　　　　　　　　　　第　页　共　页

| 序号 | 项目名称 | 计算基础 | 计算基数 | 计算费率/% | 金额/元 |
|------|---------|---------|---------|-----------|---------|
| 1 | 规费 | 定额人工费 | | | |
| 1.1 | 社会保险费 | 定额人工费 | | | |
| (1) | 养老保险费 | 定额人工费 | | | |
| (2) | 失业保险费 | 定额人工费 | | | |
| (3) | 医疗保险费 | 定额人工费 | | | |
| (4) | 工伤保险费 | 定额人工费 | | | |
| (5) | 生育保险费 | 定额人工费 | | | |
| 1.2 | 住房公积金 | 定额人工费 | | | |
| 1.3 | 工程排污费 | 按工程所在地环境保护部门收取标准，按实计入 | | | |
| | | | | | |
| 2 | 税金 | 分部分项工程费+措施项目费+其他项目费+规费－按规定不计税的工程设备金额 | | | |
| | 合　计 | | | | |

编制人(造价人员)：　　　　　　　　　　　　　复核人(造价工程师)：

### (五)材料和机械设备项目清单编制

**1. 发包人提供材料和机械设备**

《建设工程质量管理条例》第 14 条规定："按照合同约定，由建设单位采购建筑材料、建筑构配件和设备的，建设单位应当保证建筑材料、建筑构配件和设备符合设计文件和合同要求。"《中华人民共和国合同法》第 283 条规定："发包人未按照约定的时间和要求提供原材料、设备、场地、资金、技术资料的，承包人可以顺延工程日期，并有权要求赔偿停工、窝工等损失。""13 计价规范"根据上述法律条文对发包人提供材料和机械设备的情况进行了以下约定：

(1)发包人提供的材料和工程设备(以下简称甲供材料)应在招标文件中按照规定填写《发包人提供材料和工程设备一览表》(表 2-11)，写明甲供材料的名称、规格、数量、单价、交货方式、交货地点等。

承包人投标时，甲供材料价格应计入相应项目的综合单价中；签约后，发包人应按合同约定扣除甲供材料款，不予支付。

(2)承包人应根据合同工程进度计划的安排，向发包人提交甲供材料交货的日期计划，发包人应按计划提供。

(3)发包人提供的甲供材料如规格、数量或质量不符合合同要求，或由于发包人原因发生交货日期延误、交货地点及交货方式变更等情况的，发包人应承担由此增加的费用和(或)工期延误，并应向承包人支付合理利润。

(4)发承包双方对甲供材料的数量发生争议不能达成一致的，应按照相关工程的计价定额同类项目规定的材料消耗量计算。

(5)若发包人要求承包人采购已在招标文件中确定为甲供材料的，材料价格应由发承包双方根据市场调查确定，并应另行签订补充协议。

表 2-11　发包人提供材料和工程设备一览表

工程名称：　　　　　　　　　　标段：　　　　　　　　　　第　页　共　页

| 序号 | 材料(工程设备)名称、规格、型号 | 单位 | 数量 | 单价/元 | 交货方式 | 送达地点 | 备注 |
|---|---|---|---|---|---|---|---|
|  |  |  |  |  |  |  |  |
|  |  |  |  |  |  |  |  |
|  |  |  |  |  |  |  |  |
|  |  |  |  |  |  |  |  |
|  |  |  |  |  |  |  |  |
|  |  |  |  |  |  |  |  |
|  |  |  |  |  |  |  |  |

注：此表由招标人填写，供投标人在投标报价、确定总承包服务费时参考。

**2. 承包人提供材料和工程设备**

承包人需提供的主要材料和工程设备见表 2-12 和表 2-13。

《建设工程质量管理条例》第 29 条规定："施工单位必须按照工程设计要求、施工技术标准和合同约定，对建筑材料、建筑构配件、设备和商品混凝土进行检验，检验应当有书面记录和专人签字；未经检验或者检验不合格的，不得使用。""13 计价规范"根据此法律条文对承包人提供材料和机械设备的情况进行了以下约定：

（1）除合同约定的发包人提供的甲供材料外，合同工程所需的材料和工程设备应由承包人提供，承包人提供的材料和工程设备均应由承包人负责采购、运输和保管。

（2）承包人应按合同约定将采购材料和工程设备的供货人及品种、规格、数量和供货时间等提交发包人确认，并负责提供材料和工程设备的质量证明文件，满足合同约定的质量要求。

（3）对承包人提供的材料和工程设备经检测不符合合同约定的质量标准，发包人应立即要求承包人更换，由此增加的费用和（或）工期延误应由承包人承担。对发包人要求检测承包人已具有合格证明的材料、工程设备，但经检测证明该项材料、工程设备符合合同约定的质量标准，发包人应承担由此增加的费用和（或）工期延误，并向承包人支付合理利润。

**表 2-12　承包人提供主要材料和工程设备一览表**
**（适用于造价信息差额调整法）**

工程名称：　　　　　　　　　　　标段：　　　　　　　　　　第　页　共　页

| 序号 | 名称、规格、型号 | 单位 | 数量 | 风险系数/% | 基准单价/元 | 投标单价/元 | 发承包人确认单价/元 | 备注 |
|---|---|---|---|---|---|---|---|---|
|  |  |  |  |  |  |  |  |  |
|  |  |  |  |  |  |  |  |  |
|  |  |  |  |  |  |  |  |  |
|  |  |  |  |  |  |  |  |  |
|  |  |  |  |  |  |  |  |  |

注：1. 此表由招标人填写除"投标单价"栏的内容，投标人在投标时自主确定投标单价。
　　2. 招标人应优先采用工程造价管理机构发布的单价作为基准单价，未发布的，通过市场调查确定其基准单价。

**表 2-13　承包人提供主要材料和工程设备一览表**
**（适用于价格指数调整法）**

工程名称：　　　　　　　　　　　标段：　　　　　　　　　　第　页　共　页

| 序号 | 名称、规格、型号 | 变值权重 $B$ | 基本价格指数 $F_0$ | 现行价格指数 $F_t$ | 备注 |
|---|---|---|---|---|---|
|  |  |  |  |  |  |
|  |  |  |  |  |  |
|  |  |  |  |  |  |
|  |  |  |  |  |  |
| | 定值权重 $A$ | | — | — | |
| | 合　计 | 1 | | | |

注：1. "名称、规格、型号""基本价格指数 $F_0$"栏由招标人填写，基本价格指数应首先采用工程造价管理机构发布的价格指数，没有时，可采用发布的价格代替。如人工、机械费也采用本法调整，由招标人在"名称、规格、型号"栏填写。
　　2. "变值权重 $B$"栏由投标人根据该项人工、机械费和材料、工程设备价值在投标总报价中所占比例填写，1减去其比例为定值权重。
　　3. "现行价格指数 $F_t$"按约定付款证书相关周期最后一天的前 42 d 的各项价格指数填写，该指数应首先采用工程造价管理机构发布的价格指数，没有时，可采用发布的价格代替。

# 第四节　建筑装饰工程综合单价的计算

## 一、综合单价的含义

综合单价是指完成一个规定的清单项目所需的人工费、材料费和工程设备费、施工机具使用费、企业管理费、利润以及一定范围内的风险费用。其中，风险费用隐含于已标价工程量清单综合单价中，用于化解承发包双方在工程合同中约定内容和范围内的市场价格波动的费用。

"13 计价规范"规定，工程量清单应采用综合单价计价，它不仅适用于分部分项工程量清单计价，也适用于措施项目清单和其他项目清单计价。

## 二、综合单价的计算步骤

建筑装饰工程工程清单项目通常包括一项或多项工程内容，清单项目的综合单价要按照《房屋建筑与装饰工程工程量计算规范》(GB 50854—2013)所规定的项目特征采用定额组价来确定。定额组价采用辅助项目随主体项目计算。将不同工程内容的辅助项目组合在一起，计算出主体项目的综合单价。

综合单价的计算步骤如下：

(1)核算清单工程量。

(2)计算计价工程量(定额工程量)。

(3)选套定额。先确定一定计量单位"人、材、机"的消耗量，再根据市场价格来确定"人、材、机"单价，最后计算一定计量单位"人、材、机"的费用。

(4)确定费率，计算企业管理费及利润。

(5)计算风险费用。风险费用的计取一般采用两种方法：一种是整体乘以系数；另一种是分项乘以系数。

(6)计算综合单价。

### 本章小结

工程量是以规定的物理计量单位或自然计量单位所表示的各个具体分享工程或构配体的数量。本章主要介绍了《建筑装饰工程费用项目组成》、建筑装饰工程工程量及其计算、建筑装饰工程工程量清单及其编制、建筑装饰工程综合单价的计算。

### 思考与练习

**一、填空题**

1. _____ 是指各专业工程的分部分项工程应予列支的各项费用。

2. _____ 是指为完成建设工程施工，发生于该工程施工前和施工过程中的技术、生活、安全、环境保护等方面的费用。

3. _____ 是指因施工场地条件限制而发生的材料、构配件、半成品等一次运输不能到达堆放地点，必须进行二次或多次搬运所发生的费用。

4. _____是指工程施工过程中进行全部施工测量放线和复测工作的费用。

5. _____是指施工需要的各种脚手架搭、拆、运输费用以及脚手架购置费的摊销（或租赁）费用。

6. _____是指建设单位在工程量清单中暂定并包括在工程合同价款中的一笔款项。

7. _____是以规定的物理计量单位或自然计量单位所表示的各个具体分项工程或构配体的数量。

8. _____是表征构成分部分项工程项目、措施项目自身价值的本质特征，是对体现分部分项工程量清单、措施项目清单的特有属性和本质特征的描述。

## 二、选择题

1. 安全文明施工费不包括(      )。

   A. 环境保护费　　　　　　　　　B. 安全施工费

   C. 临时设施费　　　　　　　　　D. 夜间施工增加费

2. (      )是指在施工过程中，施工企业完成建设单位提出的施工图纸以外的零星项目或工作所需的费用。

   A. 计日工　　　　　　　　　　　B. 暂列金额

   C. 文明施工费　　　　　　　　　D. 安全施工费

3. (      )是招标人在工程量清单中暂定并包括在合同价款中的一笔款项。

   A. 暂列金额　　　　　　　　　　B. 暂估价

   C. 计日工　　　　　　　　　　　D. 现场签证

## 三、简答题

1. 建筑装饰工程费用按造价形成划分为哪几种？

2. 其他项目费用包括哪些？

3. 工程量计算的意义有哪些？

4. 什么是建筑装饰工程工程量清单？它的编制依据是什么？

5. 建筑装饰工程工程量清单的编制主要依据有哪些内容？

6. 什么是综合单价？综合单价的计算步骤有哪些？

第三章

# 建筑面积计算

## 知识目标

1. 了解建筑面积的作用，识记建筑面积计算常用术语。
2. 掌握计算建筑面积的规定及不应计算建筑面积的规定。

## 能力目标

能进行建筑面积的计算。

## 第一节 建筑面积的作用及计算常用术语

### 一、建筑面积的作用

建筑面积又称建筑展开面积，是表示建筑物平面特征的几何参数，是建筑物各层水平面面积之和，单位通常用"m²"表示。

建筑面积主要包括使用面积、辅助面积和结构面积三部分。使用面积是指建筑物各层平面面积中直接为生产或生活使用的净面积之和。辅助面积是指建筑物各层平面面积中为辅助生产或辅助生活所占净面积之和。使用面积与辅助面积之和为有效面积。结构面积是指建筑物各层平面面积中的墙、柱等结构所占面积之和。

建筑面积在建筑装饰工程预算中的作用主要有以下几个：

（1）建筑面积是建设投资、建设项目可行性研究、建设项目勘察设计、建设项目评估、建设项目招标投标、建筑工程施工和竣工验收、建筑工程造价管理、建筑工程造价控制等一系列工作的重要评价指标。

（2）建筑面积是计算开工面积、竣工面积及建筑装饰规模的重要技术指标。

（3）建筑面积是计算单位工程技术经济指标的基础，是计算单方造价及单方人工、材料、机械消耗指标和工程量消耗指标等的重要技术经济指标。

(4)建筑面积是进行设计评价的重要技术指标。设计人员在进行建筑与结构设计时，通过计算建筑面积与使用面积、辅助面积、结构面积、有效面积之间的比例关系以及平面系数、土地利用系数等技术经济指标，对设计方案作出优劣评价。

综上所述，建筑面积是重要的技术经济指标，在全面控制建筑装饰工程造价和建设过程中起着重要的作用。

## 二、建筑面积计算常用术语

(1)建筑面积。建筑面积是建筑物(包括墙体)所形成的楼地面面积，包括附属于建筑物的室外阳台、雨篷、檐廊、室外走廊、室外楼梯等的面积。

(2)自然层。自然层是按楼地面结构分层的楼层。

(3)结构层高。结构层高是楼面或地面结构层上表面至上部结构层上表面之间的垂直距离。

(4)围护结构。围护结构是围合建筑空间的墙体、门、窗。

(5)建筑空间。以建筑界面限定的、供人们生活和活动的场所，即具备可出入、可利用条件(设计中可能标明了使用用途，也可能没有标明使用用途或使用用途不明确)的围合空间，均属于建筑空间。

(6)结构净高。结构净高指楼面或地面结构层上表面至上部结构层下表面之间的垂直距离。

(7)围护设施。为保障安全而设置的栏杆、栏板等围挡称为围护设施。

(8)地下室。地下室指室内地平面低于室外地平面的高度超过室内净高的1/2的房间。

(9)半地下室。半地下室指室内地平面低于室外地平面的高度超过室内净高的1/3，且不超过1/2的房间。

(10)架空层。架空层指仅有结构支撑而无外围护结构的开敞空间层。

(11)走廊。走廊指建筑物中的水平交通空间。

(12)架空走廊。架空走廊指专门设置在建筑物的二层或二层以上，作为不同建筑物之间水平交通的空间。

(13)结构层。结构层指整体结构体系中承重的楼板层，特指整体结构体系中承重的楼层，包括板、梁等构件。结构层承受整个楼层的全部荷载，并对楼层的隔声、防火等起主要作用。

(14)落地橱窗。落地橱窗指凸出外墙面且根基落地的橱窗，即指在商业建筑临街面设置的下槛落地、可落在室外地坪也可落在室内首层地板，用来展览各种样品的玻璃窗。

(15)凸窗(飘窗)。凸窗(飘窗)指凸出建筑物外墙面的窗户。凸窗(飘窗)既然作为窗，就有别于楼(地)板的延伸，也就是不能把楼(地)板延伸出去的窗称为凸窗(飘窗)。凸窗(飘窗)的窗台应只是墙面的一部分且距(楼)地面应有一定的高度。

(16)檐廊。檐廊指建筑物挑檐下的水平交通空间，是附属于建筑物底层、外墙有屋檐作为顶盖，其下部一般有柱或栏杆、栏板等的水平交通空间。

(17)挑廊。挑廊指挑出建筑物外墙的水平交通空间。

(18)门斗。门斗指建筑物入口处两道门之间的空间。

(19)雨篷。雨篷是建筑出入口上方为遮挡雨水而设置的部件，即建筑物出入口上方、凸出墙面、为遮挡雨水而单独设立的建筑部件。雨篷划分为有柱雨篷(包括独立柱雨篷、多柱雨篷、柱墙混合支撑雨篷、墙支撑雨篷)和无柱雨篷(悬挑雨篷)。如凸出建筑物，且不单独设立顶盖，利用上层结构板(如楼板、阳台底板)进行遮挡，则不视为雨篷，不计算建筑面积。对于无柱雨篷，如顶盖高度达到或超过两个楼层，则也不视为雨篷，不计算建筑面积。

(20)门廊。门廊指建筑物入口前有顶棚的半围合空间，即在建筑物出入口、无门、三面或两面有墙、上部有板(或借用上部楼板)围护的部位。

(21)楼梯。楼梯指由连续行走的梯级、休息平台和维护安全的栏杆(或栏板)、扶手，以及相应的支托结构组成的作为楼层之间垂直交通使用的建筑部件。

(22)阳台。阳台指附设于建筑物外墙，设有栏杆或栏板，可供人活动的室外空间。

(23)主体结构。主体结构指接受、承担和传递建设工程所有上部荷载，维持上部结构整体性、稳定性和安全性的有机联系的构造。

(24)变形缝。变形缝是防止建筑物在某些因素作用下引起开裂甚至破坏而预留的构造缝，即指在建筑物因温差、不均匀沉降以及地震而可能引起结构破坏变形的敏感部位或其他必要的部位，预先设缝将建筑物断开，令断开后建筑物的各部分成为独立的单元，或者是划分为简单、规则的段，并令各段之间的缝达到一定的宽度，以能够适应变形的需要。根据外界破坏因素的不同，变形缝一般可分为伸缩缝、沉降缝、抗震缝三种。

(25)骑楼。骑楼指建筑底层沿街面后退且留出公共人行空间的建筑物，即指沿街二层以上用承重柱支撑骑跨在公共人行空间之上，其底层沿街面后退的建筑物。

(26)过街楼。过街楼指跨越道路上空并与两边建筑相连接的建筑物，即当有道路在建筑群穿过时，为保证建筑物之间的功能联系，设置跨越道路上空使两边建筑相连接的建筑物。

(27)建筑物通道。建筑物通道指为穿过建筑物而设置的空间。

(28)露台。露台指设置在屋面、首层地面或雨篷上的供人室外活动的有围护设施的平台。露台应满足四个条件：一是位置，设置在屋面、地面或雨篷顶；二是可出入；三是有围护设施；四是无盖。这四个条件须同时满足。如果设置在首层并有围护设施的平台，且其上层为同体量阳台，则该平台应视为阳台，按阳台的规则计算建筑面积。

(29)勒脚。勒脚是在房屋外墙接近地面部位设置的饰面保护构造。

(30)台阶。台阶是为联系室内外地坪或同楼层不同标高而设置的阶梯形踏步，即建筑物出入口不同标高地面或同楼层不同标高处设置的供人行走的阶梯式连接构件。室外台阶还包括与建筑物出入口连接处的平台。

# 第二节　建筑面积计算要求

## 一、计算建筑面积的规定

(1)建筑物的建筑面积应按自然层外墙结构外围水平面积之和计算。结构层高在 2.20 m 及以上的，应计算全面积；结构层高在 2.20 m 以下的，应计算1/2面积。

1)在主体结构内形成的建筑空间，满足计算面积结构层高要求的均应按上述规定计算建筑面积。

2)主体结构外的室外阳台、雨篷、檐廊、室外走廊、室外楼梯等按相应条款计算建筑面积。

3)当外墙结构本身在一个层高范围内不等厚时，以楼地面结构标高处的外围水平面积计算。

(2)建筑物内设有局部楼层(图3-1)时，对于局部楼层的二层及以上楼层，有围护结构的应按其围护结构外围水平面积计算，无围护结构的应按其结构底板水平面积计算。结构层高在2.20 m及以上的，应计算全面积；结构层高在2.20 m以下的，应计算1/2面积。

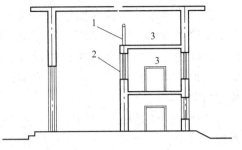

1—围护设施；2—围护结构；3—局部楼层
图3-1　建筑物内的局部楼层

(3)形成建筑空间的坡屋顶，结构净高在2.10 m及以上的部位应计算全面积；结构净高在1.20 m及以上至2.10 m以下的部位应计算1/2面积；结构净高在1.20 m以下的部位不应计算建筑面积。

(4)场馆看台下的建筑空间，因其上部结构多为斜板，结构净高在2.10 m及以上的部位应计算全面积；结构净高在1.20 m及以上至2.10 m以下的部位应计算1/2面积；结构净高在1.20 m以下的部位不应计算建筑面积。室内单独设置的有围护设施的悬挑看台，因其看台上部设有顶盖且可供人使用，故应按看台结构底板水平投影面积计算建筑面积。有顶盖无围护结构的场馆看台应按其顶盖水平投影面积的1/2计算面积。其中，"场馆"是指各种"场"类建筑，如体育场、足球场、网球场、带看台的风雨操场等。

(5)地下室、半地下室应按其结构外围水平面积计算。结构层高在2.20 m及以上的，应计算全面积；结构层高在2.20 m以下的，应计算1/2面积。

(6)出入口外墙外侧坡道有顶盖的部位，应按其外墙结构外围水平面积的1/2计算面积。

出入口坡道分为有顶盖出入口坡道和无顶盖出入口坡道，出入口坡道顶盖的挑出长度，为顶盖结构外边线至外墙结构外边线的长度；顶盖以设计图纸为准，对后增加及建设单位自行增加的顶盖等，不计算建筑面积。顶盖不分材料种类(如钢筋混凝土顶盖、彩钢板顶盖、阳光板顶盖等)。地下室出入口如图3-2所示。

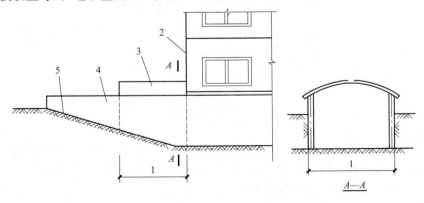

1—计算1/2投影面积部位；2—主体建筑；3—出入口顶盖；
4—封闭出入口侧墙；5—出入口坡道
图3-2　地下室出入口

(7)建筑物架空层及坡地建筑物吊脚架空层，应按其顶板水平投影计算建筑面积。结构层高在2.20 m及以上的，应计算全面积；结构层高在2.20 m以下的，应计算1/2面积。

上述既适用于建筑物吊脚架空层、深基础架空层建筑面积的计算，也适用于目前部分住宅、学校教学楼等工程在底层架空或在二楼或以上某个甚至多个楼层架空，作为公共活动、停车、绿化等空间的建筑面积的计算。架空层中有围护结构的建筑空间按相关规定计算。建筑物吊脚架空层如图3-3所示。

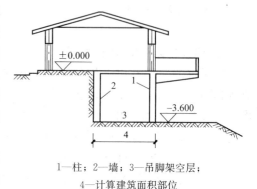

1—柱；2—墙；3—吊脚架空层；
4—计算建筑面积部位
**图3-3 建筑物吊脚架空层**

(8)建筑物的门厅、大厅应按一层计算建筑面积，门厅、大厅内设置的走廊应按走廊结构底板水平投影面积计算建筑面积。结构层高在2.20 m及以上的，应计算全面积；结构层高在2.20 m以下的，应计算1/2面积。

(9)建筑物间的架空走廊，有顶盖和围护结构的，应按其围护结构外围水平面积计算全面积；无围护结构、有围护设施的，应按其结构底板水平投影面积计算1/2面积。无围护结构的架空走廊如图3-4所示，有围护结构的架空走廊如图3-5所示。

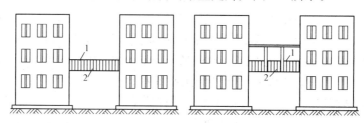

1—栏杆；2—架空走廊
**图3-4 无围护结构的架空走廊**

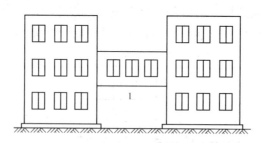

1—架空走廊
**图3-5 有围护结构的架空走廊**

(10)立体书库、立体仓库、立体车库，有围护结构的，应按其围护结构外围水平面积计算建筑面积；无围护结构、有围护设施的，应按其结构底板水平投影面积计算建筑面积。无结构层的应按一层计算，有结构层的应按其结构层面积分别计算。结构层高在2.20 m及以上的，应计算全面积；结构层高在2.20 m以下的，应计算1/2面积。起局部分隔、存储等作用的书架层、货架层或可升降的立体钢结构停车层均不属于结构层，故该部分分层不计算建筑面积。

(11)有围护结构的舞台灯光控制室，应按其围护结构外围水平面积计算。结构层高在 2.20 m 及以上的，应计算全面积；结构层高在 2.20 m 以下的，应计算 1/2 面积。

(12)附属在建筑物外墙的落地橱窗，应按其围护结构外围水平面积计算。结构层高在 2.20 m 及以上的，应计算全面积；结构层高在 2.20 m 以下的，应计算 1/2 面积。

(13)窗台与室内楼地面高差在 0.45 m 以下且结构净高在 2.10 m 及以上的凸(飘)窗，应按其围护结构外围水平面积计算 1/2 面积。

(14)有围护设施的室外走廊(挑廊)，应按其结构底板水平投影面积计算 1/2 面积；有围护设施(或柱)的檐廊(图 3-6)，应按其围护设施(或柱)外围水平面积计算 1/2 面积。

(15)门斗(图 3-7)应按其围护结构外围水平面积计算建筑面积。结构层高在 2.20 m 及以上的，应计算全面积；结构层高在 2.20 m 以下的，应计算 1/2 面积。

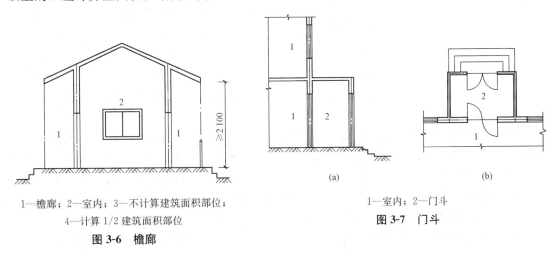

1—檐廊；2—室内；3—不计算建筑面积部位；
4—计算 1/2 建筑面积部位

**图 3-6 檐廊**

1—室内；2—门斗

**图 3-7 门斗**

(16)门廊应按其顶板水平投影面积的 1/2 计算建筑面积；雨篷分为有柱雨篷和无柱雨篷。有柱雨篷没有出挑宽度的限制，也不受跨越层数的限制，均应按其结构板水平投影面积的 1/2 计算建筑面积；无柱雨篷的结构板不能跨层，并受出挑宽度的限制，设计出挑宽度大于或等于 2.10 m 时才计算建筑面积，并应按雨篷结构板的水平投影面积的 1/2 计算建筑面积，其中，出挑宽度是指雨篷结构外边线至外墙结构外边线的宽度，弧形或异形时，取最大宽度。

(17)设在建筑物顶部的、有围护结构的楼梯间、水箱间、电梯机房等，结构层高在 2.20 m 及以上的应计算全面积；结构层高在 2.20 m 以下的，应计算 1/2 面积。

(18)围护结构不垂直于水平面的楼层，应按其底板面的外墙外围水平面积计算。结构净高在 2.10 m 及以上的部位，应计算全面积；结构净高在 1.20 m 及以上至 2.10 m 以下的部位，应计算 1/2 面积；结构净高在 1.20 m 以下的部位，不应计算建筑面积。

上述规定对于向内、向外倾斜均适用。在划分高度上，上述规定使用的是结构净高，与其他正常平楼层按层高划分不同，但与斜屋面的划分原则一致。由于目前很多建筑设计追求新、奇、特，造型越来越复杂，很多时候根本无法明确区分什么是围护结构、什么是屋顶，因此对于斜围护结构与斜屋顶采用相同的计算规则，即只要外壳倾斜，就按结构净高划段，分别计算建筑面积。斜围护结构如图 3-8 所示。

(19)建筑物的室内楼梯、电梯井、提物井、管道井、通风排气竖井、烟道，应并入建筑物的自然层计算建筑面积。有顶盖的采光井应按一层计算面积，结构净高在2.10 m及以上的，应计算全面积；结构净高在2.10 m以下的，应计算1/2面积。其中，建筑物的楼梯间层数按建筑物的层数计算。有顶盖的采光井包括建筑物中的采光井和地下室采光井。地下室采光井如图3-9所示。

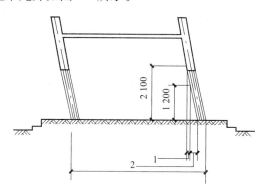 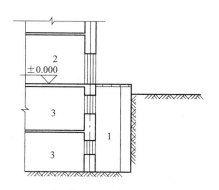

1—计算1/2建筑面积部位；2—不计算建筑面积部位

**图3-8 斜围护结构**

1—采光井；2—室内；3—地下室

**图3-9 地下室采光井**

(20)室外楼梯应并入所依附建筑物自然层，并应按其水平投影面积的1/2计算建筑面积。室外楼梯作为连接该建筑物层与层之间交通不可缺少的基本部件，无论从其功能还是从工程计价的要求来说，均需计算建筑面积。层数为室外楼梯所依附的楼层数，即梯段部分投影到建筑物范围的层数。利用室外楼梯下部的建筑空间不得重复计算建筑面积；利用地势砌筑的为室外踏步，不计算建筑面积。

(21)在主体结构内的阳台，应按其结构外围水平面积计算全面积；在主体结构外的阳台，应按其结构底板水平投影面积计算1/2面积。建筑物的阳台，无论其形式如何，均以建筑物主体结构为界分别计算建筑面积。

(22)有顶盖无围护结构的车棚、货棚、站台、加油站、收费站等，应按其顶盖水平投影面积的1/2计算建筑面积。

(23)以幕墙作为围护结构的建筑物，幕墙以其在建筑物中所起的作用和功能来区分。直接作为外墙起围护作用的幕墙，按其外边线计算建筑面积；设置在建筑物墙体外起装饰作用的幕墙，不计算建筑面积。

(24)建筑物的外墙外保温层，应按其保温材料的水平截面面积计算，并计入自然层建筑面积。

为贯彻国家节能要求，鼓励建筑外墙采取保温措施，上述规定中将保温材料的厚度计入建筑面积。建筑物外墙外侧有保温隔热层的，保温隔热层以保温材料的净厚度乘以外墙结构外边线长度按建筑物的自然层计算建筑面积，其外墙外边线长度不扣除门窗和建筑物外已计算建筑面积构件(如阳台、室外走廊、门斗、落地橱窗等部件)所占长度。当建筑物外已计算建筑面积的构件(如阳台、室外走廊、门斗、落地橱窗等部件)有保温隔热层时，其保温隔热层也不再计算建筑面积。外墙是斜面者按楼面楼板处的外墙外边线长度乘以保温材料的净厚度计算。外墙外保温以沿高度方向满铺为准，某层外墙外保温铺设高度未达到全部高度时(不包括阳台、室外走廊、门斗、落地橱窗、雨篷、飘窗等)，不计算建筑面积。保温隔热层的建筑面积是以保温隔热材料的厚度来计算的，不包含抹灰层、防潮层、保护层(墙)的厚度。建筑外墙外保温如图 3-10 所示。

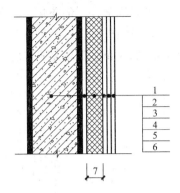

1—墙体；2—粘结胶浆；3—保温材料；4—标准网；
5—加强网；6—抹面胶浆；7—计算建筑面积的部位

图 3-10　建筑外墙外保温

(25)与室内相通的变形缝，应按其自然层合并在建筑物建筑面积内计算。对于高低联跨的建筑物，当高低跨内部连通时，其变形缝应计算在低跨面积内。其中，与室内相通的变形缝，是指暴露在建筑物内，在建筑物内可以看得见的变形缝。

(26)对于建筑物内的设备层、管道层、避难层等有结构层的楼层，结构层高在 2.20 m 及以上的，应计算全面积；结构层高在 2.20 m 以下的，应计算 1/2 面积。

设备层、管道层虽然其具体功能与普通楼层不同，但在结构上及施工消耗上并无本质区别，且自然层即"按楼地面结构分层的楼层"，因此，设备、管道楼层归为自然层，其计算规则与普通楼层相同。在吊顶空间内设置管道的，则吊顶空间部分不能被视为设备层、管道层。

【例 3-1】　试计算图 3-11 所示某建筑物的建筑面积。

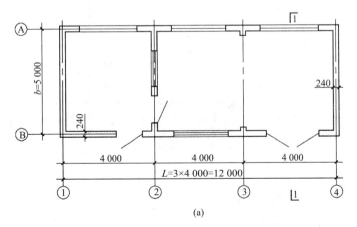

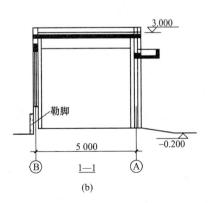

(a)　　　　　　　　　　　(b)

图 3-11　某房屋建筑示意图
(a)平面图；(b)剖面图

【解】　建筑物的建筑面积应按自然层外墙结构外围水平面积之和计算。结构层高在 2.20 m 及以上的，应计算全面积；结构层高在 2.20 m 以下的，应计算 1/2 面积。本例中，该建筑物为单层，且层高在 2.20 m 以上。

$$建筑面积=(12+0.24)\times(5+0.24)=64.14(m^2)$$

**【例 3-2】** 如图 3-12 所示，某带有局部楼层的单层建筑物，内外墙厚均为 240 mm，层高为 7.2 m，横墙外墙长 $L=20$ m，纵墙外墙长 $B=10$ m，内部二层结构的横墙 $l=10$ m，纵墙 $b=5$ m，局部楼层一层层高为 2.8 m，二层层高为 2.1 m，计算该建筑物的总建筑面积。

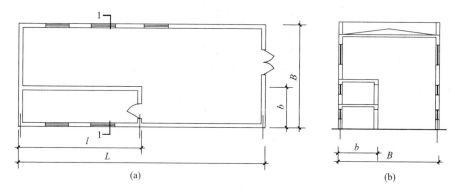

**图 3-12 某建筑物带局部楼层**

(a)平面图；(b)1—1 剖面图

**【解】** 根据题意及图示可知，该建筑物层高及局部楼层首层的层高均大于 2.20 m，故应计算全面积；局部二层层高小于 2.20 m，根据规定应计算一半面积。因此，

$$建筑面积=20\times10+10\times5/2=225(m^2)$$

**【例 3-3】** 某坡屋顶下建筑空间尺寸如图 3-13 所示，试计算其建筑面积。

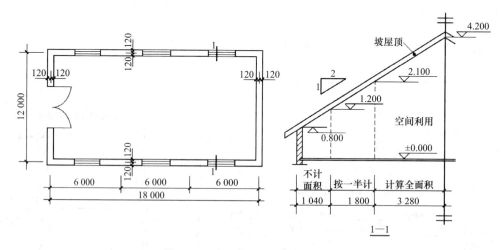

**图 3-13 坡屋顶下建筑空间示意图**

**【解】** 根据建筑面积计算规定，先计算建筑净高 1.20 m、2.10 m 处与外墙外边线的距离。根据屋面的坡度(1：2)，计算出建筑净高 1.20 m、2.10 m 处与外墙外边线的距离分别为 1.04 m、1.80 m、3.28 m(见图 3-13 标注)。

$$建筑面积=3.28\times2\times(18+0.24)+1.80\times(18+0.24)\times2\div2=152.49(m^2)$$

**【例 3-4】** 计算图 3-14 所示某办公楼的建筑面积。

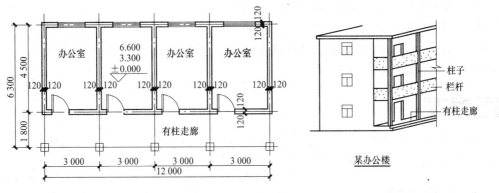

图 3-14 某办公楼平面图

【解】 建筑面积＝(12＋0.24)×(4.5＋0.25)×3＋(12＋0.24)×1.80×3÷2＝207.10(m²)

## 二、不应计算建筑面积的规定

下列项目不应计算建筑面积：

(1)与建筑物内不相连通的建筑部件，即指的是依附于建筑物外墙外不与户室开门连通，起装饰作用的敞开式挑台(廊)、平台，以及不与阳台相通的空调室外机搁板(箱)等设备平台部件。

(2)骑楼(图 3-15)、过街楼(图 3-16)底层的开放公共空间和建筑物通道。

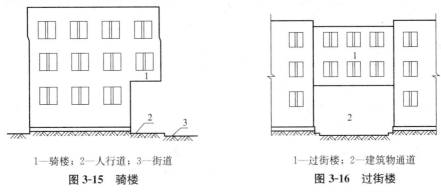

1—骑楼；2—人行道；3—街道

图 3-15 骑楼

1—过街楼；2—建筑物通道

图 3-16 过街楼

(3)舞台及后台悬挂幕布和布景的天桥、挑台等，具体指的是影剧院的舞台及为舞台服务的可供上人维修、悬挂幕布、布置灯光及布景等搭设的天桥和挑台等构件设施。

(4)露台、露天游泳池、花架、屋顶的水箱及装饰性结构构件。

(5)建筑物内的操作平台、上料平台、安装箱和罐体的平台，具体指的是建筑物内不构成结构层的操作平台、上料平台(工业厂房、搅拌站和料仓等建筑中的设备操作控制平台、上料平台等)，其主要作用为室内构筑物或设备服务的独立上人设施。

(6)勒脚、附墙柱、垛、台阶、墙面抹灰、装饰面、镶贴块料面层、装饰性幕墙，主体结构外的空调室外机搁板(箱)、构件、配件，挑出宽度在 2.10 m 以下的无柱雨篷和顶盖高度达到或超过两个楼层的无柱雨篷。其中，附墙柱是指非结构性装饰柱。

(7)窗台与室内地面高差在 0.45 m 以下且结构净高在 2.10 m 以下的凸(飘)窗，窗台与室内地面高差在 0.45 m 及以上的凸(飘)窗。

(8)室外爬梯、室外专用消防钢楼梯。

(9)无围护结构的观光电梯。

(10)建筑物以外的地下人防通道,独立的烟囱、烟道、地沟、油(水)罐、气柜、水塔、贮油(水)池、贮仓、栈桥等构筑物。

## 本章小结

建筑面积又称建筑展开面积,是表示建筑物平面特征的几何参数,是建筑物各层水平面面积之和,单位通常用"m²"表示。本章主要介绍了建筑面积的计算。

## 思考与练习

### 一、填空题

1. 建筑面积主要包括_____、_____和_____三部分。

2. _____是指楼面或地面结构层上表面至上部结构层上表面之间的垂直距离。

3. _____是指楼面或地面结构层上表面至上部结构层下表面之间的垂直距离。

4. 室内地平面低于室外地平面的高度超过室内净高的_____,且不超过_____的房间。

5. _____是指挑出建筑物外墙的水平交通空间。_____是指建筑物入口处两道门之间的空间。

6. _____是指在房屋外墙接近地面部位设置的饰面保护构造。

7. 结构层高在 2.20 m 及以上的,应计算_____;结构层高在 2.20 m 以下的,应计算_____。

### 二、简答题

1. 简述建筑面积在建筑装饰工程预算中的作用。

2. 什么是变形缝?变形缝一般可分为哪几种?

3. 哪些项目不应计算建筑面积?

### 三、计算题

1. 如图 3-17 所示,墙厚为 240 mm,计算单层建筑物的建筑面积。

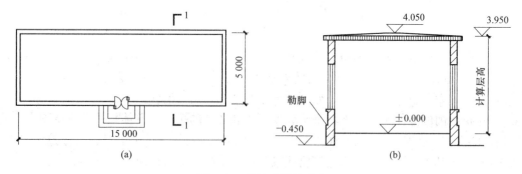

图 3-17 单层建筑物示意
(a)平面图;(b)1—1 剖面图

2. 如图 3-18 所示,单层建筑物内设局部楼层,墙厚均为 240 mm,试计算建筑面积。

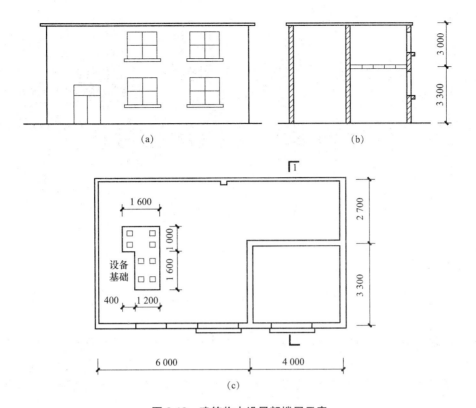

**图 3-18　建筑物内设局部楼层示意**

(a)立面图；(b)1—1 剖面图；(c)平面图

3. 如图 3-19 所示，计算坡屋顶空间建筑面积。

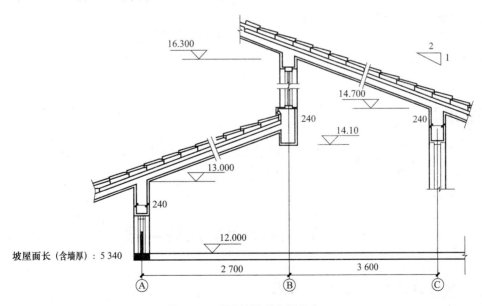

**图 3-19　利用坡屋顶空间示意**

# 第四章

# 楼地面装饰工程计量与计价

## 知识目标

1. 熟悉整体面层楼地面的构造做法；掌握整体面层及找平层的工程量计算及综合单价的确定。

2. 熟悉块料面层楼地面的构造做法；掌握块料面层楼地面的工程量计算及综合单价的确定。

3. 熟悉橡塑面层楼地面的构造做法；掌握橡塑面层楼地面的工程量计算及综合单价的确定。

4. 熟悉其他材料面层楼地面的构造做法；掌握其他材料面层楼地面的工程量计算及综合单价的确定。

5. 熟悉踢脚线构造做法；掌握踢脚线的工程量计算及综合单价的确定。

6. 熟悉楼梯面层构造做法；掌握楼梯面层工程量计算及综合单价的确定。

7. 熟悉台阶的构造做法；掌握台阶工程量计算及综合单价的确定。

8. 熟悉零星装饰项目；掌握零星装饰项目工程量计算及综合单价的确定。

## 能力目标

能进行整体面层及找平层、块料面层、橡胶面层、其他材料面层、踢脚线、楼梯面层、台阶装饰、零星装饰项目的工程量计算及综合单价的确定。

## 第一节　整体面层及找平层

### 一、整体面层楼地面的构造做法

整体面层包括水泥砂浆面层、现浇水磨石面层、细石混凝土面层、菱苦土面层及自流平面层。整体面层楼地面的构造做法如图 4-1 所示。面层无接缝，整体效果好，造价较低，施工简便。通常是整片施工，也可分区分块施工。当楼地面装饰仅做找平层的平面抹灰时，整体面层楼地面还包括平面砂浆找平层。

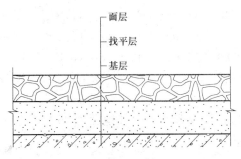

图 4-1  面层楼地面的构造做法

## 二、整体面层及找平层的工程量计算

### 1. 工程量计算规则

整体面层及找平层工程量计算规则见表 4-1。

表 4-1  整体面层及找平层工程量计算规则

| 项目 | 规则 |
| --- | --- |
| 清单工程量计算规则 | (1)水泥砂浆楼地面、现浇水磨石楼地面、细石混凝土楼地面、菱苦土楼地面、自流平楼地面工程量按设计图示尺寸以面积计算。扣除凸出地面构筑物、设备基础、室内铁道、地沟等所占面积，不扣除间壁墙及≤0.3 m² 柱、垛、附墙烟囱及孔洞所占面积。门洞、空圈、暖气包槽、壁龛的开口部分不增加面积。<br>(2)平面砂浆找平层工程量按设计图示尺寸以面积计算 |
| 定额工程量计算规则（参照北京市建设工程计价依据《房屋建筑与装饰工程预算定额》） | 楼地面找平层及整体面层按设计图示尺寸以面积计算。扣除凸出地面构筑物、设备基础、室内铁道、地沟等所占面积，不扣除间壁墙及单个面积≤0.3 m² 柱、垛、附墙烟囱及孔洞所占面积。门洞、空圈、暖气包槽、壁龛的开口部分不增加面积 |

### 2. 工程量计算实例

【例 4-1】  如图 4-2 所示，计算某办公楼二层房间(不包括卫生间)及走廊地面整体面工程量(做法：内外墙均厚为 240 mm，1∶2.5 水泥砂面层厚为 25 mm，素水泥浆一道；C20 细石混凝土找平层厚为 100 mm；水泥砂浆踢脚线高为 150 mm，M：900 mm×2 000 mm)。

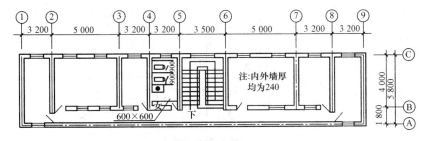

图 4-2  某办公楼二层示意

【解】 按轴线序号排列进行计算：

工程量＝$(3.2-0.12\times2)\times(5.8-0.12\times2)+(5.0-0.12\times2)\times(4.0-0.12\times2)+$
$(3.2-0.12\times2)\times(4.0-0.12\times2)+(5.0-0.12\times2)\times(4.0-0.12\times2)+$
$(3.2-0.12\times2)\times(4.0-0.12\times2)+(3.2-0.12\times2)\times(5.8-0.12\times2)+$
$(5.0+3.2+3.2+3.5+5.0+3.2-0.12\times2)\times(1.8-0.12\times2)$
$=126.63(m^2)$

【例4-2】 某工程底层如图4-3所示，已知地面为35 mm厚1：2细石混凝土面层，试计算细石混凝土面层工程量。

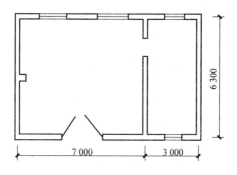

图4-3 某工程底层平面图

【解】 细石混凝土面层工程量＝$(7.0-0.12\times2)\times(6.3-0.12\times2)+(3.0-0.12\times2)\times$
$(6.3-0.12\times2)$
$=57.69(m^2)$

【例4-3】 图4-4所示为某菱苦土地面，设计要求做水泥砂浆找平层和菱苦土整体面层，试计算其工程量。

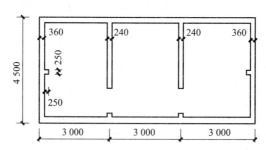

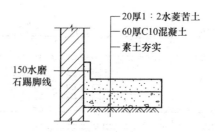

图4-4 某菱苦土地面示意

【解】 菱苦土面层工程量＝$4.5\times9.0-[(4.5+9.0)\times2-4\times0.36]\times0.36-(4.5-2\times$

56

$$0.36) \times 2 \times 0.24$$
$$=29.48(\text{m}^2)$$

【例4-4】 图4-5所示为某住宅楼，计算住宅楼房间，包括卫生间、厨房平面砂浆找平层工程量（做法：20 mm厚1:3水泥砂浆找平）。

【解】 找平层工程量＝$(4.5-0.24) \times (5.4-0.24) \times 2 + (9-0.24) \times (4.5-0.24) +$
$(2.7-0.24) \times (3-0.24) \times 2$
$$=94.86(\text{m}^2)$$

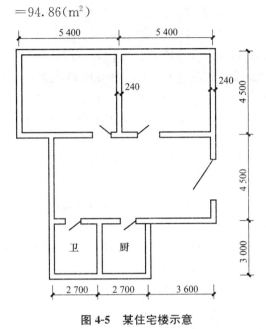

图4-5 某住宅楼示意

## 三、整体面层楼地面工程综合单价的确定

【例4-5】 某商店平面如图4-6所示。地面做法：C20细石混凝土找平层60 mm厚，1:2.5白水泥色石子水磨石面层20 mm厚，15 mm×2 mm铜条分隔，距离墙柱边300 mm内按纵横1 m宽分格，试计算地面工程量并根据清单项目确定现浇水磨石楼地面找平层的综合单价。

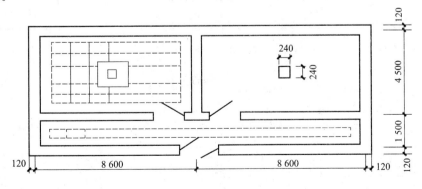

图4-6 某商店平面示意

【解】 （1）工程量计算。

现浇水磨石楼地面工程量＝主墙间净长度×主墙间净宽度－构筑物等所占面积

$$= (8.6-0.24)\times(4.5-0.24)\times2+(8.6\times2-0.24)\times(1.5-0.24)$$

$$=92.60(\text{m}^2)$$

注：柱子面积＝0.24×0.24＝0.057 6(m²)＜0.3 m²，故不用扣除柱子面积。

根据定额工程量计算规则，定额工程量同清单工程量。

（2）单价及费用计算。参照北京市建设工程计价依据《房屋建筑与装饰工程预算定额》可知，现浇水磨石楼地面找平层人工费为52.92元/m²，材料费为46.71元/m²，机械费为2.86元/m²。管理费的计费基数均为人工费、材料费和机械费之和，费率为8.88%；利润的计费基数为人工费、材料费、机械费和企业管理费之和，费率为7%。

1）本工程人工费：

$$92.60\times52.92=4\ 900.39（元）$$

2）本工程材料费：

$$92.60\times46.71=4\ 325.35（元）$$

3）本工程机械费：

$$92.60\times2.86=264.84（元）$$

4）本工程管理费单价：

$$(52.92+46.71+2.86)\times8.88\%=9.10(元/\text{m}^2)$$

本工程管理费：

$$92.60\times9.10=842.66（元）$$

5）本工程利润单价：

$$(52.92+46.71+2.86+9.10)\times7\%=7.81(元/\text{m}^2)$$

本工程利润：

$$92.60\times7.81=723.21（元）$$

（3）本工程综合单价计算。

$$(4\ 900.39+4\ 325.35+264.84+842.66+723.21)/92.60=119.40(元/\text{m}^2)$$

现浇水磨石楼地面找平层项目综合单价分析见表4-2。

表4-2　综合单价分析表

工程名称：　　　　　　　　　　　　　　　　　　　　　　　　　　　　　　　　　第　页　共　页

| 项目编码 | 011101002001 | 项目名称 | | 现浇水磨石楼地面 | | | 计量单位 | m² | 工程量 | 92.60 |
|---|---|---|---|---|---|---|---|---|---|---|
| 清单综合单价组成明细 | | | | | | | | | | |
| 定额编号 | 定额名称 | 定额单位 | 数量 | 单价 | | | | | 合价 | |
| | | | | 人工费 | 材料费 | 机械费 | 管理费 | 利润 | 人工费 材料费 机械费 管理费 利润 | |
| 11—13 | 现浇水磨石楼地面 | m² | 1 | 52.92 | 46.71 | 2.86 | 9.10 | 7.81 | 52.92 46.71 2.86 9.10 7.81 | |
| 人工单价 | | 小计 | | | | | | | 52.92 46.71 2.86 9.10 7.81 | |
| 87.90元/工日 | | 未计价材料费 | | | | | | | — | |
| 清单项目综合单价 | | | | | | | | | 119.40 | |

# 第二节 块料面层

## 一、块料面层楼地面的构造做法

块料面层楼地面是地面装饰中最为常见的一类，是指由各种不同形状的板块材料铺砌而成的装饰地面，其包括石材楼地面、碎石材楼地面和块料楼地面。块料面层楼地面的构造如图 4-7 所示。

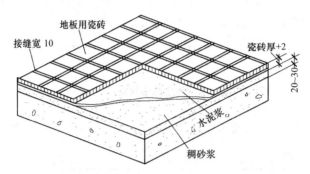

**图 4-7 块材式楼(地)面的基本构造层次(单位：mm)**

## 二、块料面层楼地面的工程量计算

### 1. 工程量计算规则

块料面层楼地面工程量计算规则见表 4-3。

**表 4-3 块料面层楼地面工程量计算规则**

| 项目 | 规则 |
| --- | --- |
| 清单工程量计算规则 | 按设计图示尺寸以面积计算。门洞、空圈、暖气包槽、壁龛的开口部分并入相应的工程量内 |
| 定额工程量计算规则(参照北京市建设工程计价依据《房屋建筑与装饰工程预算定额》) | 按设计图示尺寸以面积计算。门洞、空圈、暖气包槽、壁龛的开口部分并入相应的工程量内 |

### 2. 工程量计算实例

**【例 4-6】** 试计算图 4-8 所示房间地面镶贴大理石面层的工程量。已知暖气包槽尺寸为 $1\ 200\ mm \times 120\ mm \times 600\ mm$，门与墙外边线齐平。

**【解】** 工程量＝地面面积＋暖气包槽开口部分面积＋门开口部分面积＋壁龛开口部分面积＋空圈开口部分面积

$$= [5.74 - (0.24 + 0.12) \times 2] \times [3.74 - (0.24 + 0.12) \times 2] - 0.8 \times 0.3 + 1.2 \times 0.36$$

$$= 15.35(m^2)$$

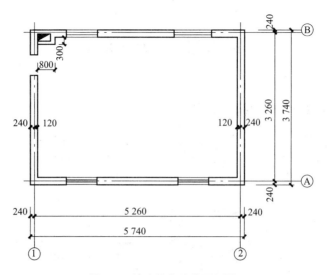

图 4-8  某建筑物建筑平面图

【例 4-7】  计算图 4-9 所示某卫生间地面镶贴不拼花马赛克面层的工程量。

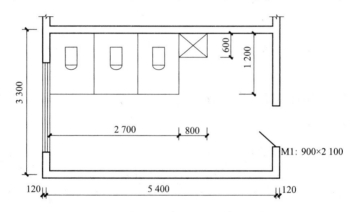

图 4-9  某卫生间示意

【解】  马赛克面层工程量＝(5.4−0.24)×(3.3−0.24)−2.7×1.2−0.8×0.6+0.9×0.24
　　　　　＝12.29(m²)

### 三、块料面层楼地面工程综合单价的确定

【例 4-8】  如图 4-9 所示，某卫生间地面镶贴不拼花陶瓷马赛克，试根据清单项目确定卫生间地面镶贴不拼花陶瓷马赛克的综合单价。

【解】  (1)陶瓷马赛克面层工程量＝(5.4−0.24)×(3.3−0.24)−2.7×1.2−0.8×0.6+
　　　　　0.9×0.24＝12.29(m²)

根据定额工程量计算规则，定额工程量同清单工程量。

(2)单价及费用计算。参照北京市建设工程计价依据《房屋建筑与装饰工程预算定额》可知，镶贴不拼花陶瓷马赛克人工费为 24.02 元/m²，材料费为 46.75 元/m²，机械费为 0.96 元/m²。管理费的计费基数均为人工费、材料费和机械费之和，费率为 8.88%；利润的计费基数为人工费、材料费、机械费和企业管理费之和，费率为 7%。

1）本工程人工费：

$$12.29 \times 24.02 = 295.21（元）$$

2）本工程材料费：

$$12.29 \times 46.75 = 574.56（元）$$

3）本工程机械费：

$$12.29 \times 0.96 = 11.80（元）$$

4）本工程管理费单价：

$$(24.02 + 46.75 + 0.96) \times 8.88\% = 6.37（元/m^2）$$

本工程管理费：

$$12.29 \times 6.37 = 78.29（元）$$

5）本工程利润单价：

$$(24.02 + 46.75 + 0.96 + 6.37) \times 7\% = 5.47（元/m^2）$$

本工程利润：

$$12.29 \times 5.47 = 67.23（元）$$

（3）本工程综合单价计算。

$$(295.21 + 574.56 + 11.80 + 78.29 + 67.23)/12.29 = 83.57（元/m^2）$$

镶贴不拼花陶瓷马赛克项目综合单价分析表见表4-4。

**表4-4　综合单价分析表**

工程名称：　　　　　　　　　　　　　　　　　　　　　　　　　第　页　共　页

| 项目编码 | 011102003001 | | 项目名称 | 镶贴不拼花陶瓷马赛克 | | 计量单位 | m² | 工程量 | 12.29 |
|---|---|---|---|---|---|---|---|---|---|
| 清单综合单价组成明细 | | | | | | | | | |
| 定额编号 | 定额名称 | 定额单位 | 数量 | 单价 | | | | | |
| | | | | 人工费 | 材料费 | 机械费 | 管理费 | 利润 | |
| 11—48 | 不拼花陶瓷马赛克 | m² | 1 | 24.02 | 46.75 | 0.96 | 6.37 | 5.47 | |

| | | 合价 | | | |
|---|---|---|---|---|---|
| 人工费 | 材料费 | 机械费 | 管理费 | 利润 | |
| 24.02 | 46.75 | 0.96 | 6.37 | 5.47 | |

| 人工单价 | 小计 | 24.02 | 46.75 | 0.96 | 6.37 | 5.47 |
|---|---|---|---|---|---|---|
| 104.00 元/工日 | 未计价材料费 | — | | | | |
| 清单项目综合单价 | | 83.57 | | | | |

注：本例中定额工程量同清单工程量。

# 第三节　橡塑面层

## 一、橡塑面层楼地面的构造做法

橡塑面层楼地面包括橡胶板楼地面、橡胶板卷材楼地面、塑料板楼地面、塑料卷材楼地面。

橡胶面层楼地面是指在天然橡胶或合成橡胶中掺入适量的填充料加工而成的地面覆盖材料。橡胶板表面有平滑和带肋之分，厚度为 4～6 mm，其与基层的固定一般用胶结材料粘贴的方法粘贴在水泥砂浆基层之上。其构造如图 4-10 所示。

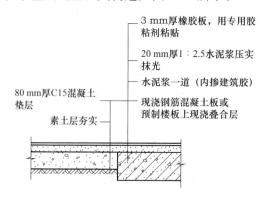

图 4-10　橡胶板楼地面构造

塑料板楼(地)面是指用聚氯乙烯树脂塑料地板作为饰面材料铺贴的楼(地)面。塑料板施工是在地板上涂上水泥砂浆底层，待充分干燥后，再用胶粘剂将塑料地板粘贴上。其构造如图 4-11 所示。

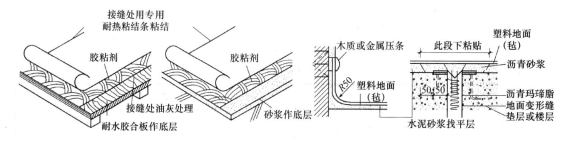

图 4-11　塑料板构造(单位：mm)

## 二、橡塑面层楼地面的工程量计算

### 1. 工程量计算规则

橡塑面层楼地面工程量计算规则见表 4-5。

表 4-5　橡塑面层楼地面工程量计算规则

| 项目 | 规则 |
| --- | --- |
| 清单工程量计算规则 | 按设计图示尺寸以面积计算。门洞、空圈、暖气包槽、壁龛的开口部分并入相应的工程量内 |
| 定额工程量计算规则(参照北京市建设工程计价依据《房屋建筑与装饰工程预算定额》) | 按设计图示尺寸以面积计算。门洞、空圈、暖气包槽、壁龛的开口部分并入相应的工程量内 |

### 2. 工程量计算实例

【例 4-9】　如图 4-12 所示，某教学用多媒体教室，地面先做 1∶3 的 20 mm 厚的水泥砂浆找平层，再铺设橡胶卷材(包括门洞处，墙厚为 240 mm)，根据计算规则计算橡塑面层工程量。

【解】　橡塑面层工程量＝房间净长×房间净宽－间壁墙、柱、垛及孔洞所占的面积＋

62

门洞、空圈、暖气包槽、壁龛的开口部分
$= 7.5 \times 3 - 0.38 \times 0.4 \times 2 - 0.2 \times 0.38 + 0.24 \times 0.7$
$= 22.288 (\text{m}^2)$

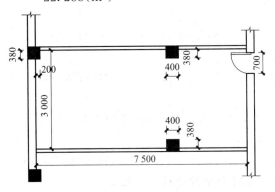

**图 4-12　某多媒体教室平面**

### 三、橡塑面层楼地面工程综合单价的确定

【例 4-10】　如图 4-13 所示，楼地面用橡胶板卷材铺贴，试计算其工程量，并根据计算的工程量确定其综合单价。

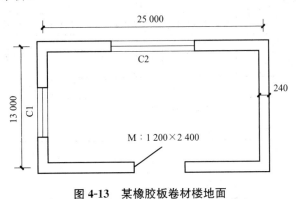

**图 4-13　某橡胶板卷材楼地面**

【解】　(1)橡胶板卷材楼地面工程量＝$(13 - 0.24) \times (25 - 0.24) + 1.2 \times 0.24$
$= 316.23 (\text{m}^2)$

根据定额工程量计算规则，定额工程量同清单工程量。

(2)单价及费用计算。参照北京市建设工程计价依据《房屋建筑与装饰工程预算定额》可知，橡胶卷材楼地面人工费为 15.29 元/m²，材料费为 29.52 元/m²，机械费为 0.61 元/m²。管理费的计费基数均为人工费、材料费和机械费之和，费率为 8.88%；利润的计费基数为人工费、材料费、机械费和企业管理费之和，费率为 7%。

1)本工程人工费：

$$316.23 \times 15.29 = 4\ 835.16 (\text{元})$$

2)本工程材料费：

$$316.23 \times 29.52 = 9\ 335.11 (\text{元})$$

3)本工程机械费：

$$316.23 \times 0.61 = 192.90(元)$$

4)本工程管理费单价：
$$(15.29 + 29.52 + 0.61) \times 8.88\% = 4.03(元)$$

本工程管理费：
$$316.23 \times 4.03 = 1274.41(元)$$

5)本工程利润单价：
$$(15.29 + 29.52 + 0.61 + 4.03) \times 7\% = 3.46(元)$$

本工程利润：
$$316.23 \times 3.46 = 1\,094.15(元)$$

（3）本工程综合单价计算。

$$(4\,835.16 + 9\,335.11 + 192.90 + 1274.41 + 1094.15)/316.23 = 52.91(元/m^2)$$

橡胶板卷材楼地面项目综合单价分析表见表4-6。

表4-6　综合单价分析表

工程名称：　　　　　　　　　　　　　　　　　　　　　　　　　　　　第　页　共　页

| 项目编码 | 011103002001 | 项目名称 | | 橡胶板卷材楼地面 | | | 计量单位 | m² | 工程量 | | 316.23 |
|---|---|---|---|---|---|---|---|---|---|---|---|
| 清单综合单价组成明细 | | | | | | | | | | | |
| 定额编号 | 定额名称 | 定额单位 | 数量 | 单价 | | | | | 合价 | | |
| | | | | 人工费 | 材料费 | 机械费 | 管理费 | 利润 | 人工费 | 材料费 | 机械费 | 管理费 | 利润 |
| 11—58 | 橡胶板卷材楼地面 | m² | 1 | 15.29 | 29.52 | 0.61 | 4.03 | 3.46 | 15.29 | 29.52 | 0.61 | 4.03 | 3.46 |
| 人工单价 | | 小计 | | | | | | | 15.29 | 29.52 | 0.61 | 4.03 | 3.46 |
| 104.00 元/工日 | | 未计价材料费 | | | | | | | — | | | | |
| 清单项目综合单价 | | | | | | | | | 52.91 | | | | |

# 第四节　其他材料面层

## 一、其他材料面层楼地面的构造做法

其他材料面层楼地面包括地毯楼地面，竹、木（复合）地板，金属复合地板，防静电活动地板。地毯铺设方式有固定式与不固定式两种。竹、木楼地面的构造常见的有实铺式、粘贴式和架空式三种形式。金属复合活动地板是一种活动地板，是用防静电瓷砖作为面层、复合金属基材加工而成，四周一般都用厚度为 1 mm 的导电胶条粘贴封边。防静电活动地板楼（地）面是指面层采用防静电材料铺设的楼（地）面。

## 二、其他材料面层楼地面的工程量计算

### 1. 工程量计算规则

其他材料面层楼地面的工程量计算规则见表4-7。

**表 4-7 其他材料面层楼地面的工程量计算规则**

| 项目 | 规则 |
| --- | --- |
| 清单工程量计算规则 | 按设计图示尺寸以面积计算。门洞、空圈、暖气包槽、壁龛的开口部分并入相应的工程量内 |
| 定额工程量计算规则(参照北京市建设工程计价依据《房屋建筑与装饰工程预算定额》) | 按设计图示尺寸以面积计算。门洞、空圈、暖气包槽、壁龛的开口部分并入相应的工程量内 |

**2. 工程量计算实例**

【例 4-11】 某体操练功用房,地面铺木地板,其做法是:30 mm×40 mm 木龙骨中距(双向)450 mm×450 mm;20 mm×80 mm 松木毛地板 45°斜铺,板间留 2 mm 缝宽;上铺 50 mm×20 mm 企口地板,房间面积为 30 m×50 m,门洞开口部分 1.5 m×0.12 m 两处,根据其计算规则计算木地板工程量。

【解】 木地板工程量＝房间净长×房间净宽－间壁墙、柱、垛及孔洞所占的面积＋门洞、空圈、暖气包槽、壁龛的开口部分

$$＝30×50+1.5×0.12×2$$
$$＝1\ 500.36(m^2)$$

【例 4-12】 图 4-14 所示为某工程平面,房间地面采用实木地板,根据其计算规则计算房间地板工程量。

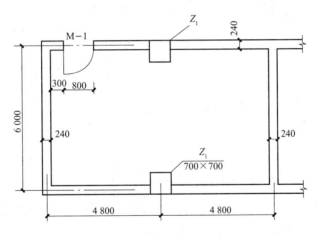

**图 4-14 某工程平面示意**

【解】 木地板工程量＝(4.8+4.8－0.24)×(6.0－0.24)－0.7×(0.7－0.24)×2＋0.80×0.24

$$＝53.46(m^2)$$

【例 4-13】 试计算图 4-15 所示某建筑房间(不包括卫生间)及走廊地面铺贴单层复合木地板面层的工程量。

【解】 单层复合木地板工程量＝(7.0－0.12×2)×(3.0－0.12×2)＋(5.0－0.12×2)×(3.0－0.12×2)×3＋(5.0－0.12×2)×(10.0－0.12×2)×2＋(2.0－0.12×2)×(32.0－3.0－0.12×2)

$$＝201.60(m^2)$$

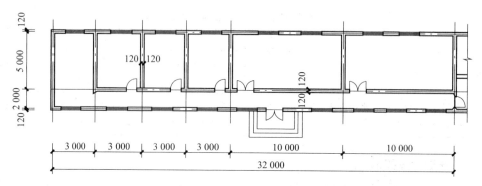

图 4-15　某建筑平面图示意

**【例 4-14】**　某工程平面图如图 4-16 所示，附墙垛为 240 mm×240 mm，门洞宽度为 1 000 mm，地面用防静电活动地板，边界到门扇下面，试计算防静电活动地板工程量。

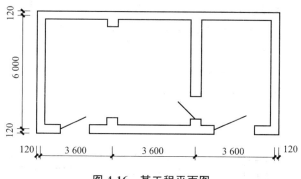

图 4-16　某工程平面图

**【解】**　防静电活动地板工程量＝(3.6×3−0.12×4)×(6−0.24)−0.24×0.24×2+1×

0.24×2+1×0.12×2

＝60.05(m²)

## 三、其他材料面层楼地面工程综合单价的确定

**【例 4-15】**　如图 4-17 所示，某房屋客房地面为 20 mm 厚 1∶3 水泥砂浆找平层，上铺双层地毯，木压条固定，施工至门洞处，试计算其工程量，并根据所得工程量确定其综合单价。

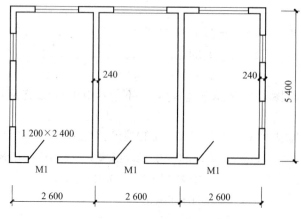

图 4-17　某客房地面地毯布置图

**【解】** (1) 双层地毯工程量=$(2.6-0.24)\times(5.4-0.24)\times3+1.2\times0.24\times3$

$$=37.40(\text{m}^2)$$

根据定额工程量计算规则，定额工程量同清单工程量。

(2) 单价及费用计算。参照北京市建设工程计价依据《房屋建筑与装饰工程预算定额》可知，粘铺地毯人工费为 31.20 元/m²，材料费为 79.32 元/m²，机械费为 1.25 元/m²。管理费的计费基数均为人工费、材料费和机械费之和，费率为 8.88%；利润的计费基数为人工费、材料费、机械费和企业管理费之和，费率为 7%。

1) 本工程人工费：

$$37.40\times31.20=1\ 166.88(\text{元})$$

2) 本工程材料费：

$$37.40\times79.32=2\ 966.57(\text{元})$$

3) 本工程机械费：

$$37.40\times1.25=46.75(\text{元})$$

4) 本工程管理费单价：

$$(31.20+79.32+1.25)\times8.88\%=9.93(\text{元/m}^2)$$

本工程管理费：

$$37.40\times9.93=371.38(\text{元})$$

5) 本工程利润单价：

$$(31.20+79.32+1.25+9.93)\times7\%=8.52(\text{元/m}^2)$$

本工程利润：

$$37.40\times8.52=318.65(\text{元})$$

(3) 本工程综合单价计算。

$$(1\ 166.88+2\ 966.57+46.75+371.38+318.65)/37.40=130.22(\text{元/m}^2)$$

粘铺地毯楼地面项目综合单价分析表见表 4-8。

表 4-8 综合单价分析表

工程名称：　　　　　　　　　　　　　　　　　　　　　　　第 页 共 页

| 项目编码 | 011104001001 | 项目名称 | | 粘铺地毯楼地面 | | 计量单位 | m² | 工程量 | 37.40 |
|---|---|---|---|---|---|---|---|---|---|
| 清单综合单价组成明细 | | | | | | | | | |
| 定额编号 | 定额名称 | 定额单位 | 数量 | 单价 | | | | | |
| | | | | 人工费 | 材料费 | 机械费 | 管理费 | 利润 | |
| 11-65 | 粘铺地毯 | m² | 1 | 31.20 | 79.32 | 1.25 | 9.93 | 8.52 | |

| 定额编号 | 定额名称 | 定额单位 | 数量 | 合价 | | | | |
|---|---|---|---|---|---|---|---|---|
| | | | | 人工费 | 材料费 | 机械费 | 管理费 | 利润 |
| 11-65 | 粘铺地毯 | m² | 1 | 31.20 | 79.32 | 1.25 | 9.93 | 8.52 |
| 人工单价 | 小计 | | | 31.20 | 79.32 | 1.25 | 9.93 | 8.52 |
| 104.00 元/工日 | 未计价材料费 | | | — | | | | |
| 清单项目综合单价 | | | | 130.22 | | | | |

# 第五节 踢脚线

## 一、踢脚线构造做法

踢脚线是楼(地)面和墙面相交处的构造处理。踢脚线的高度一般为 $100\sim200~\text{mm}$。踢脚线构造方式有与墙面相平、与墙面凸出、与墙面凹进三种，如图 4-18 所示。

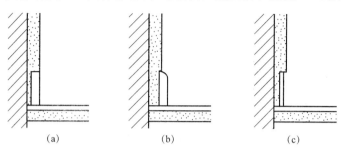

(a)　　　　　　　　　(b)　　　　　　　　　(c)

**图 4-18　踢脚线构造方式**

(a)与墙面相平；(b)与墙面凸出；(c)与墙面凹进

## 二、踢脚线工程量计算

### 1. 工程量计算规则

踢脚线工程量计算规则见表 4-9。

表 4-9　踢脚线工程量计算规则

| 项目 | 规则 |
| --- | --- |
| 清单工程量计算规则 | (1)以平方米计量，按设计图示长度乘高度以面积计算。<br>(2)以米计量，按延长米计算 |
| 定额工程量计算规则(参照北京市建设工程计价依据《房屋建筑与装饰工程预算定额》) | 根据设计图示尺寸，按延长米计算 |

### 2. 工程量计算实例

【例 4-16】 如图 4-19 所示为某房屋平面图，石材踢脚线 150 mm 高，墙厚为 240 mm，根据其计算规则计算工程量。

【解】 (1)以米计量：

踢脚线工程量$=[(6-0.24)+(1+3-0.24)]\times2-0.8-1.2+[(2.5-0.24)+(3-0.24)]\times2-0.8+0.12\times6$

$\qquad\qquad\qquad=27(\text{m})$

(2)以平方米计量：

踢脚线工程量$=$设计图示长度$\times$设计高度

68

$$= \{[(6-0.24)+(1+3-0.24)] \times 2-0.8-1.2+[(2.5-0.24)+(3-$$
$$0.24)] \times 2-0.8+0.12 \times 6\} \times 0.15$$
$$= 4.05(\text{m}^2)$$

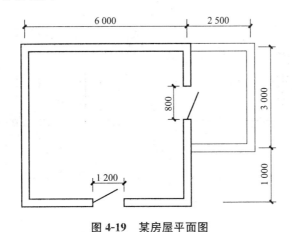

图 4-19 某房屋平面图

【例 4-17】 某房屋平面图如图 4-20 所示,室内水泥砂浆粘贴 200 mm 高的石材踢脚线,试计算其工程量。

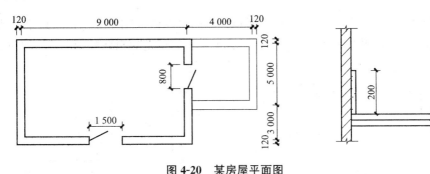

图 4-20 某房屋平面图

【解】 (1)以米计量:

工程量$=[(9-0.24)+(8-0.24)] \times 2-0.8-1.5+[(4-0.24)+(5-0.24)] \times 2-0.8+$
$$0.12 \times 2+0.24 \times 2$$
$$=47.70(\text{m})$$

(2)以平方米计量:

工程量$=$设计图示长度$\times$高度$=47.70 \times 0.20=9.54(\text{m}^2)$

【例 4-18】 计算图 4-21 所示卧室榉木夹板踢脚线的工程量,踢脚线的高度按 150 mm 考虑。

【解】 (1)以米计量:

工程量$=[(3.4-0.24)+(4.8-0.24)] \times 4-2.40-0.9 \times 2+0.24 \times 2=27.16(\text{m})$

(2)以平方米计量:

工程量$=$设计图示长度$\times$高度$=27.16 \times 0.15=4.07(\text{m}^2)$

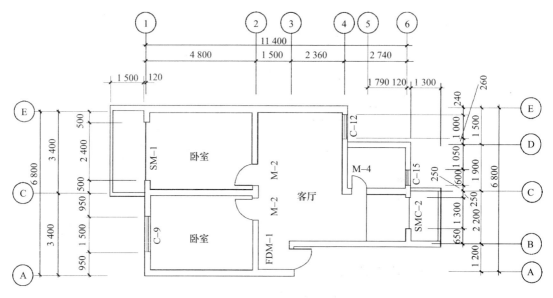

图 4-21　中套居室设计平面图

### 三、踢脚线工程综合单价的确定

【例 4-19】　某房屋平面图如图 4-22 所示，室内水泥砂浆粘结 200 mm 高全瓷地板砖块料踢脚线，试计算块料踢脚线工程量，并依据清单项目确定块料踢脚线的综合单价。

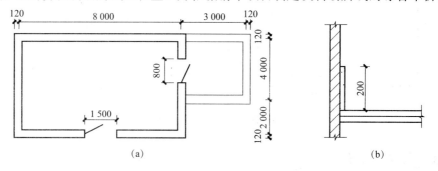

图 4-22　某房屋平面图

【解】　(1)工程量计算。

1)以米计量：

工程量＝[(8－0.24)＋(6－0.24)]×2－0.8－1.5＋[(4－0.24)＋(3－0.24)]×2－0.8
＋0.12×2＋0.24×2

＝37.70(m)

2)以平方米计量：

工程量＝设计图示长度×高度＝37.70×0.2＝7.54(m²)

依据定额工程量计算规则，定额工程量同清单工程量。

(2)单价及费用计算。参照北京市建设工程计价依据《房屋建筑与装饰工程预算定额》可知，块料踢脚线人工费为 5.41 元/m，材料费为 18.66 元/m，机械费为 0.33 元/m。管理费的计费基数均为人工费、材料费和机械费之和，费率为 8.88%；利润的计费基数为人工费、材料费、机械费和企业管理费之和，费率为7%。

1）本工程人工费：
$$37.70 \times 5.41 = 203.96（元）$$

2）本工程材料费：
$$37.70 \times 18.66 = 703.48（元）$$

3）本工程机械费：
$$37.70 \times 0.33 = 12.44（元）$$

4）本工程管理费单价：
$$(5.41 + 18.66 + 0.33) \times 8.88\% = 2.17（元/m）$$

本工程管理费：
$$37.70 \times 2.17 = 81.81（元）$$

5）本工程利润单价：
$$(5.41 + 18.66 + 0.33 + 2.17) \times 7\% = 1.86（元/m）$$

本工程利润：
$$37.70 \times 1.86 = 70.12（元）$$

（3）本工程综合单价计算。
$$(203.96 + 703.48 + 12.44 + 81.81 + 70.12)/37.70 = 28.43（元/m）$$

石材踢脚线项目综合单价分析表见表4-10。

表4-10　综合单价分析表

工程名称：　　　　　　　　　　　　　　　　　　　　　　　　　　　　第　页　共　页

| 项目编码 | 011105002001 | | 项目名称 | | 石材踢脚线 | | 计量单位 | m | 工程量 | 37.70 |
|---|---|---|---|---|---|---|---|---|---|---|
| 清单综合单价组成明细 | | | | | | | | | | |
| 定额编号 | 定额名称 | 定额单位 | 数量 | 单价 | | | | 合价 | | |
| | | | | 人工费 | 材料费 | 机械费 | 管理费 | 利润 | 人工费 | 材料费 | 机械费 | 管理费 | 利润 |
| 11—78 | 石材踢脚线 | m | 1 | 5.41 | 18.66 | 0.33 | 2.17 | 1.86 | 5.41 | 18.66 | 0.33 | 2.17 | 1.86 |
| 人工单价 | | 小计 | | | | | | | 5.41 | 18.66 | 0.33 | 2.17 | 1.86 |
| 104.00元/工日 | | 未计价材料费 | | | | | | | — | | | | |
| 清单项目综合单价 | | | | | | | | | 28.43 | | | | |

# 第六节　楼梯面层

## 一、楼梯面层构造做法

楼梯面层应便于行走，耐磨防滑，便于清洁，也要求美观。楼梯面层的材料，视装修要求而定，常与门厅或走道的楼地面面层材料一致，常用的有水泥砂浆、水磨石、大理石。为防止行人滑跌，楼梯面层应采取防滑和耐磨措施，通常是在踏步踏口处做防滑条。材料可选金刚砂、塑料条、橡胶条、金属条等。

楼梯面层包括石材楼梯面层、块料楼梯面层、拼碎块料面层、水泥砂浆楼梯面层、现浇水磨石楼梯面层、地毯楼梯面层、木板楼梯面层、橡胶板楼梯面层、塑料板楼梯面层。楼梯面层工程量按其水平投影面积计算(包括踏步、休息平台、小于 500 mm 宽的楼梯井及最上一层踏步沿加 300 mm),如图 4-23 所示。

当 $b > 500$ mm 时, $$S = \sum(LB) - \sum(lb)$$

当 $b \leqslant 500$ mm 时, $$S = \sum(LB)$$

式中 $S$——楼梯面层的工程量($m^2$);

$L$——楼梯的水平投影长度(m);

$B$——楼梯的水平投影宽度(m);

$l$——楼梯井的水平投影长度(m);

$b$——楼梯井的水平投影宽度(m)。

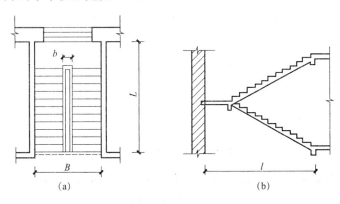

图 4-23 楼梯示意

(a)平面图;(b)剖面图

## 二、楼梯面层工程量计算

### 1. 工程量计算规则

楼梯面层工程量计算规则见表 4-11。

表 4-11 楼梯面层工程量计算规则

| 项目 | 规则 |
| --- | --- |
| 清单工程量计算规则 | 按设计图示尺寸以楼梯(包括踏步、休息平台及≤500 mm 的楼梯井)水平投影面积计算。楼梯与楼地面相连时,算至梯口梁内侧边沿;无梯口梁者,算至最上一层踏步边沿加 300 mm |
| 定额工程量计算规则(参照北京市建设工程计价依据《房屋建筑与装饰工程预算定额》) | 按设计图示尺寸以楼梯(包括踏步、休息平台及≤500 mm 的楼梯井)水平投影面积计算。楼梯与楼地面相连时,算至梯口梁内侧边沿;无梯口梁者,算至最上一层踏步边沿加 300 mm |

### 2. 工程量计算实例

【例 4-20】 某建筑物内一楼梯平面如图 4-24 所示,其同走廊连接,采用直线双跑形式,墙厚为 240 mm,梯井宽为 600 m,楼梯满铺中国红大理石,试计算其工程量。

【解】 楼梯面层工程量=(3.6-0.24)×(6.6-0.24)-(3.6×0.6)=19.21($m^2$)

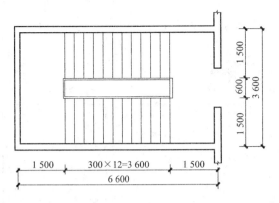

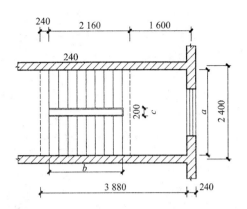

图 4-24 某楼梯平面图

## 三、楼梯面层工程综合单价的确定

【例 4-21】 某 6 层建筑物，平台梁宽为 250 mm，欲铺贴大理石楼梯面，试根据图 4-25 所示的平面图计算其工程量，并根据清单项目确定石材楼梯面层的综合单价。

【解】 （1）工程量计算。

石材楼梯面层工程量＝$(3.2-0.24)\times(5.3-0.24)\times(6-1)$
$$=74.89(\text{m}^2)$$

根据定额工程量计算规则，定额工程量同清单工程量。

（2）单价及费用计算。参照北京市建设工程计价依据《房屋建筑与装饰工程预算定额》可知，石材楼梯面层人工费为 93.81 元/m²，材料费为 573.44 元/m²，机械费为 4.08 元/m²。管理费的计费基数均为人工费、材料费和机械费之和，费率为 8.88%；利润的计费基数为人工费、材料费、机械费和企业管理费之和，费率为 7%。

1）本工程人工费：
$$74.89\times93.81=7\ 025.43(\text{元})$$

2）本工程材料费：
$$74.89\times573.44=42\ 944.92(\text{元})$$

3）本工程机械费：
$$74.89\times4.08=305.55(\text{元})$$

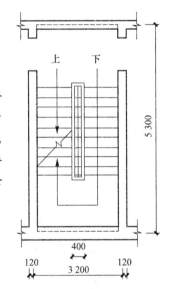

图 4-25 某石材楼梯平面图

4）本工程管理费单价：
$$(93.81+573.44+4.08)\times8.88\%=59.61(\text{元}/\text{m}^2)$$

本工程管理费：
$$74.89\times59.61=4\ 464.19(\text{元})$$

5）本工程利润单价：
$$(93.81+573.44+4.08+59.61)\times7\%=51.17(\text{元}/\text{m}^2)$$

本工程利润：
$$74.89\times51.17=3\ 832.12(\text{元})$$

(3) 本工程综合单价计算。

(7 025.43＋42 944.92＋305.55＋4 464.19＋3 832.12)/74.89＝782.11(元/m²)

石材楼梯面层项目综合单价分析表见表 4-12。

表 4-12　综合单价分析表

工程名称：　　　　　　　　　　　　　　　　　　　　　　　　　　　　　　　第　页　共　页

| 项目编码 | 011106001001 | | 项目名称 | 石材楼梯面层 | | 计量单位 | m² | 工程量 | 74.89 |
|---|---|---|---|---|---|---|---|---|---|
| 清单综合单价组成明细 | | | | | | | | | |

| 定额编号 | 定额名称 | 定额单位 | 数量 | 单价 | | | | | 合价 | | | | |
|---|---|---|---|---|---|---|---|---|---|---|---|---|---|
| | | | | 人工费 | 材料费 | 机械费 | 管理费 | 利润 | 人工费 | 材料费 | 机械费 | 管理费 | 利润 |
| 11—86 | 石材楼梯面层 | m² | 1 | 93.81 | 573.44 | 4.08 | 59.61 | 51.17 | 93.81 | 573.44 | 4.08 | 59.61 | 51.17 |
| 人工单价 | | 小计 | | | | | | | 93.81 | 573.44 | 4.08 | 59.61 | 51.17 |
| 104.00 元/工日 | | 未计价材料费 | | | | | | | — | | | | |
| 清单项目综合单价 | | | | | | | | | 782.11 | | | | |

# 第七节　台阶装饰

## 一、台阶的构造做法

台阶的形式有单面踏步式、三面踏步式等形式，在大型公共建筑中，常与可通行汽车的坡道与踏步结合，形成美观的大台阶。台阶装饰包括石材台阶面、块料台阶面、拼碎块料台阶面、水泥砂浆台阶面、现浇水磨石台阶面、剁假石台阶面。台阶构造如图 4-26 所示。

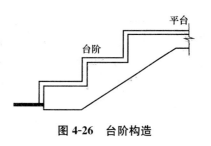

图 4-26　台阶构造

## 二、台阶装饰工程量计算

### 1. 工程量计算规则

台阶装饰工程量计算规则见表 4-13。

表 4-13　台阶装饰工程量计算规则

| 项目 | 规则 |
|---|---|
| 清单工程量计算规则 | 按设计图示尺寸以台阶(包括最上层踏步边沿加 300 mm)水平投影面积计算 |
| 定额工程量计算规则(参照北京市建设工程计价依据《房屋建筑与装饰工程预算定额》) | 按设计图示尺寸以台阶(包括最上层踏步边沿加 300 mm)水平投影面积计算 |

### 2. 工程量计算实例

【例 4-22】　某建筑物门前台阶如图 4-27 所示，试计算贴大理石面层的工程量。

**【解】** 台阶贴大理石面层的工程量＝(6.0＋0.3×2)×0.3×3＋(4.0－0.3)×0.3×3

$$＝9.27(m^2)$$

平台贴大理石面层的工程量＝(6.0－0.3)×(4.0－0.3)＝21.09(m²)

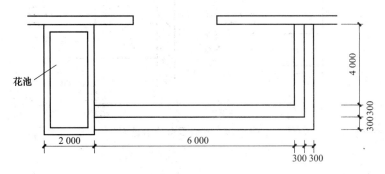

图 4-27 某建筑物门前台阶示意

**【例 4-23】** 如图 4-28 所示，某大门口台阶面层为黑色防滑地砖。试计算台阶清单工程量。

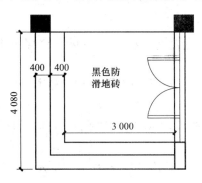

图 4-28 台阶平面图

**【解】** 黑色防滑地砖工程量＝(4.08＋3－0.3)×(0.4×2＋0.3)

$$＝7.46 (m^2)$$

## 三、台阶面层工程综合单价的确定

**【例 4-24】** 图 4-29 所示为剁假石台阶面层，试求剁假石台阶面工程量并根据清单项目确定剁假石台阶面的综合单价。

**【解】** (1)工程量计算。

剁假石台阶面工程量＝3.5×0.3×3＝3.15(m²)

根据定额工程量计算规则，定额工程量同清单工程量。

(2)单价及费用计算。参照北京市建设工程计价依据《房屋建筑与装饰工程预算定额》可知，剁假石台阶面人工费为 103.06 元/m²，材料费为 39.02 元/m²，机械费为 4.27 元/m²。管理费的计费基数均为人工费、材料费和机械费之和，费率为 8.88%；利润的计费基数为人工费、材料费、机械费和企业管理费之和，费率为 7%。

1)本工程人工费：

$$3.15×103.06＝324.64(元)$$

2)本工程材料费：

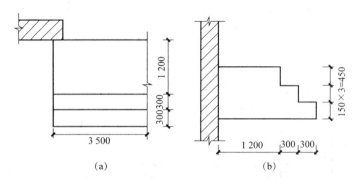

**图 4-29 剁假石台阶示意**

(a)台阶平面图；(b)台阶剖面图

$$3.15 \times 39.02 = 122.91(元)$$

3)本工程机械费：

$$3.15 \times 4.27 = 13.45(元)$$

4)本工程管理费单价：

$$(103.06 + 39.02 + 4.27) \times 8.88\% = 12.88(元/m^2)$$

本工程管理费：

$$3.15 \times 12.88 = 40.57(元)$$

5)本工程利润单价：

$$(103.06 + 39.02 + 4.27 + 12.88) \times 7\% = 11.15(元/m^2)$$

本工程利润：

$$3.15 \times 11.15 = 35.12(元)$$

(3)本工程综合单价计算。

$$(324.64 + 122.91 + 13.45 + 40.95 + 35.12)/3.15 = 170.50(元/m^2)$$

剁假石台阶面项目综合单价分析表见表4-14。

**表 4-14 综合单价分析表**

工程名称：　　　　　　　　　　　　　　　　　　　　　　　　　　　　　　第 页 共 页

| 项目编码 | 011107006001 | 项目名称 | | 剁假石台阶面 | | | 计量单位 | m² | 工程量 | | 3.15 |
|---|---|---|---|---|---|---|---|---|---|---|---|
| 清单综合单价组成明细 | | | | | | | | | | | |
| 定额编号 | 定额名称 | 定额单位 | 数量 | 单价 | | | | | 合价 | | | |
| | | | | 人工费 | 材料费 | 机械费 | 管理费 | 利润 | 人工费 | 材料费 | 机械费 | 管理费 | 利润 |
| 11—102 | 剁假石台阶面 | m² | 1 | 103.06 | 39.02 | 4.27 | 12.88 | 11.15 | 103.06 | 39.02 | 4.27 | 12.88 | 11.15 |
| 人工单价 | | 小计 | | | | | | | 103.06 | 39.02 | 4.27 | 12.88 | 11.15 |
| 104.00 元/工日 | | 未计价材料费 | | | | | | | — | | | | |
| 清单项目综合单价 | | | | | | | | | 170.50 | | | | |

# 第八节　零星装饰项目

## 一、零星装饰项目简介

楼地面零星项目是指楼地面中装饰面积小于 0.5 m² 的项目，如楼梯踏步的侧边、小便池、蹲台蹲脚、池槽、花池、独立柱的造型柱脚等。零星装饰项目包括石材零星项目、拼碎石材零星项目、块料零星项目和水泥砂浆零星项目。

## 二、零星装饰项目工程量计算

### 1. 工程量计算规则

零星装饰项目工程量计算规则见表 4-15。

表 4-15　零星装饰项目工程量计算规则

| 项目 | 规则 |
|------|------|
| 清单工程量计算规则 | 按设计图示尺寸以面积计算 |
| 定额工程量计算规则(参照北京市建设工程计价依据《房屋建筑与装饰工程预算定额》) | 按设计图示尺寸以面积计算 |

### 2. 工程量计算实例

**【例 4-25】**　图 4-30 所示为某大门台阶，其材质为花岗石，宽度为 300 mm，台阶阶高为 150 mm，根据计算规则计算零星石材工程量。

**【解】**　零星石材工程量＝设计图示实际展开面积

$$＝0.3×(0.9＋0.3＋0.15×4)×2＋(0.3×3)×(0.15×4)(折合)＝1.62(m^2)$$

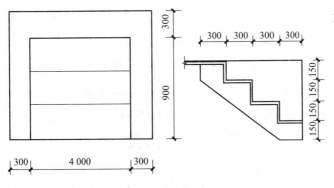

图 4-30　花岗石台阶

## 三、零星装饰项目综合单价的确定

**【例 4-26】**　如图 4-31 所示，某厕所内拖把池面贴面砖(池内外按高 500 mm 计)，试求面砖工程量并根据清单项目确定拖把池面贴面砖的综合单价。

**【解】**　(1)工程量计算。

面砖工程量＝[(0.5＋0.6)×2×0.5](池外侧壁)＋[(0.6－

　　　0.05×2＋0.5－0.05×2)×2×0.5](池内侧

　　　壁)＋(0.6×0.5)(池边及池底)

　　　＝2.30(m²)

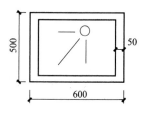

**图 4-31　拖把池镶贴
面砖示意**

根据定额工程量计算规则，定额工程量同清单工程量。

(2)单价及费用计算。参照北京市建设工程计价依据《房屋建筑与装饰工程预算定额》可知，块料零星项目人工费为61.67元/m²，材料费为61.31元/m²，机械费为2.48元/m²。管理费的计费基数均为人工费、材料费和机械费之和，费率为8.88%；利润的计费基数为人工费、材料费、机械费和企业管理费之和，费率为7%。

1)本工程人工费：

$$2.30×61.67＝141.84(元)$$

2)本工程材料费：

$$2.30×61.31＝141.01(元)$$

3)本工程机械费：

$$2.30×2.48＝5.70(元)$$

4)本工程管理费单价：

$$(61.67＋61.31＋2.48)×8.88\%＝11.14(元/m²)$$

本工程管理费：

$$2.30×11.14＝25.62(元)$$

5)本工程利润单价：

$$(61.67＋61.31＋2.48＋11.14)×7\%＝9.56(元/m²)$$

本工程利润：

$$2.30×9.56＝21.99(元)$$

(3)本工程综合单价计算。

$$(141.84＋141.01＋5.70＋25.62＋21.99)/2.30＝146.16(元/m²)$$

块料零星项目综合单价分析表见表4-16。

**表 4-16　综合单价分析表**

工程名称：　　　　　　　　　　　　　　　　　　　　　　　　　　　　　　　　　第　页　共　页

| 项目编码 | 011108003001 | 项目名称 | 块料零星项目 | | 计量单位 | m² | 工程量 | 2.30 |
|---|---|---|---|---|---|---|---|---|
| 清单综合单价组成明细 | | | | | | | | |
| 定额编号 | 定额名称 | 定额单位 | 数量 | 单价 | | | | 合价 | | | | |

| 定额编号 | 定额名称 | 定额单位 | 数量 | 人工费 | 材料费 | 机械费 | 管理费 | 利润 | 人工费 | 材料费 | 机械费 | 管理费 | 利润 |
|---|---|---|---|---|---|---|---|---|---|---|---|---|
| 11—117 | 块料零星项目 | m² | 1 | 61.67 | 61.31 | 2.48 | 11.14 | 9.56 | 61.67 | 61.31 | 2.48 | 11.14 | 9.56 |
| 人工单价 | | 小计 | | | | | | | 61.67 | 61.31 | 2.48 | 11.14 | 9.56 |
| 104.00 元/工日 | | 未计价材料费 | | | | | | | — | | | | |
| 清单项目综合单价 | | | | | | | | | 146.16 | | | | |

### 本章小结

楼地面是房屋建筑底层地坪与楼层地坪的总称，主要由面层、技术构造层、垫层和基层构成。

楼地面工程可分为整体面层、块料面层、橡塑面层、其他材料面层、踢脚线、楼梯面层、台阶装饰及零星装饰项目。本章主要介绍楼地面装饰工程的构造做法、工程量计算及综合单价的确定。

### 思考与练习

**一、填空题**

1. 整体面层包括_____、_____、_____、_____及_____。

2. 块料面层楼地面是指由各种不同形状的板块材料铺砌而成的装饰地面，包括_____、_____和_____。

3. _____是指在天然橡胶或合成橡胶中掺入适量的填充料加工而成的地面覆盖材料。

4. 竹、木楼地面的构造常见的有_____、_____和_____三种形式。

5. 踢脚线的高度一般为_____，踢脚线构造方式有与墙面_____、_____、_____三种。

6. 楼梯面层工程量按其_____计算。

**二、简答题**

1. 整体面层及找平层工程量计算规则是什么？

2. 简述橡胶板楼地面的构造做法。

3. 台阶的形式有哪几种？台阶装饰工程量如何计算？

4. 什么是楼地面零星项目？零星装饰项目包括哪些？

**三、计算题**

如图 4-32 所示，独立柱尺寸为 400 mm×400 mm，墙垛凸出外墙均为 120 mm。①嵌铜条的彩色镜面现浇水磨石地面，做法：C20 细石混凝土找平层 60 mm 厚，素水泥浆结合层一道，20 mm 厚 1：25 白水泥彩色石子浆磨光，距墙边为 300 mm，范围内按纵、横 1 m 宽分格嵌 15 mm×2 mm 铜条，面层酸洗打蜡。计算水磨石地面的工程量。②如果采用樱花红花岗岩地面，四周 260 mm 范围内采用中国黑花岗岩地面，踢脚线采用中国黑花岗岩 100 mm。计算其工程量。

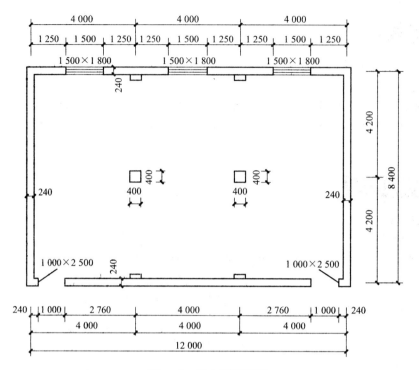

图 4-32　某大厅平面图

# 第五章
# 墙、柱面装饰与隔断、幕墙工程计量与计价

📖 知识目标

1. 熟悉墙面抹灰构造做法；掌握墙面抹灰工程量计算及综合单价的确定。

2. 熟悉柱(梁)面抹灰构造做法；掌握柱(梁)抹灰工程量计算及综合单价的确定。

3. 熟悉零星抹灰的概念；掌握零星抹灰的工程量计算和综合单价的确定。

4. 熟悉墙面块料面层的概念；掌握墙面块料面层的工程量计算和综合单价的确定。

5. 熟悉柱(梁)面层的概念；掌握柱(梁)面层的工程量计算和综合单价的确定。

6. 熟悉镶贴零星块料、墙饰面、柱(梁)饰面、幕墙工程、隔断的概念及组成；掌握镶贴零星块料、墙饰面、柱(梁)饰面、幕墙工程、隔断的工程量计算和综合单价的确定。

⊚ 能力目标

能进行墙面抹灰、柱(梁)面抹灰、零星抹灰、墙面块料抹灰、柱(梁)面镶贴块料、镶贴零星块料、墙饰面、柱(梁)饰面的工程量计算及综合单价的确定。

## 第一节　墙面抹灰

### 一、墙面抹灰构造做法

为了避免出现裂缝，保证抹灰层牢固和表面平整，墙面抹灰施工时须分层操作，一般由底层抹灰、中层抹灰和和面层抹灰组成，如图 5-1 所示。

（1）底层抹灰。底层抹灰主要起与基层粘结和初步找平的作用。底层砂浆根据基本材料不同和受水浸湿情况，可分别用石灰砂浆、水泥石灰混合砂浆（简称"混合砂浆"）或水泥砂浆。一般来说，室内砖墙多采用 1∶3 石灰砂浆，或掺入一些纸筋、麻刀，以增强粘结力并防止开裂；需要做涂料墙面时，底灰可以用 1∶2∶9 或 1∶1∶6 的水泥石灰混合砂浆；室外或室内有防水、防潮要求时，应采用 1∶3 水泥砂浆。混凝土墙体应采用混合砂浆或水泥砂浆。加气混凝土墙体内墙可以用石灰砂浆或混合砂浆，外墙宜用混合砂浆。窗套、腰线等线脚应使用水泥砂浆。北方地区外墙饰面不宜用混合砂浆，一般采用的是1∶3水泥砂浆。底层抹灰的厚度为5～10 mm。

（2）中层抹灰。中层抹灰主要起找平和结合的作用，另外，还可以弥补底层抹灰的干缩裂缝。一般来说，中层抹灰所用材料与底层抹灰基本相同，厚度为5～12 mm。采用机械喷涂时，底层与中层可同时进行，但是厚度不宜超过15 mm。

（3）面层抹灰。面层又称"罩面"。面层抹灰主要起装饰和保护作用。根据所选装饰材

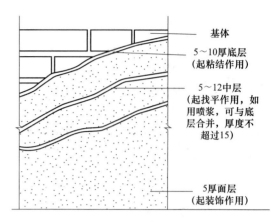

基体
5～10厚底层
（起粘结作用）
5～12中层
（起找平作用，如用喷浆，可与底层合并，厚度不超过15）
5厚面层
（起装饰作用）

**图 5-1　抹灰类饰面构造(单位：mm)**

料和施工方法的不同，面层抹灰可分为各种不同性质与外观的抹灰。例如，纸筋灰罩面，即纸筋灰抹灰；水泥砂浆罩面，即水泥砂浆抹灰；在水泥砂浆中掺入合成材料的罩面，即聚合砂浆抹灰；采用木屑集料的罩面，即吸声抹灰；采用蛭石粉或珍珠岩粉作集料的罩面，即保温抹灰等。

## 二、墙面抹灰工程量计算

### 1. 工程量计算规则

墙面抹灰工程量计算规则见表5-1。

**表 5-1　墙面抹灰工程量计算规则**

| 项目 | 规则 |
|---|---|
| 清单工程量计算规则 | 按设计图示尺寸以面积计算。扣除墙裙、门窗洞口及单个＞0.3 m² 的孔洞面积，不扣除踢脚线、挂镜线和墙与构件交接处的面积，门窗洞口和孔洞的侧壁及顶面不增加面积。附墙柱、梁、垛、烟囱侧壁并入相应的墙面面积内。<br>(1)外墙抹灰面积按外墙垂直投影面积计算。<br>(2)外墙裙抹灰面积按其长度乘以高度计算。<br>(3)内墙抹灰面积按主墙间的净长乘以高度计算：<br>1)无墙裙的，高度按室内楼地面至天棚底面计算；<br>2)有墙裙的，高度按墙裙顶至天棚底面计算；<br>3)有吊顶天棚抹灰，高度算至天棚底。<br>(4)内墙裙抹灰面按内墙净长乘以高度计算 |
| 定额工程量计算规则(参照北京市建设工程计价依据《房屋建筑与装饰工程预算定额》) | 按设计图示尺寸以 m² 计算。扣除墙裙、门窗洞口及单个＞0.3 m² 的孔洞面积，不扣除踢脚线、挂镜线和墙与构件交接处的面积，门窗洞口和孔洞的侧壁及顶面不增加面积。附墙柱、梁、垛、烟囱侧壁并入相应墙面面积。<br>(1)外墙按垂直投影面积以 m² 计算。<br>(2)外墙裙按其长度乘以高度以 m² 计算。<br>(3)内墙按主墙间净长乘以墙高计算；无墙裙的，内墙高度按室内楼(地)面至天棚底面计算；有墙裙的，内墙高度按墙裙顶算至天棚底面。有吊顶的，其高度算至吊顶底面另加200 mm。<br>(4)内墙裙按内墙净长乘以高度以 m² 计算。<br>注意：飘窗凸出外墙面增加的抹灰并入外墙工程量内 |

**2. 工程量计算实例**

【例 5-1】 某工程平面图与剖面图如图 5-2 所示，室内墙面抹 1:2 水泥砂浆底，1:3 石灰砂浆找平层，麻刀石灰浆面层，共 20 mm 厚。室内墙裙采用 1:3 水泥砂浆打底(19 mm厚)，1:2.5 水泥砂浆面层(6 mm 厚)，计算室内墙面一般抹灰和室内墙裙工程量。

M：1 000 mm×2 700 mm 共 3 个。

C：1 500 mm×1 800 mm 共 4 个。

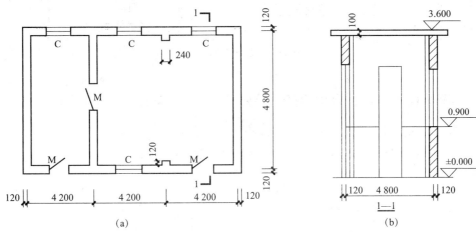

**图 5-2 其工程平面图与剖面图**

(a)平面图；(b)剖面图

【解】 (1)墙面一般抹灰工程量计算：

室内墙面一般抹灰工程量＝主墙间净长度×墙面高度－门窗等面积＋垛的侧面抹灰
面积

$$=[(4.2×3-0.24×2+0.12×2)×2+(4.8-0.24)×4]×$$
$$(3.6-0.1-0.9)-1×(2.7-0.9)×4-1.5×1.8×4$$
$$=93.70(m^2)$$

(2)室内墙裙工程量计算：

室内墙裙抹灰工程量＝主墙间净长度×墙裙高度－门窗所占面积＋垛的侧面抹灰面积

$$=[(4.2×3-0.24×2+0.12×2)×2+(4.8-0.24)×4-1×4]×0.9$$
$$=35.06(m^2)$$

【例 5-2】 某工程外墙如图 5-3 所示，外墙面抹水泥砂浆，底层为 1:3 水泥砂浆打底14 mm 厚，面层为 1:2 水泥砂浆抹面 6 mm 厚；外墙裙水刷石，1:3 水泥砂浆打底 12 mm厚，素水泥浆两遍，1:2.5 水泥白石子 10 mm 厚(分格)，挑檐水刷白石，试计算外墙裙装饰抹灰工程量。

M：1 000 mm×2 500 mm。

C：1 200 mm×1 500 mm。

【解】 外墙装饰抹灰工程量＝外墙面长度×抹灰高度－门窗等面积＋垛、梁、柱的侧
面抹灰面积

外墙裙水刷白石子工程量$=[(6.48+4.00)×2-1.00]×0.90$
$$=17.96(m^2)$$

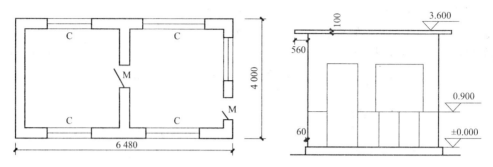

图 5-3　某工程外墙示意

### 三、墙面抹灰工程综合单价的确定

**【例 5-3】**　如图 5-4 所示，外墙采用现搅水泥砂浆进行清水砖墙勾缝，层高为 3.6 m，墙裙高为 1.2 m，试求外墙勾缝工程量并根据清单项目确定墙面勾缝的综合单价。

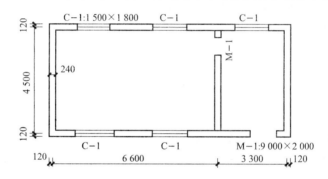

图 5-4　某工程平面示意

**【解】**　(1) 工程量计算。

外墙勾缝工程量 $=(9.9+0.24+4.5+0.24)\times(3.6-1.2)-1.5\times1.8\times5-0.9\times2$
$=20.41(m^2)$

根据定额工程量计算规则，定额工程量同清单工程量。

(2) 单价及费用计算。参照北京市建设工程计价依据《房屋建筑与装饰工程预算定额》可知，墙面勾缝人工费为 7.91 元/$m^2$，材料费为 0.72 元/$m^2$，机械费为 0.32 元/$m^2$。管理费的计费基数均为人工费、材料费和机械费之和，费率为 8.88%；利润的计费基数为人工费、材料费、机械费和企业管理费之和，费率为 7%。

1) 本工程人工费：

$$20.41\times7.91=161.44(元)$$

2) 本工程材料费：

$$20.41\times0.72=14.70(元)$$

3) 本工程机械费：

$$20.41\times0.32=6.53(元)$$

4) 本工程管理费单价：

$$(7.91+0.72+0.32)\times8.88\%=0.79(元/m^2)$$

本工程管理费：

$$20.41 \times 0.79 = 16.12（元）$$

5）本工程利润单价：

$$(7.91 + 0.72 + 0.32 + 0.79) \times 7\% = 0.68（元/m^2）$$

本工程利润：

$$20.41 \times 0.68 = 13.88（元）$$

（3）本工程综合单价计算。

$$(161.44 + 14.70 + 6.53 + 16.12 + 13.88)/20.41 = 10.42（元/m^2）$$

墙面勾缝综合单价分析表见表5-2。

表5-2　综合单价分析表

工程名称：　　　　　　　　　　　　　　　　　　　　　　　　　　　　　第　页　共　页

| 项目编码 | 011201003001 | | 项目名称 | | 墙面勾缝 | | 计量单位 | m² | 工程量 | 20.41 |
|---|---|---|---|---|---|---|---|---|---|---|
| 清单综合单价组成明细 | | | | | | | | | | |
| 定额编号 | 定额名称 | 定额单位 | 数量 | 单价 | | | | | 合价 | |

| 定额编号 | 定额名称 | 定额单位 | 数量 | 人工费 | 材料费 | 机械费 | 管理费 | 利润 | 人工费 | 材料费 | 机械费 | 管理费 | 利润 |
|---|---|---|---|---|---|---|---|---|---|---|---|---|---|
| 12－60 | 清水砖墙勾缝 | m² | 1 | 7.91 | 0.72 | 0.32 | 0.79 | 0.68 | 7.91 | 0.72 | 0.32 | 0.79 | 0.68 |
| 人工单价 | | | 小计 | | | | | | 7.91 | 0.72 | 0.32 | 0.79 | 0.68 |
| 104.00 元/工日 | | | 未计价材料费 | | | | | | — | | | | |
| 清单项目综合单价 | | | | | | | | | 10.42 | | | | |

# 第二节　柱（梁）面抹灰

## 一、柱（梁）面抹灰做法

柱（梁）面抹灰应分层进行，抹灰总厚度以柱子和玻璃幕墙龙骨两侧间距为准，抹灰前必须钉钢丝网，钢丝网的每边搭接宽度均不小于 100 mm，且搭接牢固，用射钉钉钢丝网，射钉的间距≤40 cm，钢丝网必须平直绷紧。抹灰作业与墙面抹灰相似。

## 二、柱（梁）面抹灰工程量计算

### 1. 工程量计算规则

柱（梁）面抹灰工程量计算规则见表5-3。

表5-3　柱（梁）面抹灰工程量计算规则

| 项目 | 规则 |
|---|---|
| 清单工程量计算规则 | （1）柱面抹灰：按设计图示柱断面周长乘高度以面积计算。<br>（2）梁面抹灰：按设计图示梁断面周长乘长度以面积计算。<br>（3）柱面勾缝按设计图示柱断面周长乘高度以面积计算 |

| 项目 | 规则 |
|---|---|
| 定额工程量计算规则(参照北京市建设工程计价依据《房屋建筑与装饰工程预算定额》) | (1)柱面抹灰:按设计图示柱断面周长乘以柱高以 $m^2$ 计算,异形柱面按照展开面积以 $m^2$ 计算。柱上的牛腿按展开面积计算,并入相应的柱抹灰工程量中。<br>(2)梁面抹灰:按设计图示梁断面周长乘以梁长以 $m^2$ 计算,异形梁面按照展开面积以 $m^2$ 计算。<br>(3)独立柱抹灰不分柱身、柱帽、柱基座,均按结构周长乘以相应高度以 $m^2$ 计算。<br>注意:圆形柱、异形柱抹灰执行柱梁面抹灰相应子目并乘以1.3系数 |

**2. 工程量计算实例**

【例5-4】 某单位大门采用 600 mm×1 000 mm 砖柱 4 根,高度为 2 200 mm,面层为水泥砂浆一般抹灰,根据其计算规则计算工程量。

【解】 柱面抹灰工程量＝柱结构断面周长×图示抹灰高度

$$＝(0.6+1)×2×2.2×4$$
$$＝28.16(m^2)$$

【例5-5】 如图5-5所示,某大厅内柱面在装修前做了水泥砂浆一般抹灰,柱净高为3.5 m,试根据清单规则计算其清单工程量。

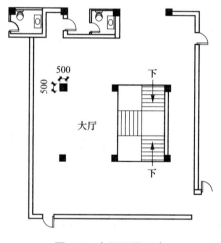

图 5-5 大厅平面示意

【解】 水泥砂浆一般抹灰工程量＝0.5×4×3.5×6

$$＝42(m^2)$$

### 三、柱(梁)面抹灰工程综合单价的确定

【例5-6】 如图5-6所示,试计算大厅柱面抹水泥砂浆工程量,并根据清单项目确定墙面勾缝的综合单价。

【解】 (1)工程量计算。水泥砂浆一般抹灰工程量＝0.5×4×3.5×6＝42.00(m²)

根据定额工程量计算规则,定额工程量同清单工程量。

(2)单价与费用计算。

1)修补刮平基层处理。参照北京市建设工程计价依据《房屋建筑与装饰工程预算定

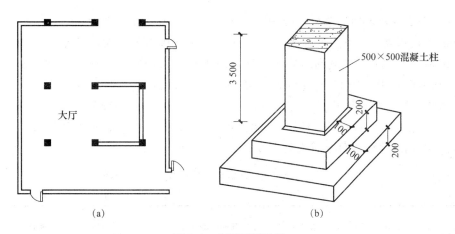

图 5-6 大厅平面示意

(a)大厅示意；(b)混凝土柱示意

额》可知，DP—LR 砂浆修补刮平人工费为 2.03 元/m²，材料费为 1.66 元/m²，机械费为 0.09 元/m²，因此

$$人工费=2.03×42.00=85.26(元)$$

$$材料费=1.66×42.00=69.72(元)$$

$$机械费=0.09×42.00=3.78(元)$$

$$合计=85.26+69.72+3.78=158.76(元)$$

2)5 mm 水泥砂浆底层抹灰。参照北京市建设工程计价依据《房屋建筑与装饰工程预算定额》可知，5 mm 水泥砂浆打底人工费为 6.45 元/m²，材料费为 1.52 元/m²，机械费为 0.27 元/m²，因此

$$人工费=6.45×42.00=270.90(元)$$

$$材料费=1.52×42.00=63.84(元)$$

$$机械费=0.27×42.00=11.34(元)$$

$$合计=270.90+63.84+11.34=346.08(元)$$

3)5 mm 混合砂浆面层抹灰。参照北京市建设工程计价依据《房屋建筑与装饰工程预算定额》可知，5 mm 混合砂浆面层抹灰人工费为 7.63 元/m²，材料费为 1.62 元/m²，机械费为 0.32 元/m²，因此

$$人工费=7.63×42.00=320.46(元)$$

$$材料费=1.62×42.00=68.04(元)$$

$$机械费=0.32×42.00=13.44(元)$$

$$合计=320.46+68.04+13.44=401.94(元)$$

4)管理费与利润。参考北京市建设工程计价依据《房屋建筑与装饰工程预算定额》，管理费的计费基数均为人工费、材料费和机械费之和，费率为 8.88%；利润的计费基数为人工费、材料费、机械费和企业管理费之和，费率为 7%。因此

修补刮平基层处理管理费单价=(2.03+1.66+0.09)×8.88%=0.34(元/m²)

5 mm 水泥砂浆底层抹灰管理费单价=(6.45+1.52+0.27)×8.88%=0.73(元/m²)

5 mm 混合砂浆面层抹灰管理费单价=(7.63+1.62+0.32)×8.88%=0.85(元/m²)

本工程管理费=(0.34+0.73+0.85)×42.00=80.64(元)

修补刮平基层处理利润单价＝$(2.03+1.66+0.09+0.34)×7\%=0.29$（元/m²）

5 mm 水泥砂浆底层抹灰利润单价＝$(6.45+1.52+0.27+0.73)×7\%=0.63$（元/m²）

5 mm 混合砂浆面层抹灰利润单价＝$(7.63+1.62+0.32+0.85)×7\%=0.73$（元/m²）

本工程利润＝$(0.29+0.63+0.73)×42.00=69.3$（元）

（3）本工程综合单价计算。

$$(158.76+346.08+401.94+80.64+69.30)/42.00=25.16（元/m²）$$

柱面一般抹灰综合单价分析表见表5-4。

表 5-4　综合单价分析表

工程名称：　　　　　　　　　　　　　　　　　　　　　　　　　　　　　　　　　　第 页 共 页

| 项目编码 | 011202001001 | | 项目名称 | | 柱面一般抹灰 | | 计量单位 | | m² | 工程量 | 42.00 |
|---|---|---|---|---|---|---|---|---|---|---|---|
| 清单综合单价组成明细 | | | | | | | | | | | |
| 定额编号 | 定额名称 | 定额单位 | 数量 | 单价 | | | | | 合价 | | | |
| | | | | 人工费 | 材料费 | 机械费 | 管理费 | 利润 | 人工费 | 材料费 | 机械费 | 管理费 | 利润 |
| 12-68 | 修补刮平 | m² | 1 | 2.03 | 1.66 | 0.09 | 0.34 | 0.29 | 2.03 | 1.66 | 0.09 | 0.34 | 0.29 |
| 12-78 | 5 mm 水泥砂浆 | m² | 1 | 6.45 | 1.52 | 0.27 | 0.73 | 0.63 | 6.45 | 1.52 | 0.27 | 0.73 | 0.63 |
| 12-94 | 5 mm 混合砂浆 | m² | 1 | 7.63 | 1.62 | 0.32 | 0.85 | 0.73 | 7.63 | 1.62 | 0.32 | 0.85 | 0.73 |
| 人工单价 | | 小计 | | | | | | | 16.11 | 4.80 | 0.68 | 1.92 | 1.65 |
| 104.00 元/工日 | | 未计价材料费 | | | | | | | — | | | | |
| 清单项目综合单价 | | | | | | | | | 25.16 | | | | |

# 第三节　零星抹灰

## 一、零星抹灰简介

零星抹灰是零星小面积的抹灰，如雨篷翻沿、空调板等。零星抹灰项目包括零星项目一般抹灰、零星项目装饰抹灰和零星项目砂浆找平。

## 二、零星抹灰工程量计算

### 1. 工程量计算规则

零星抹灰工程量计算规则见表5-5。

表 5-5　零星抹灰工程量计算规则

| 项目 | 规则 |
|---|---|
| 清单工程量计算规则 | 按设计图示尺寸以面积计算 |
| 定额工程量计算规则（参照北京市建设工程计价依据《房屋建筑与装饰工程预算定额》） | 门窗套、装饰线、找平层抹灰，按图示展开面积以 m² 计算；内窗台抹灰按窗台水平投影面积以 m² 计算 |

**2. 工程量计算实例**

【例 5-7】 计算图 5-7 所示雨篷周边水泥砂浆抹灰工程量。

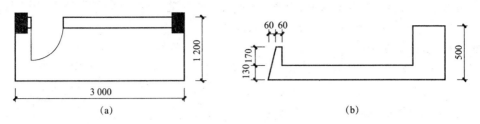

**图 5-7 雨篷示意**

(a)平面图；(b)剖面图

【解】 零星抹灰工程量＝实际展开面积＝$[\sqrt{0.06^2+(0.13+0.17)^2}+0.06]\times(1.20\times$

$2+3)$

$=1.98(\text{m}^2)$

【例 5-8】 如图 5-8 所示，计算雨篷周边水泥砂浆抹灰工程量。

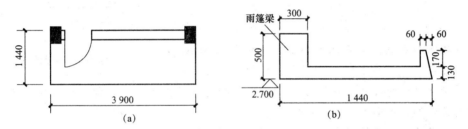

**图 5-8 雨篷平面图和剖面示意**

(a)雨篷平面图；(b)雨篷剖面图

【解】 水泥砂浆工程量＝$(\sqrt{0.06^2+0.3^2}+0.06)\times[(1.44-0.3)\times2+3.9]$

$=2.26(\text{m}^2)$

## 三、零星抹灰工程综合单价的确定

【例 5-9】 试计算图 5-9 水泥砂浆抹小便池(长为 2 m)工程量，并根据清单项目确定小便池一般抹灰的综合单价。

【解】 (1)工程量计算。

小便池抹灰工程量＝$2\times(0.18+0.3+0.4\times\pi\div2)=2.22(\text{m}^2)$

根据定额工程量计算规则，定额工程量同清单工程量。

(2)单价及费用计算。

1)专用砂浆基层处理。参照北京市建设工程计价依据《房屋建筑与装饰工程预算定额》可知，专用砂浆基层处理人工费为 2.13 元/m²，材料费为 2.05 元/m²，机械费为 0.10 元/m²，因此

$$人工费＝2.13\times2.22=4.73(元)$$

$$材料费＝2.05\times2.22=4.55(元)$$

$$机械费＝0.10\times2.22=0.22(元)$$

合计＝4.73＋4.55＋0.22＝9.50(元)

2)5 mm 水泥砂浆底层抹灰。参照北京市建设工程计价依据《房屋建筑与装饰工程预算定额》可知，5 mm 水泥砂浆底层抹灰人工费为 7.62 元/m²，材料费为 1.52 元/m²，机械费为 0.31 元/m²，因此

人工费＝7.62×2.22＝16.92(元)

材料费＝1.52×2.22＝3.37(元)

机械费＝0.31×2.22＝0.69(元)

合计＝16.92＋3.37＋0.69＝20.98(元)

3)5 mm 混合砂浆抹面层。参照北京市建设工程计价依据《房屋建筑与装饰工程预算定额》可知，5 mm 混合砂浆抹面层人工费为 9.02 元/m²，材料费为 1.26 元/m²，机械费为 0.38 元/m²，因此

人工费＝9.02×2.22＝20.02(元)

材料费＝1.26×2.22＝2.80(元)

机械费＝0.38×2.22＝0.84(元)

合计＝20.02＋2.80＋0.84＝23.66(元)

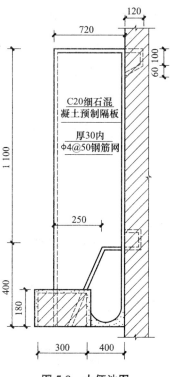

**图 5-9 小便池图**

4)管理费与利润。参考北京市建设工程计价依据《房屋建筑与装饰工程预算定额》，管理费的计费基数均为人工费、材料费和机械费之和，费率为 8.88%；利润的计费基数为人工费、材料费、机械费和企业管理费之和，费率为 7%，因此

专用砂浆基层处理管理费单价＝(2.13＋2.05＋0.10)×8.88%＝0.38(元/m²)

5 mm 水泥砂浆底层抹灰管理费单价＝(7.62＋1.52＋0.31)×8.88%＝0.84(元/m²)

5 mm 混合砂浆抹面层管理费单价＝(9.02＋1.26＋0.38)×8.88%＝0.95(元/m²)

本工程管理费＝(0.38＋0.84＋0.95)×2.22＝4.82(元)

专用砂浆基层处理利润单价＝(2.13＋2.05＋0.10＋0.38)×7%＝0.33(元/m²)

5 mm 水泥砂浆底层抹灰＝(7.62＋1.52＋0.31＋0.84)×7%＝0.72(元/m²)

5 mm 混合砂浆抹面层＝(9.02＋1.26＋0.38＋0.95)×7%＝0.81(元/m²)

本工程利润＝(0.33＋0.72＋0.81)×2.22＝4.13(元)

(3)本工程综合单价计算。

(9.50＋20.98＋23.66＋4.82＋4.13)/2.22＝28.42(元/m²)

零星一般抹灰综合单价分析表见表 5-6。

表 5-6　综合单价分析表

工程名称：　　　　　　　　　　　　　　　　　　　　　　　　　　　　　　　　　　　　　第 页 共 页

| 项目编码 | 011203001001 | 项目名称 | 零星项目一般抹灰 | | | | 计量单位 | m² | 工程量 | 2.22 | |
|---|---|---|---|---|---|---|---|---|---|---|---|

清单综合单价组成明细

| 定额编号 | 定额名称 | 定额单位 | 数量 | 单价 | | | | | 合价 | | | | |
|---|---|---|---|---|---|---|---|---|---|---|---|---|---|
| | | | | 人工费 | 材料费 | 机械费 | 管理费 | 利润 | 人工费 | 材料费 | 机械费 | 管理费 | 利润 |
| 12—97 | 专用砂浆 | m² | 1 | 2.13 | 2.05 | 0.10 | 0.38 | 0.33 | 2.13 | 2.05 | 0.10 | 0.38 | 0.33 |
| 12—103 | 5 mm 水泥砂浆 | m² | 1 | 7.62 | 1.52 | 0.31 | 0.84 | 0.72 | 7.62 | 1.52 | 0.31 | 0.84 | 0.72 |
| 12—119 | 5 mm 混合砂浆 | m² | 1 | 9.02 | 1.26 | 0.38 | 0.95 | 0.81 | 9.02 | 1.26 | 0.38 | 0.95 | 0.81 |
| 人工单价 | | 小计 | | | | | | | 18.77 | 4.83 | 0.79 | 2.17 | 1.86 |
| 104.00 元/工日 | | 未计价材料费 | | | | | | | — | | | | |
| 清单项目综合单价 | | | | | | | | | 28.42 | | | | |

# 第四节　墙面块料面层

## 一、墙面块料面层简介

块料也称块材，是泛指如玻璃、铝塑板、石材、瓷砖等呈块面的材料。面层用不同的材料可以制作出不同墙面：用纸筋灰或麻刀灰可以抹成平整洁净的墙面；用石膏灰可以抹成光滑洁白的墙面；用木屑代砂作集料可以抹成有吸声作用的墙面。本节墙面块料面层包括石材墙面、拼碎石材墙面、块料墙面和干挂石材钢骨架。

## 二、墙面块料面层工程量计算

### 1. 工程量计算规则

墙面块料面层工程量计算规则见表 5-7。

表 5-7　墙面块料面层工程量计算规则

| 项目 | 规则 |
|---|---|
| 清单工程量计算规则 | (1)石材墙面、拼碎石材墙面、块料墙面工程量按镶贴表面积计算。<br>(2)干挂石材钢骨架工程量按设计图示以质量计算 |
| 定额工程量计算规则(参照北京市建设工程计价依据《房屋建筑与装饰工程预算定额》) | 按图示镶贴表面积以 m² 计算，采用干挂工艺的型钢骨架按设计图示以 t 计算 |

### 2. 工程量计算实例

【例 5-10】　图 5-10 所示为某单位大厅墙面示意，墙面长度为 4 m，高度为 3 m，其中，角钢为∟40×4，高度方向布置 8 根，试计算干挂石材钢骨架工程量。

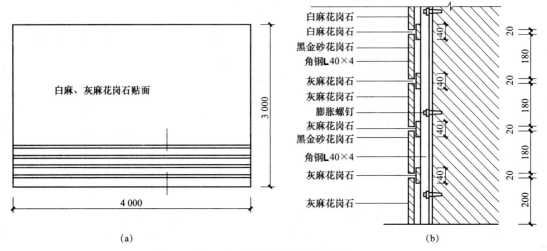

图 5-10 某单位大厅墙面示意

(a)平面图；(b)剖面图

【解】 查得角钢质量为 $2.422\times10^{-3}$ t，则

墙面镶贴块料面层工程量＝图示设计净长×图示设计净高

干挂石材钢骨架工程量＝图示设计规格的型材×相应型材线重量

(1)白麻花岗岩工程量计算＝$(3-0.18\times3-0.2-0.02\times3)\times4=8.8(m^2)$

(2)灰麻花岗岩工程量计算＝$(0.2+0.18+0.04\times3)\times4=2(m^2)$

(3)黑金砂石材墙面工程量计算＝$0.18\times2\times4=1.44(m^2)$

(4)干挂石材钢管架工程量计算＝$(4\times8+3\times8)\times2.422\times10^{-3}=0.136(t)$

## 三、墙面块料面层工程综合单价的确定

【例 5-11】 某卫生间的一侧墙面如图 5-11 所示，内墙面、窗侧壁均贴 5 mm 的白色薄型釉面砖(每块面积 0.06 m² 以内)，试计算贴砖的工程量及其综合单价。

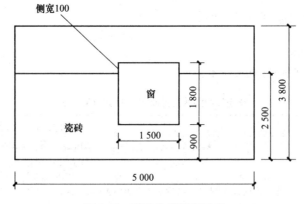

图 5-11 某卫生间墙面示意

【解】 (1)工程量计算。

墙面贴砖的工程量＝$5.0\times2.5-1.5\times(2.5-0.9)+[(2.5-0.9)\times2+1.5]\times0.10$

$=10.57(m^2)$

根据定额工程量计算规则，定额工程量同清单工程量。

（2）单价及费用计算。参照北京市建设工程计价依据《房屋建筑与装饰工程预算定额》可知，每块面积 0.06 m² 以内的薄形釉面砖人工费为 47.94 元/m²，材料费为 103.91 元/m²，机械费为 1.99 元/m²。管理费的计费基数均为人工费、材料费和机械费之和，费率为 8.88%；利润的计费基数为人工费、材料费、机械费和企业管理费之和，费率为 7%。

1）本工程人工费：
$$10.57 \times 47.94 = 506.73（元）$$

2）本工程材料费：
$$10.57 \times 103.91 = 1\,098.33（元）$$

3）本工程机械费：
$$10.57 \times 1.99 = 21.03（元）$$

4）本工程管理费单价：
$$(47.94 + 103.91 + 1.99) \times 8.88\% = 13.66（元/m^2）$$

本工程管理费：
$$10.57 \times 13.66 = 144.39（元）$$

5）本工程利润单价：
$$(47.94 + 103.91 + 1.99 + 13.66) \times 7\% = 11.73（元/m^2）$$

本工程利润：
$$10.57 \times 11.73 = 123.99（元）$$

（3）本工程综合单价计算。
$$(506.73 + 1\,098.33 + 21.03 + 144.39 + 123.99)/10.57 = 179.23（元/m^2）$$

粘贴薄形釉面砖综合单价分析表见表 5-8。

表 5-8　综合单价分析表

工程名称：　　　　　　　　　　　　　　　　　　　　　　　　　　　第　页　共　页

| 项目编码 | 011204004001 | | 项目名称 | | 块料墙面 | | | 计量单位 | m² | 工程量 | 10.57 |
|---|---|---|---|---|---|---|---|---|---|---|---|
| 清单综合单价组成明细 | | | | | | | | | | | |
| 定额编号 | 定额名称 | 定额单位 | 数量 | 单价 | | | | | 合价 | | | |
| | | | | 人工费 | 材料费 | 机械费 | 管理费 | 利润 | 人工费 | 材料费 | 机械费 | 管理费 | 利润 |
| 12—160 | 薄形釉面砖 | m² | 1 | 47.94 | 103.91 | 1.99 | 13.66 | 11.73 | 47.94 | 103.91 | 1.99 | 13.66 | 11.73 |
| 人工单价 | | | 小计 | | | | | | 47.94 | 103.91 | 1.99 | 13.66 | 11.73 |
| 104.00 元/工日 | | | 未计价材料费 | | | | | | — | | | | |
| 清单项目综合单价 | | | | | | | | | 179.23 | | | | |

# 第五节　柱（梁）面镶贴块料

## 一、柱（梁）面镶贴块料简介

柱（梁）面镶贴块料包括石材柱面、块料柱面、拼碎块柱面、石材梁面、块料梁面。使用的材料主要有以下几类：

（1）天然石材类：天然大理石板、天然花岗岩石板。

（2）其他块料类：瓷砖、面砖、釉面砖、波形面砖、陶瓷马赛克、PVC彩色波形板等。

## 二、柱(梁)面镶贴块料工程量计算

### 1. 工程量计算规则

柱(梁)面镶贴块料工程量计算规则见表5-9。

表 5-9　柱(梁)面镶贴块料工程量计算规则

| 项目 | 规则 |
| --- | --- |
| 清单工程量计算规则 | 按镶贴表面积计算 |
| 定额工程量计算规则(参照北京市建设工程计价依据《房屋建筑与装饰工程预算定额》) | 按图示镶贴表面积以 m² 计算 |

### 2. 工程量计算实例

【例5-12】　某建筑物钢筋混凝土柱为8根，构造如图5-12所示，柱面挂贴花岗石面层，试计算其工程量。

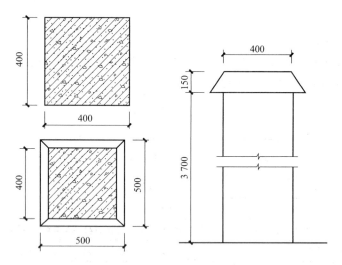

图 5-12　钢筋混凝土柱示意

　　【解】　柱面挂贴花岗石工程量＝柱身挂贴花岗石工程量＋柱帽挂贴花岗石工程量
$$＝0.40×4×3.7×8＝47.36(m^2)$$

花岗石柱帽工程量按图示尺寸展开面积计算，本例柱帽为四棱台，即应计算四棱台斜表面积，计算公式为

四棱台斜表面积＝斜高×(上面的周边长＋下面的周边长)÷2

已知斜高为 0.158 m，按图示数据代入，柱帽展开面积为

$$0.158×(0.5×4＋0.4×4)÷2×8＝2.28(m^2)$$

柱面、柱帽工程量＝47.36＋2.28＝49.64(m²)

### 三、柱(梁)面镶贴块料工程综合单价的确定

【例 5-13】 某单位大门砖柱为 4 根，砖柱块料面层设计尺寸如图 5-13 所示，面层水泥砂浆贴异形玻璃马赛克，计算柱面镶贴块料工程量，并根据工程量确定其综合单价。

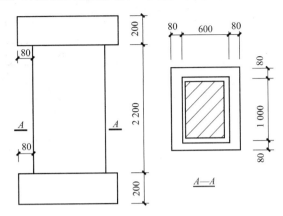

图 5-13 某大门砖柱块料面层尺寸

【解】 (1)工程量计算。

块料柱面镶贴工程量＝镶贴表面积＝(0.6＋1.0)×2×2.2×4＝28.16(m²)

根据定额工程量计算规则，定额工程量同清单工程量。

(2)单价及费用计算。参照北京市建设工程计价依据《房屋建筑与装饰工程预算定额》可知，块料柱面镶贴异形马赛克人工费为 77.76 元/m²，材料费为 41.31 元/m²，机械费为 3.11 元/m²。管理费的计费基数均为人工费、材料费和机械费之和，费率为 8.88%；利润的计费基数为人工费、材料费、机械费和企业管理费之和，费率为 7%。

1)本工程人工费：
$$28.16×77.76＝2\ 189.72(元)$$

2)本工程材料费：
$$28.16×41.31＝1\ 163.289(元)$$

3)本工程机械费：
$$28.16×3.11＝87.58(元)$$

4)本工程管理费单价：
$$(77.76＋41.31＋3.11)×8.88\%＝10.85(元/m²)$$

本工程管理费：
$$28.16×10.85＝305.54(元)$$

5)本工程利润单价：
$$(77.76＋41.31＋3.11＋10.85)×7\%＝9.31(元/m²)$$

本工程利润：
$$28.16×9.31＝262.17(元)$$

(3)本工程综合单价计算。
$$(2\ 189.72＋1\ 163.28＋87.58＋305.54＋262.17)/28.16＝142.34(元/m²)$$

块料柱面镶贴马赛克综合单价分析表见表 5-10。

表 5-10　综合单价分析表

| 项目编码 | 011205002001 | 项目名称 | 块料柱面 | | 计量单位 | m² | 工程量 | 28.16 |

| 清单综合单价组成明细 | | | | | | | | | | | | | |
|---|---|---|---|---|---|---|---|---|---|---|---|---|---|
| 定额编号 | 定额名称 | 定额单位 | 数量 | 单价 | | | | | 合价 | | | | |
| | | | | 人工费 | 材料费 | 机械费 | 管理费 | 利润 | 人工费 | 材料费 | 机械费 | 管理费 | 利润 |
| 12—209 | 块料柱面镶贴马赛克（异形） | m² | 1 | 77.76 | 41.31 | 3.11 | 10.85 | 9.31 | 77.76 | 41.31 | 3.11 | 10.85 | 9.31 |
| 人工单价 | | 小计 | | | | | | | 77.76 | 41.31 | 3.11 | 10.85 | 9.31 |
| 104.00 元/工日 | | 未计价材料费 | | | | | | | — | | | | |
| 清单项目综合单价 | | | | | | | | | 142.34 | | | | |

# 第六节　镶贴零星块料

## 一、镶贴零星块料简介

镶贴零星块料项目包括石材零星项目、块料零星项目、拼碎块零星项目。石材零星项目是指小面积(0.5 m² 以内)的少量分散的石材零星面层项目；块料零星项目是指小面积(0.5 m² 以内)的少量分散的釉面砖面层、陶瓷马赛克面层等项目；拼碎石材零星项目是指小面积(0.5 m² 以内)的少量分散拼碎石材面层项目。

## 二、镶贴零星块料工程量计算

### 1. 工程量计算规则

镶贴零星块料工程量计算规则见表 5-11。

表 5-11　镶贴零星块料工程量计算规则

| 项目 | 规则 |
|---|---|
| 清单工程量计算规则 | 按镶贴表面积计算 |
| 定额工程量计算规则(参照北京市建设工程计价依据《房屋建筑与装饰工程预算定额》) | 墙、柱、梁及零星块料面层按图示镶贴表面积以 m² 计算；采用干挂工艺的型钢骨架按设计图示以 t 计算 |

### 2. 工程量计算实例

【例 5-14】　某单位大门砖柱 4 根，砖柱块料面层设计尺寸如图 5-14 所示，面层水泥砂浆贴玻璃马赛克，计算压顶及柱脚工程量。

【解】　块料零星项目工程量＝按设计图示尺寸展开面积计算压顶及柱脚工程量
$$=[(0.76+1.16)×2×0.2+(0.68+1.08)×2×0.08]×2×4$$
$$=8.40(m^2)$$

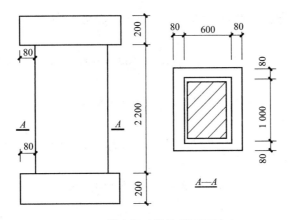

图 5-14　某大门砖柱块料面层尺寸

### 三、镶贴零星块料工程综合单价的确定

【例 5-15】　图 5-15 所示为某橱窗大板玻璃下面墙垛装饰，试根据计算规则计算其工程量，并根据工程量确定其综合单价。

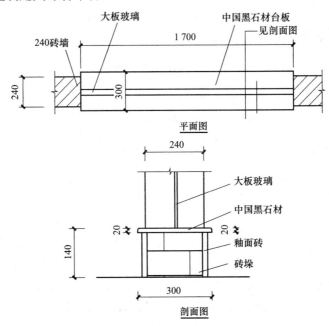

图 5-15　墙垛装饰大样图

【解】　(1)工程量计算。

墙垛釉面砖饰面工程量＝[(0.14－0.02)×2(两侧)＋0.3](台面)×1.7
$$＝0.91(m^2)$$

根据定额工程量计算规则，定额工程量同清单工程量。

(2)单价及费用计算。参照北京市建设工程计价依据《房屋建筑与装饰工程预算定额》可知，釉面砖块料零星项目人工费为 90.79 元/m²，材料费为 61.83 元/m²，机械费为 3.73 元/m²。管理费的计费基数均为人工费、材料费和机械费之和，费率为 8.88%；利润的计费基数为人工费、材料费、机械费和企业管理费之和，费率为7%。

1)本工程人工费：
$$0.92×90.79＝83.53(元)$$

2)本工程材料费：
$$0.92×61.83＝56.88(元)$$

3)本工程机械费：
$$0.92×3.73＝3.43(元)$$

4)本工程管理费单价：
$$(90.79＋61.83＋3.73)×8.88\%＝13.88(元/m^2)$$

本工程管理费：
$$0.92×13.88＝12.77(元)$$

5)本工程利润单价：
$$(90.79＋61.83＋3.73＋13.88)×7\%＝11.92(元/m^2)$$

本工程利润：
$$0.92×11.92＝10.97(元)$$

(3)本工程综合单价计算。
$$(83.53＋56.88＋3.43＋12.77＋10.97)/0.91＝184.33(元/m^2)$$

釉面砖块料零星项目综合单价分析表见表5-12。

表5-12 综合单价分析表

工程名称： 第 页 共 页

| 项目编码 | 011206002001 | | 项目名称 | | 块料零星项目 | | 计量单位 | m² | 工程量 | | 0.92 |
|---|---|---|---|---|---|---|---|---|---|---|---|
| 清单综合单价组成明细 | | | | | | | | | | | |
| 定额编号 | 定额名称 | 定额单位 | 数量 | 单价 | | | | | 合价 | | | |
| | | | | 人工费 | 材料费 | 机械费 | 管理费 | 利润 | 人工费 | 材料费 | 机械费 | 管理费 | 利润 |
| 12—236 | 块料柱面镶贴釉面砖 | m² | 1 | 90.79 | 61.83 | 3.73 | 13.88 | 11.92 | 90.79 | 61.83 | 3.73 | 13.88 | 11.92 |
| 人工单价 | | 小计 | | | | | | | 90.79 | 61.83 | 3.73 | 13.88 | 11.92 |
| 104.00 元/工日 | | 未计价材料费 | | | | | | | — | | | | |
| 清单项目综合单价 | | | | | | | | | 184.33 | | | | |

# 第七节 墙饰面

## 一、墙饰面简介

墙饰面的作用是保护墙体，美化室内外环境和改善墙体物理性能。墙饰面包括墙面装饰板和墙面装饰浮雕。墙面装饰板是现代市面上最流行的一种墙面材料之一，其不但非常环保，而且还具有安装方便、省时省力的效果；墙面浮雕是雕塑与绘画结合的产物，用压缩的办法来处理对象，靠透视等因素来表现三维空间，并只供一面或两面观看。

## 二、墙饰面工程量计算

### 1. 工程量计算规则

墙饰面工程量计算规则见表 5-13。

表 5-13　墙饰面工程量计算规则

| 项目 | 规则 |
| --- | --- |
| 清单工程量计算规则 | (1)墙面装饰板工程量按设计图示墙净长乘净高以面积计算，扣除门窗洞口及单个>0.3 m² 的孔洞所占面积。<br>(2)墙面装饰浮雕工程量按设计图示尺寸以面积计算 |
| 定额工程量计算规则(参照北京市建设工程计价依据《房屋建筑与装饰工程预算定额》) | (1)装饰板墙面按设计图示墙净长乘以净高以 m² 计算。扣除门窗洞口及单个>0.3 m² 的孔洞所占面积。<br>(2)各种带龙骨的装饰板墙面中的龙骨、衬板、面层，均按图示尺寸以 m² 计算。 |

### 2. 工程量计算实例

【例 5-16】　某工程墙面为 50 mm×1 000 mm 的塑料板，木龙骨(成品)40 mm×30 mm，间距为 40 mm，基层为中密度板，面层为天花榉木夹板，根据计算规则计算塑料板工程量。

【解】　墙面饰面工程量＝设计图示墙净长×设计图示净高－门窗洞口－孔洞(单个 0.3 m² 以上)

墙面饰面工程量＝0.5×1.0＝0.5(m²)

## 三、墙饰面工程综合单价的确定

【例 5-17】　试计算图 5-16 所示墙面装饰的工程量，并根据工程量确定其综合单价。

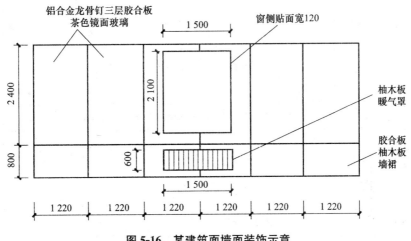

图 5-16　某建筑面墙面装饰示意

【解】　(1)工程量计算。

墙面装饰板工程量＝2.4×1.22×6＋1.5×2.1×0.12－1.5×2.1＋0.8×1.22×6－0.6×1.5

$$＝19.75(m^2)$$

根据定额工程量计算规则，定额工程量同清单工程量。

（2）单价及费用计算。参照北京市建设工程计价依据《房屋建筑与装饰工程预算定额》可知，胶合板上镶镜面玻璃人工费为34.53元/m²，材料费为114.50元/m²，机械费为1.49元/m²。管理费的计费基数均为人工费、材料费和机械费之和，费率为8.88%；利润的计费基数为人工费、材料费、机械费和企业管理费之和，费率为7%。

1）本工程人工费：

$$19.75×34.53＝681.97(元)$$

2）本工程材料费：

$$19.75×114.50＝2261.38(元)$$

3）本工程机械费：

$$19.75×1.49＝29.43(元)$$

4）本工程管理费单价：

$$(34.53＋114.50＋1.49)×8.88\%＝13.37(元/m^2)$$

本工程管理费：

$$19.75×13.37＝264.06(元)$$

5）本工程利润单价：

$$(34.53＋114.50＋1.49＋13.37)×7\%＝11.47(元/m^2)$$

本工程利润：

$$19.75×11.47＝226.53(元)$$

（3）本工程综合单价计算。

$$(681.97＋2261.38＋29.43＋264.06＋226.53)/19.75＝175.36(元/m^2)$$

胶合板上镶镜面玻璃综合单价分析表见表5-14。

**表5-14 综合单价分析表**

工程名称：                                                       第 页 共 页

| 项目编码 | 011207001001 | 项目名称 | | 墙面装饰板 | | | 计量单位 | m² | 工程量 | 19.75 |
|---|---|---|---|---|---|---|---|---|---|---|
| 清单综合单价组成明细 | | | | | | | | | | |
| 定额编号 | 定额名称 | 定额单位 | 数量 | 单价 | | | | | 合价 | |
| | | | | 人工费 | 材料费 | 机械费 | 管理费 | 利润 | 人工费 | 材料费 | 机械费 | 管理费 | 利润 |
| 12—321 | 胶合板上镶镜面玻璃 | m² | 1 | 34.53 | 114.50 | 1.49 | 13.37 | 11.47 | 34.53 | 114.50 | 1.49 | 13.37 | 11.47 |
| 人工单价 | | 小计 | | | | | | | 34.53 | 114.50 | 1.49 | 13.37 | 11.47 |
| 104.00元/工日 | | 未计价材料费 | | | | | | | — | | | | |
| 清单项目综合单价 | | | | | | | | | 175.36 | | | | |

# 第八节　柱(梁)饰面

## 一、柱(梁)饰面简介

柱(梁)饰面项目包括柱(梁)面装饰和成品装饰柱。其中，柱(梁)面装饰应在测量放线的基础上进行龙骨的安装，固定安装的龙骨边线应横平竖直，龙骨的端部应固定牢固，龙骨安装矫正后进行面板的安装；面板安装应从板的中部向板的四边固定，钉头略埋入板内，但不得损坏板面。钉眼应点刷防锈漆，并进行接缝及护角处理。

## 二、柱(梁)饰面工程量计算

### 1. 工程量计算规则

柱(梁)饰面工程量计算规则见表5-15。

表 5-15　柱(梁)饰面工程量计算规则

| 项目 | 规则 |
| --- | --- |
| 清单工程量计算规则 | (1)柱(梁)面装饰按工程量设计图示饰面外围尺寸以面积计算，柱帽、柱墩并入相应柱饰面工程量内。<br>(2)成品装饰柱工程量：<br>1)以根计量，按设计数量计算；<br>2)以米计量，按设计长度计算 |
| 定额工程量计算规则(参照北京市建设工程计价依据《房屋建筑与装饰工程预算定额》) | (1)柱梁饰面按设计图示饰面外围尺寸以面积计算，与柱面做法相同的柱帽、柱墩并入柱饰面工程量内。<br>(2)独立柱的龙骨、衬板、块料及饰面板分别按饰面外围尺寸乘以高度以 $m^2$ 计算。附墙柱装饰做法与墙面不同时，附墙柱按展开面积执行独立柱装饰相应子目。<br>(3)成品柱基座按座计算，柱帽按个计算。<br>(4)成品装饰柱按设计数量以根计算 |

### 2. 工程量计算实例

【例 5-18】　图 5-17 所示为某大厅砖柱，砖柱面为面层水泥砂浆贴玻璃马赛克，根据计算规则计算其柱面贴块料工程量。

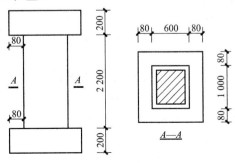

图 5-17　某大厅砖柱

【解】 柱饰面工程量＝图示柱外围周长尺寸×图示设计高度

柱面贴块料工程量＝(0.6＋1)×2×2.2＝7.04(m²)

【例5-19】 不锈钢柱面尺寸如图5-18所示，木龙骨，五合板基层，共4根，龙骨断面尺寸为30 mm×40 mm，间距为250 mm，试计算其工程量。

【解】 柱面装饰板工程量＝柱饰面外围周长×装饰高度＋柱帽、柱墩面积

＝1.20×3.14×6.00×4＝90.43(m²)

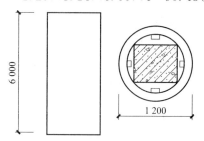

图5-18 不锈钢柱面尺寸

## 三、柱(梁)饰面工程综合单价的确定

【例5-20】 某商场一层立有5根直径为1.3 m、柱高为3.2 m的石膏装饰柱(图5-19)，试计算其工程量，并根据工程量确定其综合单价。

【解】 (1)工程量计算。

成品装饰柱工程量＝5 根

或

成品装饰柱清单量＝3.2×5＝16(m)

根据定额工程量计算规则，本工程定额工程量同清单工程量，为5根。

(2)单价及费用计算。参照北京市建设工程计价依据《房屋建筑与装饰工程预算定额》可知，石膏成品装饰柱人

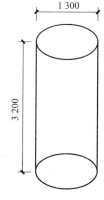

图5-19 某商场装饰柱示意

工费为162.62元/根，材料费为197.55 元/根，机械费为7.61 元/根。管理费的计费基数均为人工费、材料费和机械费之和，费率为8.88%；利润的计费基数为人工费、材料费、机械费和企业管理费之和，费率为7%。

1)本工程人工费：

5×162.62＝813.10(元)

2)本工程材料费：

5×197.55＝987.75(元)

3)本工程机械费：

5×7.61＝38.05(元)

4)本工程管理费单价：

(162.62＋197.55＋7.61)×8.88%＝32.66(元/根)

本工程管理费：

5×32.66＝163.30(元)

5)本工程利润单价:

$$(162.62+197.55+7.61+32.66)\times7\%=28.03(元/根)$$

本工程利润:

$$5\times28.03=140.15(元)$$

(3)本工程综合单价计算。

$$(813.10+987.75+38.05+163.30+140.15)/5=428.47(元/根)$$

石膏成品装饰柱综合单价分析表见表5-16。

表 5-16　综合单价分析表

工程名称:　　　　　　　　　　　　　　　　　　　　　　　　　　　　　　第　页　共　页

| 项目编码 | 011208002001 | | 项目名称 | | 成品装饰柱 | | | 计量单位 | 根 | 工程量 | | 5 |
|---|---|---|---|---|---|---|---|---|---|---|---|---|
| 清单综合单价组成明细 | | | | | | | | | | | | |
| 定额编号 | 定额名称 | 定额单位 | 数量 | 单价 | | | | | 合价 | | | | |
| | | | | 人工费 | 材料费 | 机械费 | 管理费 | 利润 | 人工费 | 材料费 | 机械费 | 管理费 | 利润 |
| 12—388 | 石膏成品装饰柱 | 根 | 1 | 162.62 | 197.55 | 7.61 | 32.66 | 28.03 | 162.62 | 197.55 | 7.61 | 32.66 | 28.03 |
| 人工单价 | | | 小计 | | | | | | 162.62 | 197.55 | 7.61 | 32.66 | 28.03 |
| 104.00元/工日 | | | 未计价材料费 | | | | | | — | | | | |
| 清单项目综合单价 | | | | | | | | | 428.47 | | | | |

# 第九节　幕墙工程

## 一、幕墙结构组成

幕墙是建筑物不承担主体结构载荷与作用的建筑外围护墙,通常由面板(玻璃、铝板、石板、陶瓷板等)和后面的支承结构(铝横梁立柱、钢结构、玻璃肋等)组成。幕墙的基本结构从大的方面来讲包括两部分:一是饰面;二是固定饰面的框架。饰面只有与框架连接在一起,才能成为幕墙;框架则是固定饰面的载体。框架本身通过连接件与主体结构连接在一起,并将饰面的质量和幕墙受到的风荷载及其他荷载传递给主体结构。

## 二、幕墙工程工程量计算

### 1. 工程量计算规则

幕墙工程工程量计算规则见表5-17。

表 5-17 幕墙工程工程量计算规则

| 项目 | 规则 |
|---|---|
| 清单工程量计算规则 | （1）带骨架幕墙工程量按设计图示框外围尺寸以面积计算，与幕墙同种材质的窗所占面积不扣除。<br>（2）全玻（无框玻璃）幕墙工程量按设计图示尺寸以面积计算，带肋全玻幕墙按展开面积计算 |
| 定额工程量计算规则（参照北京市建设工程计价依据《房屋建筑与装饰工程预算定额》） | （1）幕墙按设计图示框外围尺寸以面积计算，不扣除与幕墙同种材质的窗所占面积。<br>（2）带肋全玻幕墙按展开面积计算 |

### 2. 工程量计算实例

**【例 5-21】** 如图 5-20 所示，某办公楼外立面玻璃幕墙，计算玻璃幕墙工程量。

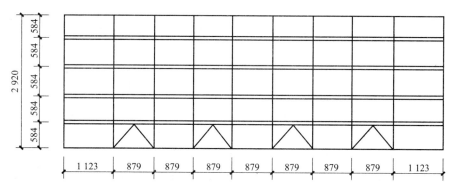

图 5-20 某办公楼外立面玻璃幕墙

**【解】** 玻璃幕墙工程量＝2.92×（1.123×2＋0.879×7）＝24.53（m²）

**【例 5-22】** 图 5-21 所示为某半隐框玻璃幕墙工程，根据计算规则计算其工程量。

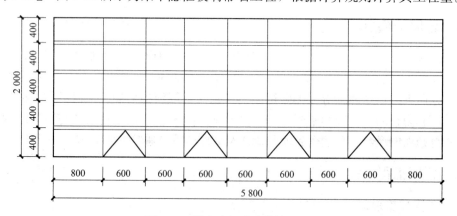

图 5-21 某半隐框玻璃幕墙工程

**【解】** 带骨架幕墙工程量＝图示长度×图示高度

半隐框玻璃幕墙工程量＝5.8×2＝11.6（m²）

## 三、幕墙工程综合单价的确定

**【例 5-23】**  如图 5-22 所示，某大厅外立面为金属板幕墙，高为 12 m，试计算幕墙工程量，并根据清单项目确定金属板幕墙的综合单价。

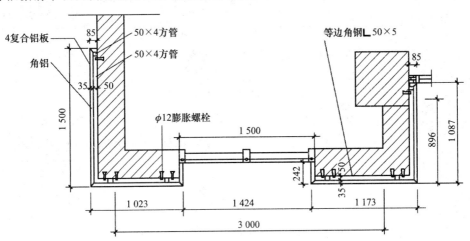

**图 5-22  大厅外立面金属板幕墙剖面图**

**【解】**  (1)工程量计算。

幕墙工程量＝(1.5＋1.023＋0.242×2＋1.173＋1.087＋0.085×2)×12

＝65.24(m²)

根据定额工程量计算规则，定额工程量同清单工程量。

(2)单价及费用计算。参照北京市建设工程计价依据《房屋建筑与装饰工程预算定额》可知，单块面板 1.2 m² 以内金属板人工费为 88.40 元/m²，材料费为 869.26 元/m²，机械费为 18.72 元/m²。管理费的计费基数均为人工费、材料费和机械费之和，费率为 8.88％；利润的计费基数为人工费、材料费、机械费和企业管理费之和，费率为 7％。

1)本工程人工费：

65.24×88.40＝5 767.22(元)

2)本工程材料费：

65.24×869.26＝56 710.52(元)

3)本工程机械费：

65.24×18.72＝1 221.29(元)

4)本工程管理费单价：

(88.40＋869.26＋18.72)×8.88％＝86.70(元/m²)

本工程管理费：

65.24×86.70＝5 656.31(元)

5)本工程利润单价：

(88.40＋869.26＋18.72＋86.70)×7％＝74.42(元/m²)

本工程利润：

65.24×74.42＝4 855.16(元)

(3)本工程综合单价计算。

(5 767.22+56 710.52+1 221.29+5 656.31+4 855.16)/65.24＝1 137.50(元/m²)

带骨架幕墙综合单价分析表见表5-18。

表5-18　综合单价分析表

工程名称：

| 项目编码 | 011209001001 | | 项目名称 | | 带骨架幕墙 | 计量单位 | m² | 工程量 | 65.24 |
|---|---|---|---|---|---|---|---|---|---|

| 清单综合单价组成明细 | | | | | | | | | |
|---|---|---|---|---|---|---|---|---|---|

| 定额编号 | 定额名称 | 定额单位 | 数量 | 单价 | | | | | 合价 | | | | |
|---|---|---|---|---|---|---|---|---|---|---|---|---|---|
| | | | | 人工费 | 材料费 | 机械费 | 管理费 | 利润 | 人工费 | 材料费 | 机械费 | 管理费 | 利润 |
| 12－394 | 单块面板 1.2 m² 以内金属板 | m² | 1 | 88.40 | 869.26 | 18.72 | 86.70 | 74.42 | 88.40 | 869.26 | 18.72 | 86.70 | 74.42 |
| 人工单价 | 小计 | | | | | | | | 88.40 | 869.26 | 18.72 | 86.70 | 74.42 |
| 104.00 元/工日 | 未计价材料费 | | | | | | | | — | | | | |
| 清单项目综合单价 | | | | | | | | | 1 137.50 | | | | |

# 第十节　隔断

## 一、隔断的类型

隔断除具有分隔空间的功能外，还具有很强的装饰性。隔断包括木隔断、金属隔断、玻璃隔断、塑料隔断、成品隔断、其他隔断。隔断的种类很多，一般按其固定方式可分为固定式和活动式两种。固定式隔断所用材料有木制、竹制、玻璃、金属及水泥制品等，可做成花格、落地罩、飞罩、博古架等各种形式，俗称空透式隔断。一般有木隔断、玻璃隔断、水泥制品花格隔断和竹木花格空透隔断等。活动式隔断的特点是使用时灵活多变，可以随时打开和关闭，使相邻空间根据需要成为一个大空间或几个小空间，关闭时能与隔墙一样限定空间，阻隔视线和声音。也有一些活动式隔断全部或局部镶嵌玻璃，其目的是增加透光性，不强调阻隔人们的视线。活动式隔断有拼装式、直滑式、折叠式、帷幕式和屏风式五大类。

## 二、隔断工程工程量计算

### 1. 工程量计算规则

隔断工程工程量计算规则见表5-19。

表 5-19　隔断工程工程量计算规则

| 项目 | 规则 |
| --- | --- |
| 清单工程量计算规则 | (1)木隔断、金属隔断工程量按设计图示框外围尺寸以面积计算,不扣除单个≤0.3 m² 的孔洞所占面积;浴厕门的材质与隔断相同时,门的面积并入隔断面积内。<br>(2)玻璃隔断、塑料隔断工程量按设计图示框外围尺寸以面积计算,不扣除单个≤0.3 m² 的孔洞所占面积。<br>(3)成品隔断工程量:<br>1)以平方米计量,按设计图示框外围尺寸以面积计算;<br>2)以间计量,按设计间的数量以间计算。<br>(4)其他隔断工程量按设计图示框外围尺寸以面积计算,不扣除单个≤0.3 m² 的孔洞所占面积 |
| 定额工程量计算规则(参照北京市建设工程计价依据《房屋建筑与装饰工程预算定额》) | (1)隔墙的龙骨高度按设计图示尺寸计算,隔墙面板按框外围尺寸以面积计算。<br>(2)隔断按设计图示框外围尺寸以面积计算,不扣除单个≤0.3 m² 的孔洞所占面积;隔断门的材质与隔断相同时,门的面积并入隔断面积内。<br>(3)半玻璃隔断按玻璃边框的外边线图示尺寸以面积计算。<br>(4)博古架墙按图示外围垂直投影面积以面积计算。<br>(5)卫生间隔断高度按 1.8 m 高考虑,含支座高度。设计高度不同时,允许换算。<br>注意:<br>1. 残疾人厕所隔断安装,应套用相应的厕所隔断子目并乘以 1.2 系数。<br>2. 龙骨式隔墙的衬板、面板子目是按单面编制的,如为双面时工程量乘以 2 计算。<br>3. 半玻隔断不包括下部矮墙,如矮墙为木龙骨、木夹板时,分别执行本节龙骨式隔墙的龙骨、隔墙板相应定额子目,其他材料的矮墙应按设计做法另行计算 |

**2. 工程量计算实例**

【例 5-24】　根据图 5-23 所示计算某厕所木隔断工程量。

【解】　厕所木隔断工程量＝(1.35＋0.15)×(0.30×3＋0.18＋1.18×3)＋1.35×0.90×
　　　　　2＋1.35×1.05
　　　　＝10.78(m²)

【例 5-25】　某餐厅设有 12 个木质雕花成品隔断,每间隔断都是以长方形的样式安放,规格尺寸为 3 000 mm×2 400 mm×1 800 mm,试计算其工程量。

【解】　根据成品隔断工程量计算规则得

　　　　　成品隔断工程量＝(3＋2.4)×2×1.8×12＝233.28(m²)

或

　　　　　成品隔断工程量＝12 间

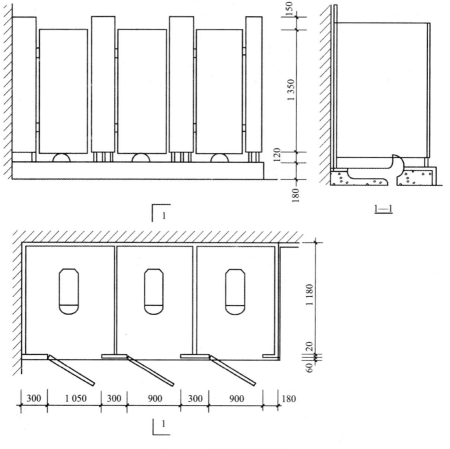

图 5-23　某厕所木隔断图

### 三、隔断工程综合单价的确定

【例 5-26】　计算图 5-24 所示某卫生间塑料隔断的工程量，并根据清单项目确定塑料隔断的综合单价。

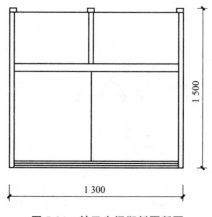

图 5-24　某卫生间塑料隔断图

**【解】** (1)工程量计算。
$$塑料隔断工程量＝1.3×1.5＝1.95(m^2)$$

根据定额工程量计算规则，定额工程量同清单工程量。

(2)单价及费用计算。参照北京市建设工程计价依据《房屋建筑与装饰工程预算定额》可知，塑料隔断人工费为 8.79 元/m²，材料费为 217.19 元/m²，机械费为 0.72 元/m²。管理费的计费基数均为人工费、材料费和机械费之和，费率为 8.88%；利润的计费基数为人工费、材料费、机械费和企业管理费之和，费率为 7%。

1)本工程人工费：
$$1.95×8.79＝17.14(元)$$

2)本工程材料费：
$$1.95×217.19＝423.52(元)$$

3)本工程机械费：
$$1.95×0.72＝1.40(元)$$

4)本工程管理费单价：
$$(8.79＋217.19＋0.72)×8.88\%＝20.13(元/m^2)$$

本工程管理费：
$$1.95×20.13＝39.25(元)$$

5)本工程利润单价：
$$(8.79＋217.19＋0.72＋20.13)×7\%＝17.28(元/m^2)$$

本工程利润：
$$1.95×17.28＝33.70(元)$$

(3)本工程综合单价计算。
$$(17.14＋423.52＋1.40＋39.25＋33.70)/1.95＝264.11(元/m^2)$$

塑料隔断综合单价分析表见表 5-20。

表 5-20　综合单价分析表

工程名称：　　　　　　　　　　　　　　　　　　　　　　　　　　　　第　页　共　页

| 项目编码 | 011210004001 | | 项目名称 | 塑料隔断 | | 计量单位 | m² | 工程量 | 1.95 |
|---|---|---|---|---|---|---|---|---|---|
| 清单综合单价组成明细 | | | | | | | | | |
| 定额编号 | 定额名称 | 定额单位 | 数量 | 单价 | | | | | |

| 定额编号 | 定额名称 | 定额单位 | 数量 | 人工费 | 材料费 | 机械费 | 管理费 | 利润 | 人工费 | 材料费 | 机械费 | 管理费 | 利润 |
|---|---|---|---|---|---|---|---|---|---|---|---|---|---|
| 12—451 | 塑料隔断 | m² | 1 | 8.79 | 217.19 | 0.72 | 20.13 | 17.28 | 8.79 | 217.19 | 0.72 | 20.13 | 17.28 |
| 人工单价 | | 小计 | | | | | | | 8.79 | 217.19 | 0.72 | 20.13 | 17.28 |
| 87.90 元/工日 | | 未计价材料费 | | | | | | | — | | | | |
| 清单项目综合单价 | | | | | | | | | 264.11 | | | | |

---

**本章小结**

　　墙、柱面工程可分为墙面抹灰、柱面抹灰、零星抹灰、墙面镶贴块料、柱面镶贴块料、零星镶贴块料、墙饰面、柱(梁)饰面、隔断、幕墙等项目。本章主要介绍了墙、柱面装饰与隔断、幕墙的工程量计算及综合单价的确定。

## 思考与练习

### 一、填空题

1. 墙面抹灰施工时须分层操作，一般由_____、_____和_____组成。

2. 石材零星项目是指_____以内少量分散的石材零星面层项目。

3. 墙饰面包括_____和_____。

4. 柱(梁)面装饰按_____计算，柱帽、柱墩并入相应柱饰面工程量内。

5. _____是建筑物不承担主体结构载荷与作用的建筑外围护墙。

6. _____除具有分隔空间的功能外，还具有很强的装饰性。

### 二、简答题

1. 什么是零星抹灰？零星抹灰项目包括哪些？

2. 什么是墙面块料面层？墙面块料面层工程量如何计算？

3. 柱(梁)面镶贴块料包括哪些？其施工的材料主要有哪些？

### 三、计算题

1. 某办公楼中一门厅立面图如图 5-25 所示，计算墙面块料石材工程量。

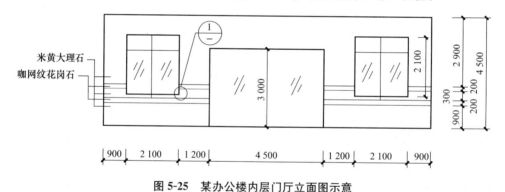

**图 5-25 某办公楼内层门厅立面图示意**

2. 某柱饰面构造如图 5-26 所示，木龙骨，三夹板基层，镜面不锈钢钢板(0.8 mm)，共 4 根，龙骨断面尺寸为 30 mm×40 mm，间距为 250 mm，计算柱饰面工程量。

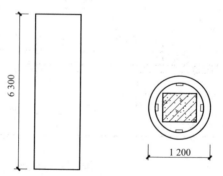

**图 5-26 某柱饰面构造示意**

## 第六章

# 天棚工程计量与计价

### 知识目标

1. 熟悉抹灰构造做法，掌握天棚抹灰工程量计算及综合单价的确定。
2. 熟悉天棚吊顶类型，掌握天棚吊顶工程量计算及综合单价的确定。
3. 熟悉采光天棚简介，掌握采光天棚工程量计算及综合单价的确定。
4. 熟悉天棚其他装饰简介，掌握天棚其他装饰工程量计算及综合单价的确定。

### 能力目标

1. 能进行天棚抹灰、天棚吊顶、采光天棚及天棚其他装饰的工程量清单项目设置。
2. 能根据清单项目工程量计算规则进行天棚工程的工程量计算。

## 第一节　天棚抹灰

### 一、天棚抹灰构造做法

天棚抹灰构造主要由基层处理、中间层和饰面面层组成。其中，基层处理是为了保证饰面的平整，增加抹灰层与基层粘结力；中间层主要是为了找平和粘结，还可以弥补底层砂浆的干缩裂缝，其厚度一般不超过 10 mm，中间层抹灰材料与基层相同；饰面面层是为了满足装饰和使用功能要求，应平整、无裂纹。图 6-1 所示为天棚抹灰构造示意。

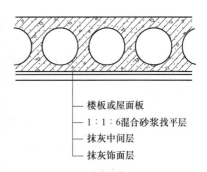

- 楼板或屋面板
- 1:1:6混合砂浆找平层
- 抹灰中间层
- 抹灰饰面层

**图 6-1　天棚抹灰构造示意**

### 二、天棚抹灰工程量计算

#### 1. 工程量计算规则

天棚抹灰工程量计算规则见表 6-1。

表 6-1　天棚抹灰工程量计算规则

| 项目 | 规则 |
| --- | --- |
| 清单工程量计算规则 | 按设计图示尺寸以水平投影面积计算。不扣除间壁墙、垛、柱、附墙烟囱、检查口和管道所占的面积，带梁天棚的梁两侧抹灰面积并入天棚面积内，板式楼梯底面抹灰按斜面积计算，锯齿形楼梯底板抹灰按展开面积计算 |
| 定额工程量计算规则(参照北京市建设工程计价依据《房屋建筑与装饰工程预算定额》) | 按设计图示尺寸以水平投影面积计算。不扣除间壁墙、垛、柱、附墙烟囱、检查口和管道所占的面积，带梁天棚的梁两侧抹灰面积并入天棚面积内，板式楼梯底面抹灰按斜面积计算，锯齿形楼梯底板抹灰按展开面积计算<br>注意：天棚抹灰内预制板粉刷石膏面层定额子目中已包括板底勾缝，不得另行计算 |

### 2. 工程量计算实例

【例 6-1】　图 6-2 所示为某工程现浇井字梁天棚面麻刀石灰浆面层，根据其计算规则计算工程量。

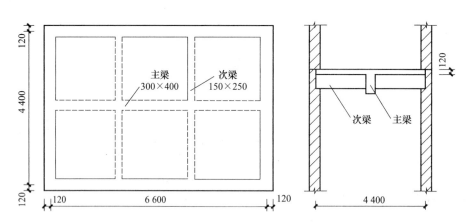

图 6-2　天棚面麻刀石灰浆面层抹灰示意

【解】　天棚面层工程量＝房间净长×房间净宽＋梁侧等展开面积

$$=(6.60-0.24)\times(4.40-0.24)+(0.40-0.12)\times(6.6-0.12\times2)\times2+(0.25-0.12)\times(4.4-0.12\times2-0.3)\times2\times2-(0.25-0.12)\times0.15\times4$$

$$=31.95(\text{m}^2)$$

## 三、天棚抹灰工程综合单价的确定

【例 6-2】　某工程现浇井字梁天棚如图 6-3 所示，粉刷石膏，试计算工程量并根据清单项目确定天棚抹灰的综合单价。

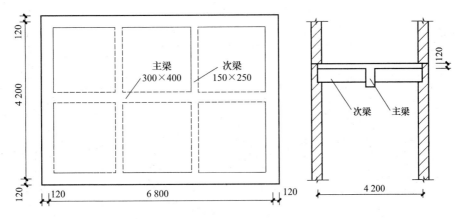

图 6-3　现浇井字梁天棚

【解】　(1)工程量计算。

天棚抹灰工程量＝主墙间的净长度×主墙间的净宽度＋梁侧面面积

　　　　　　　＝(6.80－0.24)×(4.20－0.24)＋(0.40－0.12)×(6.80－0.24)×2＋

　　　　　　　(0.25－0.12)×(4.20－0.24－0.30)×2×2－(0.25－0.12)×0.15×4

　　　　　　　＝31.48(m²)

根据定额工程量计算规则，定额工程量同清单工程量。

(2)单价及费用计算。参照北京市建设工程计价依据《房屋建筑与装饰工程预算定额》可知，天棚抹灰人工费为9.97元/m²，材料费为6.76元/m²，机械费为0.46元/m²。管理费的计费基数均为人工费、材料费和机械费之和，费率为8.88%；利润的计费基数为人工费、材料费、机械费和企业管理费之和，费率为7%。

1)本工程人工费：

　　　　　　　31.48×9.97＝313.86(元)

2)本工程材料费：

　　　　　　　31.48×6.76＝212.80(元)

3)本工程机械费：

　　　　　　　31.48×0.46＝14.48(元)

4)本工程管理费单价：

　　　　　　　(9.97＋6.76＋0.46)×8.88%＝1.53(元/m²)

本工程管理费：

　　　　　　　31.48×1.53＝48.16(元)

5)本工程利润单价：

　　　　　　　(9.97＋6.76＋0.46＋1.53)×7%＝1.31(元/m²)

本工程利润：

　　　　　　　31.48×1.31＝41.24(元)

(3)本工程综合单价计算。

　　　　　　　(313.86＋212.80＋14.48＋48.16＋41.24)/31.48＝20.03(元/m²)

天棚抹灰项目综合单价分析表见表6-2。

表 6-2　综合单价分析表

工程名称：　　　　　　　　　　　　　　　　　　　　　　　　　　　　　　　　　　　第　页　共　页

| 项目编码 | 011301001001 | 项目名称 | | 天棚抹灰 | | 计量单位 | m² | 工程量 | | 31.48 |
|---|---|---|---|---|---|---|---|---|---|---|

清单综合单价组成明细

| 定额编号 | 定额名称 | 定额单位 | 数量 | 单价 | | | | | 合价 | | | | |
|---|---|---|---|---|---|---|---|---|---|---|---|---|---|
| | | | | 人工费 | 材料费 | 机械费 | 管理费 | 利润 | 人工费 | 材料费 | 机械费 | 管理费 | 利润 |
| 13—1 | 预制板粉刷石膏 | m² | 1 | 9.97 | 6.76 | 0.46 | 1.53 | 1.31 | 9.97 | 6.76 | 0.46 | 1.53 | 1.31 |
| 人工单价 | | | 小计 | | | | | | 9.97 | 6.76 | 0.46 | 1.53 | 1.31 |
| 87.90 元/工日 | | | 未计价材料费 | | | | | | — | | | | |
| 清单项目综合单价 | | | | | | | | | 20.03 | | | | |

# 第二节　天棚吊顶

## 一、天棚吊顶类型

天棚吊顶包括吊顶天棚、格栅吊顶、吊筒吊顶、藤条造型悬挂吊顶、织物软雕吊顶、网架(装饰)吊顶。

(1)吊顶天棚。吊顶天棚是在房屋天棚下做有龙骨结构的装饰造型，是一种装饰形式。

(2)格栅吊顶。格栅吊顶不需要单独设置龙骨，格栅本身既是装饰构件，又是承重构件。其构造方法是先将单体构件用卡具连成整体，再通过钢管与吊杆相连。

(3)吊筒吊顶。吊筒吊顶主要以筒灯、筒形状的物体或者圆形吊顶材料做成筒状的装饰，悬吊于顶棚，形成某种特定装饰效果。

(4)藤条造型悬挂吊顶、织物软雕吊顶、装饰网架吊顶。顾名思义，这三种吊顶形式均是以藤条、织物或装饰网架为装饰材料做成的吊顶装饰。

## 二、天棚吊顶工程量计算

### 1. 工程量计算规则

天棚吊顶工程量计算规则见表 6-3。

表 6-3　天棚吊顶工程量计算规则

| 项目 | 规则 |
|---|---|
| 清单工程量计算规则 | (1)吊顶天棚工程量按设计图示尺寸以水平投影面积计算。天棚面中的灯槽及跌级、锯齿形、吊挂式、藻井式天棚面积不展开计算。不扣除间壁墙、检查口、附墙烟囱、柱垛和管道所占面积，扣除单个>0.3 m²的孔洞、独立柱及与天棚相连的窗帘盒所占的面积。<br>(2)格栅吊顶、吊筒吊顶、藤条造型悬挂吊顶、织物软雕吊顶、装饰网架吊顶工程量按设计图示尺寸以水平投影面积计算 |

| 项目 | 规则 |
|---|---|
| 定额工程量计算规则(参照北京市建设工程计价依据《房屋建筑与装饰工程预算定额》) | (1)天棚吊顶按设计图示尺寸以水平投影面积计算。天棚面中的灯槽及跌级、锯齿形、吊挂式、藻井式天棚面积不展开计算。不扣除间壁墙、检查口、附墙烟囱、柱垛和管道所占面积。扣除单个>0.3 m²的孔洞、独立柱及与天棚相连的窗帘盒所占的面积。<br>(2)天棚中格栅吊顶、吊筒吊顶、悬挂吊顶均按设计图示尺寸以水平投影面积计算。<br>(3)拱形吊顶和穿顶吊顶按拱顶和穿顶部分的水平投影面积计算；吊顶面层按图示展开面积计算。<br>(4)超长吊杆按其超过高度部分的水平投影面积计算。<br>注意：<br>1. 天棚吊顶按龙骨与面层分别列项，执行相应的定额子目，但格栅吊顶、吊筒吊顶、悬挂吊顶等天棚的定额子目中已包括了龙骨与面层，不得另行计算。<br>2. 天棚吊顶定额子目中不包括高低错台、灯槽、藻井等，发生时另行计算，面层执行天棚面层（含重叠部分）相应子目，但增加的龙骨另按跌级高度不同，执行错台附加龙骨子目。<br>3. 吊顶木龙骨定额子目中已包含防火涂料，不得另行计算。<br>4. 吊顶龙骨的吊杆长度按0.8 m以内综合编制，设计超过0.8 m时，其超过部分按吊杆材质分别执行每增加0.1 m定额子目，不足0.1 m的按0.1 m计算。<br>5. 天棚吊顶面层材料与定额不符时，可以换算 |

## 2. 工程量计算实例

【例6-3】 某三级天棚尺寸如图6-4所示，钢筋混凝土板下吊双层楞木，面层为塑料板，试计算吊顶天棚工程量。

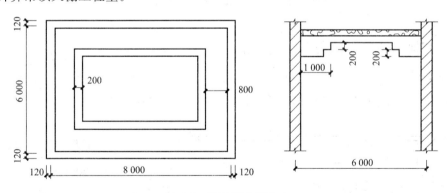

**图6-4 某三级天棚尺寸**

【解】 吊顶天棚工程量＝主墙间净长度×主墙间净宽度－独立柱及相连窗帘盒等所占面积

$$=(8.0-0.24)\times(6.0-0.24)$$
$$=44.70(\text{m}^2)$$

【例6-4】 图6-5所示为某会议室天棚面石膏板吊顶，试计算其吊顶工程量。

【解】 石膏板天棚工程量$=[(6.6-0.052-0.073)\times8.685]-[0.15\times(6.6-0.052-$
$$0.073-0.4\times2)]$$
$$=55.38(\text{m}^2)$$

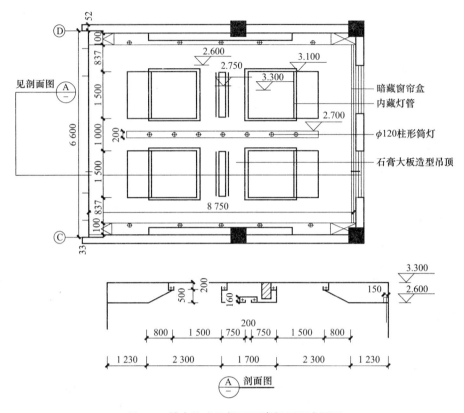

图 6-5　某会议室天棚面石膏板吊顶布置图

## 三、天棚吊顶工程综合单价的确定

【例 6-5】　某建筑客房天棚图如图 6-6 所示，与天棚相连的窗帘盒断面如图 6-7 所示，试计算木龙骨天棚工程量，并根据清单项目确定吊顶天棚的综合单价。

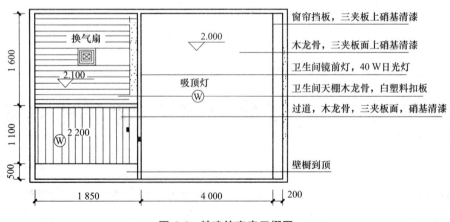

图 6-6　某建筑客房天棚图

**【解】** (1)工程量计算。

$$吊单工程量＝(4-0.2-0.12)\times3.2+(1.85-0.24)\times$$
$$(1.1-0.12)+(1.6-0.24)\times(1.85-$$
$$0.12)$$
$$＝15.71(m^2)$$

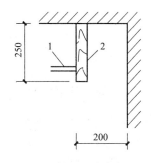

1—天棚；2—窗帘盒

**图6-7 标准客房窗帘盒断面**

根据定额工程量计算规则，定额工程量同清单工程量。

(2)单价及费用计算。参照北京市建设工程计价依据《房屋建筑与装饰工程预算定额》可知，吊顶天棚人工费为12.54元/m²，材料费为33.71元/m²，机械费为1.36元/m²。管理费的计费基数均为人工费、材料费和机械费之和，费率为8.88%；利润的计费基数为人工费、材料费、机械费和企业管理费之和，费率为7%。

1)本工程人工费：
$$15.71\times12.54＝197.00(元)$$

2)本工程材料费：
$$15.71\times33.71＝529.58(元)$$

3)本工程机械费：
$$15.71\times1.36＝21.37(元)$$

4)本工程管理费单价：
$$(12.54+33.71+1.36)\times8.88\%＝4.23(元/m^2)$$

本工程管理费：
$$15.71\times4.23＝66.45(元)$$

5)本工程利润单价：
$$(12.54+33.71+1.36+4.23)\times7\%＝3.63(元/m^2)$$

本工程利润：
$$15.71\times3.63＝57.03(元)$$

(3)本工程综合单价计算。
$$(197.00+529.58+21.37+66.45+57.03)/15.71＝55.47(元/m^2)$$

吊顶天棚项目综合单价分析表见表6-4。

**表6-4 综合单价分析表**

工程名称：　　　　　　　　　　　　　　　　　　　　　　　　　　　　　　　　第　页　共　页

| 项目编码 | 011302001001 | | 项目名称 | | 吊顶天棚 | | | 计量单位 | m² | 工程量 | | 15.71 |
|---|---|---|---|---|---|---|---|---|---|---|---|---|
| | | | | 清单综合单价组成明细 | | | | | | | | |
| 定额编号 | 定额名称 | 定额单位 | 数量 | 单价 | | | | | 合价 | | | |
| | | | | 人工费 | 材料费 | 机械费 | 管理费 | 利润 | 人工费 | 材料费 | 机械费 | 管理费 | 利润 |
| 13—9 | 板条天棚 | m² | 1 | 12.54 | 33.71 | 1.36 | 4.23 | 3.63 | 12.54 | 33.71 | 1.36 | 4.23 | 3.63 |
| 人工单价 | | | 小计 | | | | | | 12.54 | 33.71 | 1.36 | 4.23 | 3.63 |
| 87.90 元/工日 | | | 未计价材料费 | | | | | | — | | | | |
| 清单项目综合单价 | | | | | | | | | 55.47 | | | | |

# 第三节　采光天棚

## 一、采光天棚简介

采光天棚是以玻璃为主要装饰材料的天棚。采光天棚使用的玻璃必须采用安全玻璃，钢化玻璃应在钢化前进行机械磨边、倒棱、倒角，不允许出现爆边、裂纹、缺角。采光天棚应采用中空玻璃，并应采用双道密封。

## 二、采光天棚工程量计算

### 1. 工程量计算规则

采光天棚工程量计算规则见表6-5。

表 6-5　采光天棚工程量计算规则

| 项目 | 规则 |
|------|------|
| 清单工程量计算规则 | 按框外围展开面积计算 |
| 定额工程量计算规则(参照北京市建设工程计价依据《房屋建筑与装饰工程预算定额》) | 按框外围展开面积计算 |

### 2. 工程量计算实例

【例6-6】　如图6-8所示，某宾馆吊顶采用采光天棚，玻璃镜面采用不锈钢螺钉固牢，试计算其工程量。

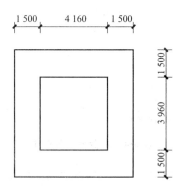

天棚平面图

图6-8　某宾馆天棚平面图(单位：mm)

【解】　根据采光天棚工程量计算规则：

$$采光天棚工程量＝4.16×3.96＝16.47(m^2)$$

## 三、采光天棚工程综合单价的确定

【例6-7】　如图6-9所示，某商场吊顶时，运用采光天棚达到光效应，玻璃镜面采用不锈钢螺钉固牢，试计算其工程量，并根据其工程量确定其综合单价。

**【解】** (1)工程量计算。

采光天棚工程量$=3.14\times(1.8/2)^2=2.54(\text{m}^2)$

根据定额工程量计算规则,本工程定额工程量同清单工程量。

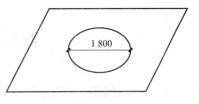

图6-9 某商场采光天棚

(2)单价及费用计算。参照北京市建设工程计价依据《房屋建筑与装饰工程预算定额》可知,采光天棚人工费为124.37元/m²,材料费为731.17元/m²,机械费为5.08元/m²。管理费的计费基数均为人工费、材料费和机械费之和,费率为8.88%;利润的计费基数为人工费、材料费、机械费和企业管理费之和,费率为7%。

1)本工程人工费:

$$2.54\times124.37=315.90(\text{元})$$

2)本工程材料费:

$$2.54\times731.17=1\,857.17(\text{元})$$

3)本工程机械费:

$$2.54\times5.08=12.90(\text{元})$$

4)本工程管理费单价:

$$(124.37+731.17+5.08)\times8.88\%=76.42(\text{元/m}^2)$$

本工程管理费:

$$2.54\times76.42=194.11(\text{元})$$

5)本工程利润单价:

$$(124.37+731.17+5.08+76.42)\times7\%=65.59(\text{元/m}^2)$$

本工程利润:

$$2.54\times65.59=166.60(\text{元})$$

(3)本工程综合单价计算。

$$(315.90+1\,857.17+12.90+194.11+166.60)/2.54=1\,002.63(\text{元/m}^2)$$

采光天棚项目综合单价分析表见表6-6。

表6-6 综合单价分析表

工程名称: 第 页 共 页

| 项目编码 | 011303001001 | 项目名称 | | 采光天棚 | | | 计量单位 | m² | 工程量 | | 2.54 |
|---|---|---|---|---|---|---|---|---|---|---|---|
| 清单综合单价组成明细 | | | | | | | | | | | |
| 定额编号 | 定额名称 | 定额单位 | 数量 | 单价 | | | | | 合价 | | | |
| | | | | 人工费 | 材料费 | 机械费 | 管理费 | 利润 | 人工费 | 材料费 | 机械费 | 管理费 | 利润 |
| 13—105 | 中庭 | m² | 1 | 124.37 | 731.17 | 5.08 | 76.42 | 65.59 | 124.37 | 731.17 | 5.08 | 76.42 | 65.59 |
| 人工单价 | | 小计 | | | | | | | 124.37 | 731.17 | 5.08 | 76.42 | 65.59 |
| 87.90 元/工日 | | 未计价材料费 | | | | | | | — | | | | |
| 清单项目综合单价 | | | | | | | | | 1 002.63 | | | | |

# 第四节　天棚其他装饰

## 一、天棚其他装饰简介

天棚其他装饰包括灯带(槽)和送风口、回风口。灯带是指将 LED 灯用特殊的加工工艺焊接在铜线或者带状柔性线路板上面，再连接上电源发光，起到装饰及烘托气氛的作用，其中，灯槽是隐藏灯具，改变灯光方向的凹槽。送风口(回风口)是指空调管道中心向室内运送空气的管口。

## 二、天棚其他装饰工程量计算

### 1. 工程量计算规则

天棚其他装饰工程量计算规则见表 6-7。

表 6-7　天棚其他装饰工程量计算规则

| 项目 | 规则 |
|------|------|
| 清单工程量计算规则 | (1)灯带(槽)工程量按设计图示尺寸以框外围面积计算。<br>(2)送风口、回风口工程量按设计图示数量计算 |
| 定额工程量计算规则(参照北京市建设工程计价依据《房屋建筑与装饰工程预算定额》) | (1)灯带按设计图示尺寸以框外围面积计算。<br>(2)高低错台(灯槽、藻井)附加龙骨按图示跌级长度计算，面层另按跌级的立面图示展开面积计算。<br>(3)风口、检修口等按设计图示数量计算。<br>(4)雨篷底吊铝骨架铝条天棚按设计图示尺寸以水平投影面积计算 |

### 2. 工程量计算实例

【例 6-8】　图 6-10 所示为某工程房间天花布置图，根据其计算规则计算格栅灯带、回风口的工程量。

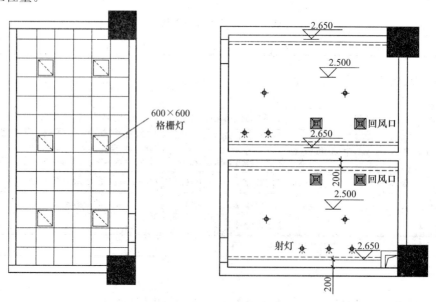

图 6-10　某工程房间天花布置图

**【解】** 灯带工程量＝灯带图示长度×图示宽度

送风口、回风口工程量＝个数

(1)格栅灯带工程量＝0.6×0.6×6＝2.16(m²)

(2)回的风口工程量＝4个

### 三、天棚其他装饰工程综合单价的确定

**【例6-9】** 在图6-11所示的室内天棚上安装灯带，试计算灯带面层玻璃工程量，并根据清单项目确定其综合单价。

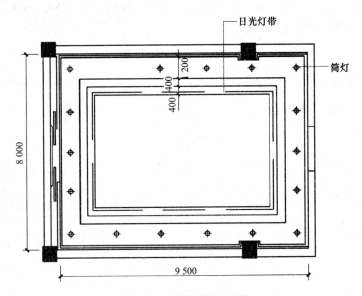

图6-11 室内天棚平面图

**【解】** (1)工程量计算。

灯带面层玻璃工程量按设计图示尺寸以框外围面积计算：

$L_{中}=[8.0-2×(1.2+0.4+0.2)]×2+[9.5-2×(1.2+0.4+0.2)]×2=20.60(m)$

因此，灯带面层玻璃工程量 $S=L_{中}×b=20.60×0.4=8.24(m²)$

根据定额工程量计算规则，定额工程量同清单工程量。

(2)单价及费用计算。参照北京市建设工程计价依据《房屋建筑与装饰工程预算定额》可知，灯带面层玻璃人工费为51.45元/m²，材料费为361.56元/m²，机械费为2.23元/m²。管理费的计费基数均为人工费、材料费和机械费之和，费率为8.88%；利润的计费基数为人工费、材料费、机械费和企业管理费之和，费率为7%。

1)本工程人工费：

$$8.24×51.45=423.95(元)$$

2)本工程材料费：

$$8.24×361.56=2\,979.25(元)$$

3)本工程机械费：

$$8.24×2.23=18.38(元)$$

4)本工程管理费单价：

$$(51.45+361.56+2.23)\times8.88\%=36.87(\vec{\pi}/m^2)$$

本工程管理费：

$$8.24\times36.87=303.81(\vec{\pi})$$

5)本工程利润单价：

$$(51.45+361.56+2.23+36.87)\times7\%=31.65(\vec{\pi}/m^2)$$

本工程利润：

$$8.24\times31.65=260.80(\vec{\pi})$$

(3)本工程综合单价计算。

$$(423.95+2\,979.25+18.38+303.81+260.80)/8.24=483.76(\vec{\pi}/m^2)$$

灯带项目综合单价分析表见表6-8。

表6-8 综合单价分析表

工程名称： 第 页 共 页

| 项目编码 | 011304001001 | 项目名称 | 灯带 | | | | 计量单位 | m² | 工程量 | | 8.24 |
|---|---|---|---|---|---|---|---|---|---|---|---|
| 清单综合单价组成明细 | | | | | | | | | | | |
| 定额编号 | 定额名称 | 定额单位 | 数量 | 单价 | | | | | 合价 | | | |
| | | | | 人工费 | 材料费 | 机械费 | 管理费 | 利润 | 人工费 | 材料费 | 机械费 | 管理费 | 利润 |
| 13—111 | 灯带面层玻璃 | m² | 1 | 51.45 | 361.56 | 2.23 | 36.87 | 31.65 | 51.45 | 361.56 | 2.23 | 36.87 | 31.65 |
| 人工单价 | | 小计 | | | | | | | 51.45 | 361.56 | 2.23 | 36.87 | 31.65 |
| 87.90 元/工日 | | 未计价材料费 | | | | | | | — | | | | |
| 清单项目综合单价 | | | | | | | | | 483.76 | | | | |

## 本章小结

天棚工程包括天棚抹灰、天棚吊顶、天棚其他装饰项目。本章主要介绍了天棚抹灰、天棚吊顶、采光天棚、天棚其他装饰的工程量计算及综合单价的确定。

## 思考与练习

### 一、填空题

1. 天棚抹灰构造主要由_____、_____和_____组成。

2. 吊顶天棚工程量按_____计算。

3. 采光天棚工程量按_____计算。

4. 灯带(槽)工程量按_____计算。

5. 送风口、回风口工程量按_____计算。

### 二、计算题

1. 某过厅层高为4.5 m，工程吊顶用Φ8的吊筋，不上人型轻钢龙骨，纸面石膏板天棚面层，面层上的龙骨方格为 400mm×400 mm，墙厚为 240 mm，详见图 6-12 所示的天棚平面图和灯带大样图。计算天棚吊顶的工程量及灯带工程量。

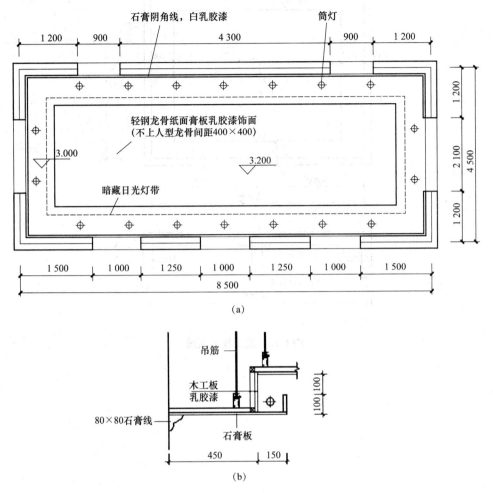

**图 6-12 天棚吊顶平面图和灯带大样图**
(a)天棚平面图；(b)灯带大样图

2. 某客厅天棚设计为带艺术造型的跌级天棚，其尺寸如图 6-13 所示，为不上人 U 形轻钢龙骨，石膏板刷乳胶漆三遍，面层规格为 600 mm×600 mm，四周粘贴 100 mm×10 mm 的石膏装饰条，试计算天棚龙骨、基层和面层的工程量，并列项计算直接工程费。

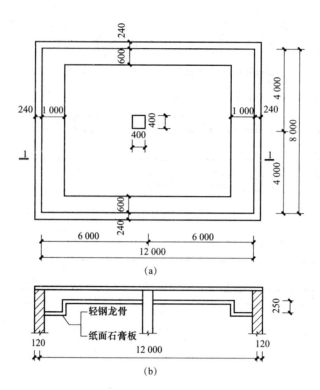

(a)

轻钢龙骨

纸面石膏板

(b)

**图 6-13 某工程吊顶图**

# 第七章
# 油漆、涂料、裱糊工程计量与计价

## 知识目标

1. 了解门油漆简介，熟悉门油漆工程量计算及综合单价的确定。

2. 了解窗油漆简介，熟悉窗油漆工程量计算及综合单价的确定。

3. 了解木扶手及其他板条、线条油漆简介，熟悉木扶手及其他板条、线条油漆工程量计算及综合单价的确定。

4. 了解木材油漆简介，熟悉木材油漆工程量计算及综合单价的确定。

5. 了解金属面与抹灰面油漆简介，熟悉金属面与抹灰面油漆工程量计算及综合单价的确定。

6. 了解喷刷涂料、裱糊简介，熟悉喷刷涂料、裱糊工程量计算及综合单价的确定。

## 能力目标

1. 能进行门窗油漆、木扶手与其他板条线条油漆、木材面油漆、金属面与抹灰面油漆以及喷料、涂料和裱糊工程的工程量清单项目设置。

2. 能根据清单项目工程量计算规则进行油漆、涂料、裱糊工程的工程量计算。

## 第一节　门油漆

### 一、门油漆简介

门的主要功能是提供房间内外水平交通、围护和分隔空间，并对建筑物的装饰和造型艺术有一定的影响，而且还具有采光和通风的作用。按制造材料的不同，可将门分为木门、钢门、彩色钢板门、不锈钢门、铝合金门、塑料门、玻璃门及复合材料门等；按开启方式的不同，可分为平开门、弹簧门、推拉门、转门、卷帘门、折叠门等。

门油漆可分为木门油漆和金属门油漆。其中，木门油漆应区分木大门、单层木门、双层(一玻一纱)木门、双层(单裁口)木门、全玻自由门、半玻自由门、装饰门及有框门或无框门等项目，分别编码列项。金属门油漆应区分平开门、推拉门、钢制防火门等项目，分别编码列项。

## 二、门油漆工程量计算

### 1. 工程量计算规则

门油漆工程量计算规则见表 7-1。

表 7-1　门油漆工程量计算规则

| 项目 | 规则 |
|---|---|
| 清单工程量计算规则 | (1)以樘计量，按设计图示数量计量。<br>(2)以 m² 计量，按设计图示洞口尺寸以面积计算 |
| 定额工程量计算规则(参照北京市建设工程计价依据《房屋建筑与装饰工程预算定额》) | 按设计图示洞口尺寸以面积计算。无洞口尺寸时，按设计图示框(扇)外围尺寸以面积计算。<br>注意：定额中木门、钢门、油漆是按单层编制的，门种类或层数不同时，参照表 7-2 所列系数换算表进行换算；镀锌薄钢板零件油漆参照表 7-3 所列镀锌薄钢板零件单位面积换算表进行换算；钢结构构件参考表 7-4 所列金属构件单位面积换算表进行换算 |

表 7-2　木门、钢门系数换算表

| 种类 | | 系数 | 种类 | | 系数 |
|---|---|---|---|---|---|
| 木门 | 单层木门 | 1.00 | 钢门 | 单层钢门 | 1.000 |
| | 木百叶门 | 1.25 | | 一玻一纱钢门 | 1.480 |
| | 厂库房大门 | 1.10 | | 百叶钢门 | 2.737 |
| | 单层全玻门 | 0.83 | | 满钢板钢门 | 1.633 |
| | 双层(一玻一纱)木门 | 1.36 | | 折叠钢门(卷帘门) | 2.299 |
| | 双层(单裁口)木门 | 2.00 | | 射线防护门 | 2.959 |

表 7-3　镀锌薄钢板零件单位面积换算表

| 名称 | 单位 | 檐沟 | 天沟 | 斜钩 | 烟囱泛水 | 白铁滴水 | 天窗窗台泛水 | 天窗侧面泛水 | 白铁滴水沿头 | 下水口 | 水斗 | 透气管泛水 | 漏斗 |
|---|---|---|---|---|---|---|---|---|---|---|---|---|---|
| | | m | | | | | | | | 个 | | | |
| 镀锌薄钢板排水 | m² | 0.30 | 1.30 | 0.90 | 0.80 | 0.11 | 0.50 | 0.70 | 0.24 | 0.45 | 0.40 | 0.22 | 0.16 |

表 7-4　金属构件单位面积换算表

| 序号 | 项目 | | 单位面积/(m²·t⁻¹) |
|---|---|---|---|
| 1 | 钢网架 | 螺栓球节点 | 17.19 |
| | | 焊接球(板)节点 | 15.24 |
| 2 | 钢屋架 | 门式钢架 | 35.56 |
| | | 轻钢屋架 | 52.85 |

| 序号 | 项目 | | 单位面积/($m^2 \cdot t^{-1}$) |
|---|---|---|---|
| 3 | 钢托架 | | 37.15 |
| 4 | 钢桁架 | | 26.20 |
| 5 | 相贯节点钢管桁架 | | 15.48 |
| 6 | 实腹式钢柱（H 型） | | 12.12 |
| 7 | 空腹式钢柱 | 箱型 | 4.30 |
| | | 格构式 | 16.25 |
| 8 | 钢管柱 | | 4.85 |
| 9 | 实腹钢梁（H 型） | | 16.10 |
| 10 | 空腹式钢梁 | 箱型 | 4.61 |
| | | 格构式 | 16.25 |
| 11 | 钢吊车梁 | | 17.16 |
| 12 | 水平钢支撑 | | 37.40 |
| 13 | 竖向钢支撑 | | 16.04 |
| 14 | 钢拉条 | | 44.34 |
| 15 | 钢檩条 | 热轧 H 型 | 49.33 |
| | | 高频焊接口型 | 26.30 |
| | | 冷弯 CZ 型 | 74.43 |
| 16 | 钢天窗架 | | 52.28 |
| 17 | 钢挡风架 | | 48.26 |
| 18 | 钢墙架 | 热轧 H 型 | 35.84 |
| | | 高频焊接口型 | 26.30 |
| | | 冷弯 CZ 型 | 74.43 |
| 19 | 钢平台 | | 45.03 |
| 20 | 钢走道 | | 43.05 |
| 21 | 钢梯 | | 37.77 |
| 22 | 钢护栏 | | 54.07 |

**2. 工程量计算实例**

【例 7-1】 试计算银行电子感应门的工程量，门洞尺寸为 3 200 mm×2 400 mm。

【解】 (1)以平方米计量：

电子感应门工程量＝设计洞口尺寸以面积计算＝3.2×2.4＝7.68(m²)

(2)以樘计量，电子感应门工程量＝1 樘。

【例 7-2】 计算图 7-1 所示库房金属平开门定额工程量。

【解】 金属平开门定额工程量＝图示洞口尺寸以面积计算＝3.1×3.5＝10.85(m²)

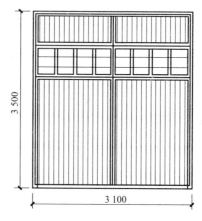

图 7-1 某厂房金属平开门示意

## 三、门油漆工程综合单价的确定

【**例 7-3**】 计算图 7-2 所示某房屋单层木门刮木器腻子及刷硝基木器底漆和硝基木器面漆三遍的工程量，并根据清单项目确定单层木门油漆的综合单价。

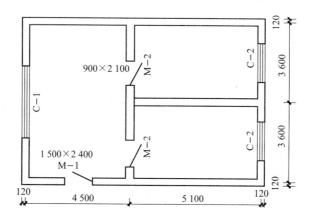

图 7-2 某房屋平面示意

【**解**】 （1）工程量计算。

单层木门油漆清单工程量 $=1.5\times2.4+0.9\times2.1\times2=7.38(\mathrm{m}^2)$

根据工程量计算规则，单层木门油漆定额工程量为 7.38 m²。

（2）单价及费用计算。参照北京市建设工程计价依据《房屋建筑与装饰工程预算定额》可知，单层木门油漆人工费、材料费、机械费为刮木器腻子及刷硝基木器底漆和硝基木器面漆各三遍之和，即

木器腻子人工费 $=7.91$（两遍）$+3.76$（每增一遍）$=11.67$（元/m²）；硝基木器底漆人工费 $=8.62$（两遍）$+4.10$（每增一遍）$=12.72$（元/m²）；硝基木器面漆人工费 $=10.52$（两遍）$+5.00$（每增一遍）$=15.52$（元/m²），则单层木门油漆人工费 $=11.67+12.72+15.52=39.91$（元/m²）。

木器腻子材料费 $=2.44$（两遍）$+1.22$（每增一遍）$=3.66$（元/m²）；硝基木器底漆材料费 $=3.78$（两遍）$+1.62$（每增一遍）$=5.40$（元/m²）；硝基木器面漆材料费 $=3.44$（两遍）$+1.63$（每增一遍）$=5.07$（元/m²），则单层木门油漆材料费 $=3.66+5.40+5.07=14.13$（元/m²）。

木器腻子机械费＝0.32(两遍)＋0.15(每增一遍)＝0.47(元/m²)；硝基木器底漆机械费＝0.34(两遍)＋0.16(每增一遍)＝0.50(元/m²)；硝基木器面漆机械费＝0.42(两遍)＋0.20(每增一遍)＝0.62(元/m²)，则单层木门油漆机械费＝0.47＋0.50＋0.62＝1.59（元/m²)。

管理费的计费基数均为人工费、材料费和机械费之和，费率为8.88%；利润的计费基数为人工费、材料费、机械费和企业管理费之和，费率为7%。

1)本工程人工费：
$$7.38×39.91＝294.54(元)$$

2)本工程材料费：
$$7.38×14.13＝104.28(元)$$

3)本工程机械费：
$$7.38×1.59＝11.73(元)$$

4)本工程管理费单价：
$$(39.91＋14.13＋1.59)×8.88\%＝4.94(元/m²)$$

本工程管理费：
$$7.38×4.94＝36.46(元)$$

本工程利润单价：
$$(39.91＋14.13＋1.59＋4.94)×7\%＝4.24(元/m²)$$

本工程利润：
$$7.38×4.24＝31.29(元)$$

(3)本工程综合单价计算。
$$(294.54＋104.28＋11.73＋36.46＋31.29)/7.38＝64.81(元/m²)$$

单层木门油漆项目综合单价分析表见表7-5。

表7-5 综合单价分析表

工程名称：　　　　　　　　　　　　　　　　　　　　　　　　　　　　　　第　页　共　页

| 项目编码 | 011401001001 | 项目名称 | | 单层木门油漆 | | 计量单位 | m² | 工程量 | 7.38 |
|---|---|---|---|---|---|---|---|---|---|

| 清单综合单价组成明细 | | | | | | | | | | | | | |
|---|---|---|---|---|---|---|---|---|---|---|---|---|---|
| 定额编号 | 定额名称 | 定额单位 | 数量 | 单价 | | | | | 合价 | | | | |
| | | | | 人工费 | 材料费 | 机械费 | 管理费 | 利润 | 人工费 | 材料费 | 机械费 | 管理费 | 利润 |
| 14－1＋14－2 | 木器腻子 | | 1 | 11.67 | 3.66 | 0.47 | 1.40 | 1.20 | 11.67 | 3.66 | 0.47 | 1.40 | 1.20 |
| 14－13＋14－14 | 硝基木器底漆 | m² | 1 | 12.72 | 5.40 | 0.50 | 1.65 | 1.42 | 12.72 | 5.40 | 0.50 | 1.65 | 1.42 |
| 14－37＋14－38 | 硝基木器面漆 | | 1 | 15.52 | 5.07 | 0.62 | 1.88 | 1.62 | 15.52 | 5.07 | 0.62 | 1.88 | 1.62 |
| 人工单价 | | | 小计 | | | | | | 39.91 | 14.13 | 1.59 | 4.93 | 4.24 |
| 87.90 元/工日 | | | 未计价材料费 | | | | | | — | | | | |
| 清单项目综合单价 | | | | | | | | | 64.81 | | | | |

# 第二节 窗油漆

## 一、窗油漆简介

窗的主要功能是采光和通风，同时也兼具外部围护、分隔空间和装饰立面的作用。按开启方式的不同，可分为固定窗、平开窗、悬窗、推拉窗、立转窗等；按窗所用的材料不同，可分为木窗、钢窗、彩钢板窗、塑钢窗、铝合金窗及复合材料（如铝镶木）窗等；按窗在建筑物上的位置不同，可分为侧窗、天窗、室间窗等；按窗的镶嵌材料不同，可分为玻璃窗、纱窗、百叶窗、保温窗等；按风格不同，可分为中国传统风格窗和欧式风格窗。

窗油漆包括木窗油漆和钢窗油漆。其中，木窗油漆应区分单层木窗、双层（一玻一纱）木窗、双层框扇（单裁口）木窗、双层框三层（二玻一纱）木窗、单层组合窗、双层组合窗、木百叶窗、木推拉窗等项目；金属窗油漆应区分平开窗、推拉窗、固定窗、组合窗、金属隔栅窗等项目。

## 二、窗油漆工程量计算

### 1. 工程量计算规则

窗油漆工程量计算规则见表7-6。

表7-6　窗油漆工程量计算规则

| 项目 | 规则 |
|---|---|
| 清单工程量计算规则 | (1)以樘计量，按设计图示数量计量。<br>(2)以平方米计量，按设计图示洞口尺寸以面积计算 |
| 定额工程量计算规则（参照北京市建设工程计价依据《房屋建筑与装饰工程预算定额》） | 按设计图示洞口尺寸以面积计算。无洞口尺寸时，按设计图示框(扇)外围尺寸以面积计算。<br>注意：定额中木窗、钢窗、油漆是按单层编制的，窗种类或层数不同时，参照表7-7所列系数换算表进行换算；镀锌薄钢板零件油漆参照表7-3所列镀锌薄钢板零件单位面积换算表进行换算；钢结构构件参考7-4所列金属构件单位面积换算表进行换算 |

表7-7　木窗、钢窗系数换算表

| 种类 | | 系数 | 种类 | | 系数 |
|---|---|---|---|---|---|
| 木窗 | 木百叶窗 | 1.50 | 钢窗 | 单层钢窗 | 1.000 |
| | 双层一玻一纱木窗 | 1.36 | | | |
| | 双层框扇(单裁口)木窗 | 2.00 | | 一玻一纱钢窗 | 1.480 |
| | 双层框(两玻一纱)木窗 | 2.60 | | | |
| | 单层组合窗 | 0.83 | | | |
| | 双层组合窗 | 1.13 | | 百叶钢窗 | 2.737 |
| | 观察窗 | 1.23 | | | |

### 2. 工程量计算实例

【例7-4】　某办公用房底层需安装图7-3所示的铁窗栅，共22樘，刷防锈漆，计算铁窗栅工程量。

【解】 （1）以平方米计量。

$$铁窗栅工程量＝图示洞口尺寸以面积计算$$
$$＝1.8×1.8×22＝71.28(m^2)$$

（2）以樘计量。

$$铁窗栅工程量＝22 樘$$

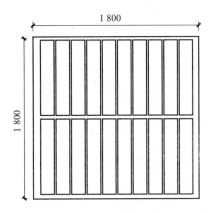

图 7-3　某办公用房铁窗栅尺寸示意

## 三、窗油漆工程综合单价的确定

【例 7-5】　图 7-4 所示为单层木窗，洞口尺寸为 1 500 mm×2 100 mm，共 11 樘，设计为刮木器腻子及刷硝基木器底漆、硝基木器面漆各三遍，试计算木窗油漆工程量，并根据清单项目计算其综合单价。

【解】 （1）工程量计算。

$$木窗油漆工程量＝1.5×2.1×11＝34.65(m^2)$$

根据定额工程量计算规则，木窗油漆定额工程量为 34.65 m²。

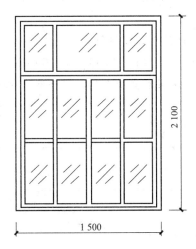

图 7-4　单层木窗

（2）单价及费用计算。参照北京市建设工程计价依据《房屋建筑与装饰工程预算定额》可知，单层木窗油漆人工费、材料费、机械费为刮木器腻子及刷硝基木器底漆、硝基木器面漆各三遍之和，即

木器腻子人工费＝7.91（两遍）＋3.76（每增一遍）＝11.67（元/m²）；硝基木器底漆人工费＝8.62（两遍）＋4.10（每增一遍）＝12.72（元/m²）；硝基木器面漆人工费＝10.52（两遍）＋5.00（每增一遍）＝15.52（元/m²），则一玻一纱双层木窗油漆人工费＝11.67＋12.72＋15.52＝39.91（元/m²）。

木器腻子材料费＝2.44（两遍）＋1.22（每增一遍）＝3.66（元/m²）；硝基木器底漆材料费＝3.78（两遍）＋1.62（每增一遍）＝5.40（元/m²）；硝基木器面漆材料费＝3.44（两遍）＋1.63（每增一遍）＝5.07（元/m²），则一玻一纱双层木窗油漆材料费＝3.66＋5.40＋5.07＝14.13（元/m²）。

木器腻子机械费＝0.32（两遍）＋0.15（每增一遍）＝0.47（元/m²）；硝基木器底漆机械费＝

0.34(两遍)＋0.16(每增一遍)＝0.50(元/m²)；硝基木器面漆机械费＝0.42(两遍)＋0.20(每增一遍)＝0.62(元/m²)，则一玻一纱双层木窗油漆机械费＝0.47＋0.50＋0.62＝1.59(元/m²)。

管理费的计费基数均为人工费、材料费和机械费之和，费率为8.88％；利润的计费基数为人工费、材料费、机械费和企业管理费之和，费率为7％。

1)本工程人工费：
$$34.65×39.91＝1\ 382.88(元)$$

2)本工程材料费：
$$34.65×14.13＝489.60(元)$$

3)本工程机械费：
$$34.65×1.59＝55.09(元)$$

4)本工程管理费单价：
$$(39.91＋14.13＋1.59)×8.88％＝4.94(元/m²)$$

本工程管理费：
$$34.65×4.94＝171.17(元)$$

本工程利润单价：
$$(39.91＋14.13＋1.59＋4.94)×7％＝4.24(元/m²)$$

本工程利润：
$$34.65×4.24＝146.92(元)$$

(3)本工程综合单价计算。
$$(1\ 382.88＋489.60＋55.09＋171.17＋146.92)/34.65＝64.81(元/m²)$$

单层木窗油漆项目综合单价分析表见表7-8。

表7-8　综合单价分析表

工程名称：　　　　　　　　　　　　　　　　　　　　　　　　　　　　　　第　页　共　页

| 项目编码 | 011402001001 | | 项目名称 | | 木窗油漆 | | 计量单位 | m² | 工程量 | | 34.65 |
|---|---|---|---|---|---|---|---|---|---|---|---|
| 清单综合单价组成明细 | | | | | | | | | | | |
| 定额编号 | 定额名称 | 定额单位 | 数量 | 单价 | | | | | 合价 | | | |
| | | | | 人工费 | 材料费 | 机械费 | 管理费 | 利润 | 人工费 | 材料费 | 机械费 | 管理费 | 利润 |
| 14-1+14-2 | 木器腻子 | m² | 1 | 11.67 | 3.66 | 0.47 | 1.40 | 1.20 | 11.67 | 3.66 | 0.47 | 1.40 | 1.20 |
| 14-13+14-14 | 硝基木器底漆 | | 1 | 12.72 | 5.40 | 0.50 | 1.65 | 1.42 | 12.72 | 5.40 | 0.50 | 1.65 | 1.42 |
| 14-37+14-38 | 硝基木器面漆 | | 1 | 15.52 | 5.07 | 0.62 | 1.88 | 1.61 | 15.52 | 5.07 | 0.62 | 1.88 | 1.61 |
| 人工单价 | | 小计 | | | | | | | 39.91 | 14.13 | 1.59 | 4.94 | 4.24 |
| 87.90元/工日 | | 未计价材料费 | | | | | | | — | | | | |
| 清单项目综合单价 | | | | | | | | | 64.81 | | | | |

132

# 第三节　木扶手及其他板条、线条油漆

## 一、木扶手及其他板条、线条油漆简介

木扶手的断面形式要考虑人体尺度及使用要求，为了便于握紧扶手，扶手截面直径一般为40～80 mm。其他板条、线条包括窗帘盒、封檐板、顺水板、挂衣板、黑板框、挂镜线、窗帘棍、单独木线等。

## 二、木扶手及其他板条、线条油漆工程量计算

### 1. 工程量计算规则

木扶手及其他板条、线条油漆工程量计算规则见表7-9。

表7-9　木扶手及其他板条、线条油漆工程量计算规则

| 项目 | 规则 |
| --- | --- |
| 清单工程量计算规则 | 按设计图示尺寸以长度计算 |
| 定额工程量计算规则(参照北京市建设工程计价依据《房屋建筑与装饰工程预算定额》) | 按设计图示尺寸以长度计算 |

### 2. 工程量计算实例

【例7-6】　某大厅装饰柱面为30 mm×15 mm木线条，共计6块，其设计图示长度为1 200 mm，根据其计算规则计算油漆工程量。

【解】　木扶手及其他板条线条油漆工程量＝设计图示长度

　　　　　30 mm×15 mm木线条油漆工程量＝1.2×6＝7.2(m)

【例7-7】　图7-5所示为室内装饰柱大样图，试根据计算规则计算其线段油漆工程量。

【解】　40 mm×20 mm木线条油漆工程量＝0.98×12＝11.76(m)

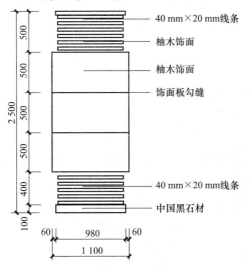

图7-5　室内装饰柱大样图

### 三、木扶手及其他板条、线条油漆工程综合单价的确定

【例7-8】 某工程剖面图如图7-6所示，内墙抹灰面满刮腻子两遍，贴对花墙纸；挂镜线刷底油一遍、酚醛调和漆面漆两遍；挂镜线以上及天棚刷仿瓷涂料两遍，试计算挂镜线油漆工程量，并根据清单项目确定挂镜线油漆的综合单价。

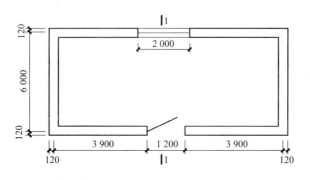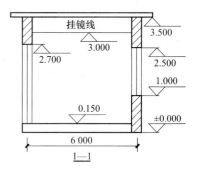

图7-6 某工程剖面图

【解】 (1)工程量计算。

挂镜线油漆工程量＝设计图示长度＝[(9.00－0.24)＋(6.00－0.24)]×2＝29.04(m)

根据定额工程量计算规则，定额工程量同清单工程量。

(2)单价及费用计算。参照北京市建设工程计价依据《房屋建筑与装饰工程预算定额》可知，挂镜线油漆人工费、材料费、机械费为刷底油一遍、酚醛调和漆面漆两遍之和，即

$$挂镜线油漆人工费＝1.46＋2.67＝4.13(元/m)$$
$$挂镜线油漆材料费＝0.64＋2.14＝2.78(元/m)$$
$$挂镜线油漆机械费＝0.06＋0.11＝0.17(元/m)$$

管理费的计费基数均为人工费、材料费和机械费之和，费率为8.88%；利润的计费基数为人工费、材料费、机械费和企业管理费之和，费率为7%。

1)本工程人工费：

$$29.04×4.13＝119.94(元)$$

2)本工程材料费：

$$29.04×2.78＝80.73(元)$$

3)本工程机械费：

$$29.04×0.17＝4.94(元)$$

4)本工程管理费单价：

$$(1.46＋0.64＋0.06)×8.88\%＝0.19(元/m)$$
$$(2.67＋2.14＋0.11)×8.88\%＝0.44(元/m)$$

本工程管理费：

$$29.04×(0.19＋0.44)＝18.30(元)$$

5)本工程利润单价：

$$(1.46＋0.64＋0.06＋0.19)×7\%＝0.16(元/m)$$
$$(2.67＋2.14＋0.11＋0.44)×7\%＝0.38(元/m)$$

本工程利润：

$$29.04×(0.16＋0.38)＝15.68(元)$$

（3）本工程综合单价的计算。

$$(119.94＋80.73＋4.94＋18.30＋15.68)/29.04＝8.25(元/m)$$

挂镜线油漆项目综合单价分析表见表7-10。

表7-10　综合单价分析表

| 项目编码 | 011403005001 | | 项目名称 | | 挂镜线油漆 | | 计量单位 | m | 工程量 | 29.04 |
|---|---|---|---|---|---|---|---|---|---|---|

| 清单综合单价组成明细 | | | | | | | | | | | | |
|---|---|---|---|---|---|---|---|---|---|---|---|---|
| 定额编号 | 定额名称 | 定额单位 | 数量 | 单价 | | | | | 合价 | | | | |
| | | | | 人工费 | 材料费 | 机械费 | 管理费 | 利润 | 人工费 | 材料费 | 机械费 | 管理费 | 利润 |
| 14—237 | 底油 | m | 1 | 1.46 | 0.64 | 0.06 | 0.19 | 0.16 | 1.46 | 0.64 | 0.06 | 0.19 | 0.16 |
| 14—267 | 酚醛调和漆面漆 | | 1 | 2.67 | 2.14 | 0.11 | 0.44 | 0.38 | 2.67 | 2.14 | 0.11 | 0.44 | 0.38 |
| 人工单价 | | 小计 | | | | | | | 4.13 | 2.78 | 0.17 | 0.63 | 0.54 |
| 87.90元/工日 | | 未计价材料费 | | | | | | | — | | | | |
| 清单项目综合单价 | | | | | | | | | 8.25 | | | | |

# 第四节　木材面油漆

## 一、木材面油漆简介

木材面油漆按清单项目可分为木板、纤维板、胶合板油漆，木护墙、木墙裙油漆，窗台板、筒子板、盖板、门窗套、踢脚线油漆，清水板条天棚、檐口油漆，木方格吊顶天棚油漆，吸声板墙面、天棚面油漆，暖气罩油漆，木间壁、木隔断油漆，玻璃间壁露明墙筋油漆，木栅栏、木栏杆（带扶手）油漆，衣柜、壁柜油漆，梁柱饰面油漆，零星木装修油漆，木地板油漆及木地板烫硬蜡面。

## 二、木材面油漆工程量计算

### 1. 工程量计算规则

木材面油漆工程量计算规则见表7-11。

表 7-11　木材面油漆工程量计算规则

| 项目 | 规则 |
|---|---|
| 清单工程量计算规则 | （1）木护墙、木墙裙油漆，窗台板、筒子板、盖板、门窗套、踢脚线油漆，清水板条天棚、檐口油漆，木方格吊顶天棚油漆，吸声板墙面、天棚面油漆，暖气罩油漆工程量按设计图示尺寸以面积计算。<br>（2）木间壁、木隔断油漆，玻璃间壁露明墙筋油漆，木栅栏、木栏杆（带扶手）油漆工程量按设计图示尺寸以单面外围面积计算。<br>（3）衣柜、壁柜油漆，梁柱饰面油漆，零星木装修油漆工程量按设计图示尺寸以油漆部分展开面积计算。<br>（4）木地板油漆、木地板烫硬蜡面工程量按设计图示尺寸以面积计算。空洞、空圈、暖气包槽、壁龛的开口部分并入相应的工程量内 |
| 定额工程量计算规则（参照北京市建设工程计价依据《房屋建筑与装饰工程预算定额》） | 木材面油漆按设计图示尺寸以面积计算；零星木材面按设计图示油漆部分的展开面积计算；木扶手及其他板条、线条油漆均按设计图示尺寸以长度计算；木栅栏、木栏杆、木间壁、木隔断、玻璃间壁露明墙筋油漆按设计图示尺寸以单面外围面积计算；木地板油漆按设计图示尺寸以面积计算。空洞、空圈、暖气包槽、壁龛的开口部分并入相应的工程量内。<br>注意：<br>（1）定额中木扶手以不带托板为准进行编制，带托板时按相应定额子目乘以系数 2.6。<br>（2）木间壁、木隔断油漆按木护墙、木墙裙相应定额子目乘以系数 2。<br>（3）定额中抹灰线条油漆以线条展开宽度≤100 mm 为准进行编制，展开宽度≤200 mm 时，按相应定额子目乘以系数 1.8；展开宽度＞200 mm 时，按相应定额子目乘以系数 2.6。<br>（4）柱面涂料按墙面涂料相应定额子目乘以系数 1.1 |

**2. 工程量计算实例**

【例 7-9】　图 7-7 所示为某房间内墙裙油漆面积，墙裙高为 1.5 m，窗台高为 1.0 m，窗洞侧油漆宽为 100 mm，根据其计算规则计算工程量。

【解】　墙裙油漆工程量＝[(5.24－0.24×2)×2＋(3.24－0.24×2)×2]×1.5－[1.5×(1.5－1.0)＋0.9×1.5]＋(1.50－1.0)×0.10×2

＝20.56(m²)

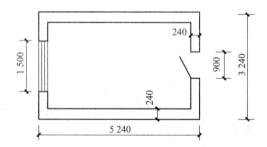

图 7-7　某房间内墙裙油漆面积示意

【例 7-10】　图 7-8 所示为某装饰壁柜，试根据清单规则计算其油漆工程量。

【解】　壁柜油漆工程量＝[(0.465×4＋0.475×4)×0.9]＋[0.6×(0.9＋0.5)×2＋(0.302×0.5×4)]＋[(0.9＋0.5)×0.302×4]＋0.282×0.5×2

＝7.641(m²)

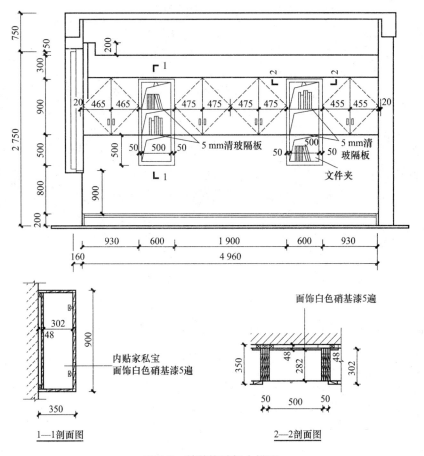

图 7-8　某装饰壁柜大样图

## 三、木材面油漆工程综合单价的确定

【例 7-11】　试根据例 7-9 中的清单项目确定木墙裙油漆的综合单价。

【解】　(1)工程量计算。根据例 7-9，木墙裙油漆工程量为 20.56 m²。

根据定额工程量计算规则，定额工程量同清单工程量。

(2)单价及费用计算。参照北京市建设工程计价依据《房屋建筑与装饰工程预算定额》可知，木墙裙油漆人工费、材料费、机械费为水性透明封固底漆一遍、酚醛调和漆面漆两遍之和，即

$$木墙裙油漆人工费 = 1.20 + 6.44 = 7.64(元/m²)$$

$$木墙裙油漆材料费 = 0.65 + 4.53 = 5.18(元/m²)$$

$$木墙裙油漆机械费 = 0.05 + 0.26 = 0.31(元/m²)$$

管理费的计费基数均为人工费、材料费和机械费之和，费率为 8.88%；利润的计费基数为人工费、材料费、机械费和企业管理费之和，费率为 7%。

1)本工程人工费：

$$20.56 × 7.64 = 157.08(元)$$

2)本工程材料费：

$$20.56 \times 5.18 = 106.50(元)$$

3）本工程机械赀：

$$20.56 \times 0.31 = 6.37(元)$$

4）本工程管理费单价：

$$(1.20 + 0.65 + 0.05) \times 8.88\% = 0.17(元/m^2)$$

$$(6.44 + 4.53 + 0.26) \times 8.88\% = 1.00(元/m^2)$$

本工程管理赀：

$$20.56 \times (0.17 + 1.00) = 23.70(元)$$

5）本工程利润单价：

$$(1.20 + 0.65 + 0.05 + 0.17) \times 7\% = 0.14(元/m^2)$$

$$(6.44 + 4.53 + 0.26 + 1.00) \times 7\% = 0.86(元/m^2)$$

本工程利润：

$$20.56 \times (0.14 + 0.86) = 20.56(元)$$

（3）本工程综合单价计算。

$$(157.08 + 106.50 + 6.37 + 2.06 + 20.56)/20.56 = 14.23(元/m^2)$$

挂镜线油漆项目综合单价分析表见表7-12。

表7-12 综合单价分析表

工程名称： 第 页 共 页

| 项目编码 | 011404001001 | | 项目名称 | | 木墙裙油漆 | | 计量单位 | m² | 工程量 | | 20.56 |
|---|---|---|---|---|---|---|---|---|---|---|---|
| 清单综合单价组成明细 | | | | | | | | | | | |
| 定额编号 | 定额名称 | 定额单位 | 数量 | 单价 | | | | | 合价 | | | |
| | | | | 人工费 | 材料费 | 机械费 | 管理费 | 利润 | 人工费 | 材料费 | 机械费 | 管理费 | 利润 |
| 14—338 | 水性透明封固底漆 | m² | 1 | 1.20 | 0.65 | 0.05 | 0.17 | 0.14 | 1.20 | 0.65 | 0.05 | 0.17 | 0.14 |
| 14—352 | 酚醛调和漆面漆 | | 1 | 6.44 | 4.53 | 0.26 | 1.00 | 0.86 | 6.44 | 4.53 | 0.26 | 1.00 | 0.86 |
| 人工单价 | | 小计 | | | | | | | 7.64 | 5.18 | 0.31 | 1.17 | 1.00 |
| 87.90元/工日 | | 未计价材料费 | | | | | | | — | | | | |
| 清单项目综合单价 | | | | | | | | | 14.23 | | | | |

# 第五节 金属面油漆与抹灰面油漆

## 一、金属面油漆与抹灰面油漆简介

金属面油漆包括钢结构、金属结构构件除锈、油漆，其工作内容包括清扫、除锈除尘、刷防护材料、刷漆等；抹灰面油漆包括天棚面、墙、柱、梁等抹灰面油漆和空花格、栏杆油漆等，其工作内容包括清扫、除尘、刷防护材料、刷漆等。

## 二、金属面油漆、抹灰面油漆工程量计算

### 1. 工程量计算规则

金属面油漆、抹灰面油漆工程量计算规则见表 7-13。

表 7-13　金属面油漆、抹灰面油漆工程量计算规则

| 项目 | 规则 |
|------|------|
| 清单工程量计算规则 | (1)金属面油漆工程量。<br>1)以 t 计量，按设计图示尺寸以质量计算。<br>2)以 m² 计量，按设计展开面积计算。<br>(2)抹灰面油漆。<br>1)抹灰面油漆、满刮腻子按设计图示尺寸以面积计算；<br>2)抹灰线条油漆按设计图示尺寸以长度计算 |
| 定额工程量计算规则(参照北京市建设工程计价依据《房屋建筑与装饰工程预算定额》) | (1)金属结构各种构件的油漆、涂料按设计结构尺寸以展开面积计算。<br>(2)抹灰面油漆、刮腻子均按设计图示尺寸以面积计算，抹灰线条油漆均按设计图示尺寸以长度计算 |

### 2. 工程量计算实例

【例 7-12】　某钢爬梯如图 7-9 所示，φ28 钢筋线密度为 4.834 kg/m，试计算钢爬梯油漆工程量。

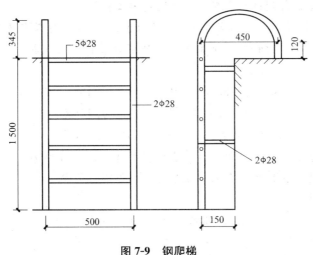

图 7-9　钢爬梯

【解】　钢爬梯油漆工程量＝[(1.50＋0.12×2＋0.45×π/2)×2＋(0.50＋0.028)×5＋

(0.15−0.014)×4]×4.834

＝39.04(kg)＝0.039 t

【例 7-13】　计算图 7-10 所示卧室内墙裙油漆的工程量。已知墙裙高为 1.5 m，窗台高为 1.0 m，窗洞侧油漆宽为 100 mm。

【解】　抹灰面油漆清单工程量＝(5.24−0.24＋3.24−0.24)×2×1.5−1.5×(1.6−

1.0)−1.2×1.5＋(1.6−1.0)×0.1×2

＝21.42(m²)

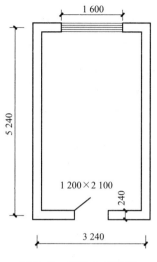

**图 7-10　某卧室平面图**

### 三、金属面油漆、抹灰面油漆工程综合单价的确定

【例 7-14】　试根据【例 7-13】中的清单项目确定抹灰面油漆的综合单价。

【解】　(1)工程量计算。根据【例 7-13】，抹灰面油漆清单工程量为 21.42m²。

根据定额工程量计算规则，定额工程量同清单工程量。

(2)单价及费用计算。参照北京市建设工程计价依据《房屋建筑与装饰工程预算定额》可知，抹灰面油漆人工费、材料费、机械费为刮底层抗裂腻子及刷抗碱封闭底漆、透明防尘面漆各一遍之和，即

$$人工费＝3.23＋1.13＋1.10＝5.46(元/m²)$$

$$材料费＝1.64＋2.53＋3.57＝7.74(元/m²)$$

$$机械费＝0.13＋0.05＋0.04＝0.22(元/m²)$$

管理费的计费基数均为人工费、材料费和机械费之和，费率为 8.88%；利润的计费基数为人工费、材料费、机械费和企业管理费之和，费率为 7%。

1)本工程人工费：

$$21.42×5.46＝116.95(元)$$

2)本工程材料费：

$$21.42×7.74＝165.79(元)$$

3)本工程机械费：

$$21.42×0.22＝4.71(元)$$

4)本工程管理费单价：

$$(3.23＋1.64＋0.13)×8.88\%＝0.44(元/m²)$$

$$(1.13＋2.53＋0.05)×8.88\%＝0.33(元/m²)$$

$$(1.10＋3.57＋0.04)×8.88\%＝0.42(元/m²)$$

本工程管理费：

$$21.42×(0.44＋0.33＋0.42)＝25.49(元)$$

5）本工程利润单价：

$$(3.23+1.64+0.13+0.44)\times7\%=0.38(元/m^2)$$
$$(1.13+2.53+0.05+0.33)\times7\%=0.28(元/m^2)$$
$$(1.10+3.57+0.04+0.42)\times7\%=0.36(元/m^2)$$

本工程利润：

$$21.42\times(0.38+0.28+0.36)=21.85(元)$$

（3）本工程综合单价计算。

$$(116.95+165.79+4.71+25.49+21.85)/21.42=15.63(元/m^2)$$

抹灰面油漆项目综合单价分析表见表7-14。

表7-14 综合单价分析表

工程名称：　　　　　　　　　　　　　　　　　　　　　　　　第 页 共 页

| 项目编码 | 011406001001 | | 项目名称 | | 抹灰面油漆 | | 计量单位 | m² | 工程量 | 21.42 |
|---|---|---|---|---|---|---|---|---|---|---|
| 清单综合单价组成明细 | | | | | | | | | | |

| 定额编号 | 定额名称 | 定额单位 | 数量 | 单价 | | | | | 合价 | | | | |
|---|---|---|---|---|---|---|---|---|---|---|---|---|---|
| | | | | 人工费 | 材料费 | 机械费 | 管理费 | 利润 | 人工费 | 材料费 | 机械费 | 管理费 | 利润 |
| 14-646 | 底层抗裂腻子 | m² | 1 | 3.23 | 1.64 | 0.13 | 0.44 | 0.38 | 3.23 | 1.64 | 0.13 | 0.44 | 0.38 |
| 14-661 | 抗碱封闭底漆 | | 1 | 1.13 | 2.53 | 0.05 | 0.33 | 0.28 | 1.13 | 2.53 | 0.05 | 0.33 | 0.28 |
| 14-662 | 透明防尘面漆 | | 1 | 1.10 | 3.57 | 0.04 | 0.42 | 0.36 | 1.10 | 3.57 | 0.04 | 0.42 | 0.36 |
| 人工单价 | | 小计 | | | | | | | 5.46 | 7.74 | 0.22 | 1.19 | 0.92 |
| 87.90 元/工日 | | 未计价材料费 | | | | | | | — | | | | |
| 清单项目综合单价 | | | | | | | | | 15.63 | | | | |

# 第六节　喷刷涂料

## 一、喷刷涂料简介

喷刷涂料包括天棚面、墙、柱、梁等喷塑，天棚面、墙、柱、梁等面喷（刷）涂料，地坪防火涂料，喷刷涂料在现代建筑装饰工程中，因其具有施工较简单、更新较容易、费用较低廉、构造层较轻薄、效果多样性等特点而得到广泛的应用。喷刷涂料的涂层构造一般可分为三层，即底涂层、中间涂层和面涂层。其工作内容包括清扫、除尘、刷防护材料、刷漆等。

## 二、喷刷涂料工程量计算

### 1. 工程量计算规则

喷刷涂料工程量计算规则见表7-15。

表 7-15　喷刷涂料工程量计算规则

| 项目 | 规则 |
| --- | --- |
| 清单工程量计算规则 | (1)墙面喷刷涂料、天棚喷刷涂料工程量按设计图示尺寸以面积计算；<br>(2)空花格、栏杆刷涂料工程量按设计图示尺寸以单面外围面积计算；<br>(3)线条刷涂料工程量按设计图示尺寸以长度计算；<br>(4)金属构件刷防火涂料工程量：<br>1)以 t 计量，按设计图示尺寸以质量计算；<br>2)以 m² 计量，按设计展开面积计算。<br>(5)木材构件喷刷防火涂料工程量按设计图示尺寸以面积计算 |
| 定额工程量计算规则(参照北京市建设工程计价依据《房屋建筑与装饰工程预算定额》) | (1)木材面涂料按设计图示尺寸以面积计算。<br>(2)金属结构各种构件的涂料均按设计结构尺寸以展开面积计算。<br>(3)木材面、混凝土面涂刷防火涂料按设计图示尺寸以面积计算 |

**2. 工程量计算实例**

【例 7-15】　某工程阳台如图 7-11 所示，欲刷预制混凝土花格乳胶漆，试计算其工程量。

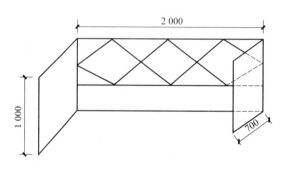

图 7-11　某工程阳台示意

【解】　花格刷涂料工程量＝(1.0×0.7)×2＋2.0×1＝3.40(m²)

## 三、喷刷涂料工程综合单价的确定

【例 7-16】　试根据【例 7-15】中的清单项目确定栏杆刷涂料的综合单价。

【解】　(1)工程量计算。根据【例 7-15】，栏杆刷涂料工程量为 3.40 m²。

根据定额工程量计算规则，定额工程量同清单工程量。

(2)单价及费用计算。参照北京市建设工程计价依据《房屋建筑与装饰工程预算定额》可知，预制混凝土花格乳胶漆人工费为 24.79 元/m²，材料费为 6.24 元/m²，机械费为 0.99 元/m²。管理费的计费基数均为人工费、材料费和机械费之和，费率为 8.88%；利润的计费基数为人工费、材料费、机械费和企业管理费之和，费率为 7%。

1)本工程人工费：

$$3.40×24.79＝84.29(元)$$

2)本工程材料费：

$$3.40×6.24＝21.22(元)$$

3)本工程机械费：

$$3.40 \times 0.99 = 3.37(\text{元})$$

4)本工程管理费单价:

$$(24.79 + 6.24 + 0.99) \times 8.88\% = 2.84(\text{元}/\text{m}^2)$$

本工程管理费:

$$3.40 \times 2.84 = 9.66(\text{元})$$

5)本工程利润单价:

$$(24.79 + 6.24 + 0.99 + 2.84) \times 7\% = 2.44(\text{元}/\text{m}^2)$$

本工程利润:

$$3.40 \times 2.44 = 8.30(\text{元})$$

(3)本工程综合单价计算。

$$(84.29 + 21.22 + 3.37 + 9.66 + 8.30)/3.40 = 37.31(\text{元}/\text{m}^2)$$

栏杆刷涂料综合单价分析表见表7-16。

表7-16　综合单价分析表

工程名称:　　　　　　　　　　　　　　　　　　　　　　　　　　　　第　页　共　页

| 项目编码 | 011407003001 | | 项目名称 | | 栏杆刷涂料 | | | 计量单位 | | m² | 工程量 | | 3.40 |
|---|---|---|---|---|---|---|---|---|---|---|---|---|---|
| 清单综合单价组成明细 | | | | | | | | | | | | | |
| 定额编号 | 定额名称 | 定额单位 | 数量 | 单价 | | | | | 合价 | | | | |
| | | | | 人工费 | 材料费 | 机械费 | 管理费 | 利润 | 人工费 | 材料费 | 机械费 | 管理费 | 利润 |
| 14—764 | 预制混凝土花格乳胶漆 | m² | 1 | 24.79 | 6.24 | 0.99 | 2.84 | 2.44 | 24.79 | 6.24 | 0.99 | 2.84 | 2.44 |
| 人工单价 | | 小计 | | | | | | | 24.79 | 6.24 | 0.99 | 2.84 | 2.44 |
| 87.90 元/工日 | | 未计价材料费 | | | | | | | — | | | | |
| 清单项目综合单价 | | | | | | | | | 37.31 | | | | |

# 第七节　裱糊

## 一、裱糊简介

裱糊饰面是指采用建筑装饰卷材,通过裱贴或铺钉等方法覆盖于室内墙、柱、顶面及各种装饰造型构件表面的装潢饰面工程。在现在室内装修中,经常使用的有壁纸、墙布、皮革及微薄木等。壁纸、墙布色彩和图案丰富,装饰效果好,因此,被广泛应用于宾馆、酒店的标准房间及各种会议、展览及住宅卧室等场所。

裱糊包括墙纸裱糊和织锦缎裱糊。其中,墙纸裱糊的墙纸类型包括纸面纸基墙纸、塑料墙纸、天然材料墙纸和金属墙纸。

## 二、裱糊工程量计算

### 1. 工程量计算规则

裱糊工程量计算规则见表7-17。

表 7-17　裱糊工程量计算规则

| 项目 | 规则 |
| --- | --- |
| 清单工程量计算规则 | 按设计图示尺寸以面积计算 |
| 定额工程量计算规则(参照北京市建设工程计价依据《房屋建筑与装饰工程预算定额》) | 按设计图示尺寸以面积计算 |

### 2. 工程量计算实例

【例 7-17】　图 7-12 所示为墙面贴壁纸，墙高为 2.9 m，踢脚板高为 0.15 m，试计算其工程量。

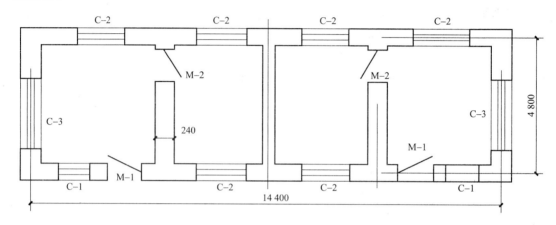

图 7-12　墙面贴壁纸示意

M—1：1.0 m×2.0 m；M—2：0.9 m×2.2 m；

C—1：1.1 m×1.5 m；C—2：1.6 m×1.5 m；C—3：1.8 m×1.5 m

【解】　根据计算规则，墙面贴壁纸按设计图示尺寸以面积计算。

(1)墙净长＝(14.4−0.24×4)×2+(4.8−0.24)×8＝63.36(m)

(2)扣减门窗洞口、踢脚板面积：

踢脚板工程量＝0.15×63.36＝9.5(m²)

M—1：1.0×(2−0.15)×2＝3.7(m²)

M—2：0.9×(2.2−0.15)×4＝7.38(m²)

C：(1.8×2+1.1×2+1.6×6)×1.5＝23.1(m²)

合计扣减面积＝9.5+3.7+7.38+23.1＝43.68(m²)

(3)增加门窗侧壁面积(门窗均居中安装，厚度按 90 mm 计算)：

M—1：$\dfrac{0.24-0.09}{2}×(2-0.15)×4+\dfrac{0.24-0.09}{2}×1.0×2＝0.705(m²)$

M—2：$(0.24-0.09)×(2.2-0.15)×4+(0.24-0.09)×0.9＝1.365(m²)$

C：$\dfrac{0.24-0.09}{2}×[(1.8+1.5)×2×2+(1.1+1.5)×2×2+(1.6+1.5)×2×6]＝4.56(m²)$

合计增加面积＝0.705+1.365+4.56＝6.63(m²)

(4)贴墙纸工程量＝63.36×2.9−43.68+6.63＝146.69(m²)

【例 7-18】　图 7-13 所示为某居室平面图，内墙面设计为贴织锦缎，贴织锦缎高为 3.3 m，

144

室内木墙裙高为 0.9 m，窗台高为 1.2 m，试计算贴织锦缎的工程量。

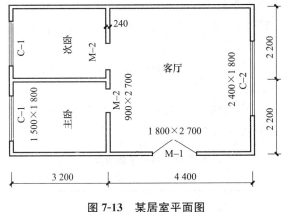

图 7-13　某居室平面图

【解】　贴织锦缎工作量按设计图示尺寸以面积计算，扣除相应孔洞面积，则

贴织锦缎工程量＝客厅工程量＋主卧工程量＋次卧工程量

$$=[(4.4-0.24)+(4.4-0.24)]\times2\times(3.3-0.9)-1.8\times(2.7-0.9)-$$
$$0.9\times(2.7-0.9)\times2-2.4\times1.8+\{[(3.2-0.24)+(2.2-0.24)]\times2\times$$
$$(3.3-0.9)-0.9\times(2.7-0.9)-1.5\times1.8\}\times2$$
$$=67.73(m^2)$$

### 三、裱糊工程综合单价的确定

【例 7-19】　试根据【例 7-17】中的清单项目确定墙纸裱糊的综合单价。

【解】　(1)工程量计算。根据【例 7-17】，墙纸裱糊工程量为 146.69 m²。

根据定额工程量计算规则，定额工程量同清单工程量。

(2)单价及费用计算。墙纸裱糊包括基层处理和墙面贴壁纸，参照北京市建设工程计价依据《房屋建筑与装饰工程预算定额》可知，墙纸裱糊人工费＝1.76＋9.57＝11.33(元/m²)，材料费＝8.28＋26.57＝34.85(元/m²)，机械费＝0.07＋0.38＝0.45(元/m²)。管理费的计费基数均为人工费、材料费和机械费之和，费率为 8.88%；利润的计费基数为人工费、材料费、机械费和企业管理费之和，费率为 7%。

1)本工程人工费：

$$146.69\times11.33=1\ 662.00(元)$$

2)本工程材料费：

$$146.69\times34.85=5\ 112.15(元)$$

3)本工程机械费：

$$146.69\times0.45=66.01(元)$$

4)本工程管理费单价：

$$(1.76+8.28+0.07)\times8.88\%=0.90(元/m^2)$$
$$(9.57+26.57+0.38)\times8.88\%=3.24(元/m^2)$$

本工程管理费：

$$146.69\times(0.90+3.24)=607.30(元)$$

5）本工程利润单价：

$$(1.76+8.28+0.07+0.90)\times 7\%=0.77(元/m^2)$$
$$(9.57+26.57+0.38+3.24)\times 7\%=2.78(元/m^2)$$

本工程利润：

$$146.69\times(0.77+2.78)=520.75(元)$$

（3）本工程综合单价计算。

$$(1\ 662.00+5\ 112.15+66.01+607.30+520.75)/146.69=54.32(元/m^2)$$

墙纸裱糊综合单价分析表见表7-18。

**表7-18　综合单价分析表**

工程名称：　　　　　　　　　　　　　　　　　　　　　　　　　　　　　　　　　第　页　共　页

| 项目编码 | 011408001001 | | 项目名称 | | 墙纸裱糊 | | 计量单位 | m² | 工程量 | 146.69 |
|---|---|---|---|---|---|---|---|---|---|---|
| 清单综合单价组成明细 | | | | | | | | | | |
| 定额编号 | 定额名称 | 定额单位 | 数量 | 单价 | | | | | 合价 | |

| 定额编号 | 定额名称 | 定额单位 | 数量 | 人工费 | 材料费 | 机械费 | 管理费 | 利润 | 人工费 | 材料费 | 机械费 | 管理费 | 利润 |
|---|---|---|---|---|---|---|---|---|---|---|---|---|---|
| 14—785 | 预制混凝土花格乳胶漆 | m² | 1 | 1.76 | 8.28 | 0.07 | 0.90 | 0.77 | 1.76 | 8.28 | 0.07 | 0.90 | 0.77 |
| 14—788 | 内墙面粘贴对花壁纸 | | 1 | 9.57 | 26.57 | 0.38 | 3.24 | 2.78 | 9.57 | 26.57 | 0.38 | 3.24 | 2.78 |
| 人工单价 | | 小计 | | | | | | | 11.33 | 34.85 | 0.45 | 4.14 | 3.55 |
| 87.90 元/工日 | | 未计价材料费 | | | | | | | — | | | | |
| 清单项目综合单价 | | | | | | | | | 54.32 | | | | |

## 本章小结

　　油漆、涂料、裱糊工程包括门油漆，窗油漆，木扶手及其他板条线条油漆，木材面油漆，金属面油漆，抹灰面油漆，喷刷、涂料，花饰、线条刷涂料，裱糊工程。本章介绍了油漆、涂料、裱糊工程的工程量计算及综合单价的确定。

## 思考与练习

**一、填空题**

1．门油漆可分为＿＿＿＿＿＿和＿＿＿＿＿＿。

2．木扶手的断面形式要考虑＿＿＿＿＿＿，为了便于握紧扶手，扶手截面直径一般为＿＿＿＿＿＿。

3．衣柜、壁柜油漆，梁柱饰面油漆，零星木装修油漆工程量按＿＿＿＿＿＿计算。

4．喷刷涂料的涂层构造一般可分为三层，即＿＿＿＿＿＿、＿＿＿＿＿＿和＿＿＿＿＿＿。

**二、简答题**

1．门油漆工程量计算规则是什么？

2．窗的主要功能是什么？按开启方式的不同可分为哪几种？

3. 金属面、抹灰面油漆工程量如何计算？

4. 什么是裱糊饰面？裱糊工程量计算规则如何计算？

### 三、计算题

如图 7-14 所示，某建筑外墙刷防水乳胶漆墙面，内墙粘贴壁纸，木质踢脚线为 80 mm，窗连门，全玻璃，推拉门，居中立樘，框厚为 80 mm，墙厚为 240 mm。计算外墙面、内墙、门窗油漆工程量。

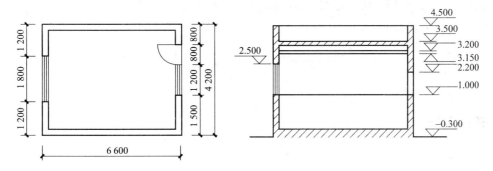

**图 7-14　建筑平面图及剖面图**

# 第八章
# 其他装饰工程计量与计价

 **知识目标**

1. 了解脚手架分类，掌握脚手架工程工程量计算。
2. 了解混凝土模板及支架(撑)简介，掌握混凝土模板及支架(撑)工程量计算。
3. 了解垂直运输，掌握超高垂直运输工程量计算。
4. 了解超高施工增加的知识，掌握超高施工增加工程量计算。
5. 了解大型机械设备进出场及安拆，施工排水、降水，安全文明施工、夜间施工、二次搬运、冬雨期施工，地上、地下设施及建筑物的临时保护设施工程量计算。

**能力目标**

能进行柜类、货架、暖气罩、浴厕配件、压条、装饰线、雨篷、旗杆、招牌、灯箱、美术字符工程的工程量清单项目设置，并能根据清单项目工程量计算规则对其进行工程量计算。

# 第一节　柜类、货架

## 一、柜类、货架简介

柜类、货架主要包括柜台、酒柜、衣柜、存包柜、鞋柜、书柜、厨房壁柜、木壁柜、厨房低柜、厨房吊柜、矮柜、吧台背柜、酒吧吊柜、酒吧台、展台、收银台、试衣间、货架、书架及服务台。其中，服务台或收银台的构造，常用的主要有木骨架、钢骨架或组合骨架等结构体系，其高度为 1 100～1 200 mm；柜台、吧台、服务台等设施必须满足防火、防烫、耐磨、结构稳定和实用的功能要求，以及满足创造高雅、华贵的装饰效果的要求，因而，多采用木结构、钢结构、砖砌体、混凝土结构、玻璃结构等组合构成。

## 二、柜类、货架工程量计算

**1. 工程量计算规则**

柜类、货架工程量计算规则见表 8-1。

表 8-1　柜类、货架工程量计算规则

| 项目 | 规则 |
|---|---|
| 清单工程量计算规则 | (1)以个计量，按设计图示数量计量。<br>(2)以 m 计量，按设计图示尺寸以延长米计算。<br>(3)以 m³ 计量，按设计图示尺寸以体积计算 |
| 定额工程量计算规则(参照北京市建设工程计价依据《房屋建筑与装饰工程预算定额》) | (1)柜台、存包柜、鞋架、酒吧台、收银台、试衣间、货架、服务台等按设计图示数量计算。<br>(2)附墙酒柜、衣柜、书柜、厨房壁柜、木壁柜、厨房低柜、厨房吊柜、矮柜、吧台背柜、酒吧吊柜、展台、书架等按设计图示尺寸以长度计算 |

## 2. 工程量计算实例

【例 8-1】　图 8-1 所示为某附墙木衣柜立面图，试根据计算规则计算其工程量。

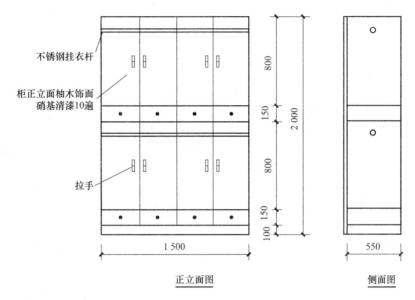

图 8-1　某附墙木衣柜立面图

【解】　根据工程量计算规则，附墙木衣柜工程量可表示为

(1)以个计量，附墙木衣柜工程量=1 个。

(2)以 m 计量，附墙木衣柜工程量=1.5 m。

(3)以 m³ 计量，附墙木衣柜工程量=1.5×2.0×0.55=1.65(m³)。

## 三、柜类、货架工程综合单价的确定

【例 8-2】　试根据【例 8-1】中的清单项目确定附墙木衣柜的综合单价。

【解】　(1)工程量计算。根据【例 8-1】，附墙木衣柜清单工程量为 1.5 m。

根据定额工程量计算规则，定额工程量同清单工程量，为 1.5 m。

(2)单价及费用计算。参照北京市建设工程计价依据《房屋建筑与装饰工程预算定额》可知，附墙木衣柜人工费为 311.38 元/m，材料费为 595.66 元/m，机械费为 15.92 元/m。管理费的计费基数均为人工费、材料费和机械费之和，费率为 8.88%；利润的计费基数为人工费、材料费、机械费和企业管理费之和，费率为7%。

1）本工程人工费：

$$1.50 \times 311.38 = 467.07(元)$$

2）本工程材料费：

$$1.50 \times 595.66 = 893.49(元)$$

3）本工程机械费：

$$1.50 \times 15.92 = 23.88(元)$$

4）本工程管理费单价：

$$(311.38 + 595.66 + 15.92) \times 8.88\% = 81.96(元/m)$$

本工程管理费：

$$1.50 \times 81.96 = 122.94(元)$$

5）本工程利润单价：

$$(311.38 + 595.66 + 15.92 + 81.96) \times 7\% = 70.34(元/m)$$

本工程利润：

$$1.50 \times 70.34 = 105.51(元)$$

（3）本工程综合单价计算。

$$(467.07 + 893.49 + 23.88 + 122.94 + 105.51)/1.5 = 1\ 075.26(元/m)$$

附墙木衣柜项目综合单价分析表见表8-2。

表8-2 综合单价分析表

工程名称：                                                                  第 页 共 页

| 项目编码 | 011501003001 | 项目名称 | | 衣柜 | | | 计量单位 | | m | 工程量 | | 1.5 |
|---|---|---|---|---|---|---|---|---|---|---|---|---|
| 清单综合单价组成明细 | | | | | | | | | | | | |
| 定额编号 | 定额名称 | 定额单位 | 数量 | 单价 | | | | | 合价 | | | | |
| | | | | 人工费 | 材料费 | 机械费 | 管理费 | 利润 | 人工费 | 材料费 | 机械费 | 管理费 | 利润 |
| 15—7 | 附墙木衣柜 | m | 1 | 311.38 | 595.66 | 15.92 | 81.96 | 70.34 | 311.38 | 595.66 | 15.92 | 81.96 | 70.34 |
| 人工单价 | | 小计 | | | | | | | 311.38 | 595.66 | 15.92 | 81.96 | 70.34 |
| 104.00 元/工日 | | 未计价材料费 | | | | | | | — | | | | |
| 清单项目综合单价 | | | | | | | | | 1 075.26 | | | | |

# 第二节 压条、装饰线

## 一、压条、装饰线简介

压条、装饰线是指进行建筑装饰安装某物（如木窗安装玻璃）时，为了安装牢固，压在边上进行固定的条状装饰物，或指在一些边角、拐角上不好处理的地方，为了美观而安装的线状装饰物（如屋顶的石膏线条或在电视墙上的一些有造型的木线条等）。

压条、装饰线包括金属装饰线、木质装饰线、石材装饰线、石膏装饰线、镜面玻璃线、铝塑装饰线、塑料装饰线及GRC装饰线条。

## 二、压条、装饰线工程量计算

### 1. 工程量计算规则

压条、装饰线工程量计算规则见表8-3。

表8-3 压条、装饰线工程量计算规则

| 项目 | 规则 |
|---|---|
| 清单工程量计算规则 | 按设计图示尺寸以长度计算 |
| 定额工程量计算规则(参照北京市建设工程计价依据《房屋建筑与装饰工程预算定额》) | (1)装饰线按设计图示尺寸以长度计算。<br>(2)角花、圆圈线条、拼花图案、灯盘、灯圈等按数量计算;镜框线、柜橱线按设计图示尺寸以长度计算。<br>(3)欧式装饰线中的外挂檐口板、腰线板按图示尺寸以长度计算;山花浮雕、拱型雕刻分规格按数量计算 |

### 2. 工程量计算实例

【例8-3】 如图8-2所示,某办公楼走廊内安装一块带框镜面玻璃,采用25 mm宽的铝合金条槽线形镶饰,长为1 500 mm,宽为1 000 mm,试计算其工程量。

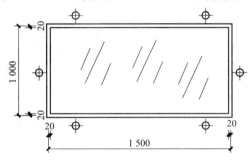

图8-2 带框镜面玻璃

【解】 装饰线工程量＝[(1.5－0.02)＋(1.0－0.02)]×2＝4.92(m)

【例8-4】 图8-3所示为某接待室墙面立面图,试计算镜子周边压条工程量。

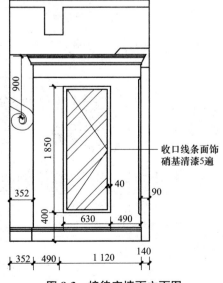

收口线条面饰
硝基清漆5遍

图8-3 接待室墙面立面图

**【解】** 镜子周边压条工程量＝(0.63+1.85)×2＝4.96(m)

### 三、压条、装饰线工程综合单价的确定

**【例8-5】** 试根据【例8-3】中的清单项目确定铝合金条的综合单价。

**【解】** (1)工程量计算。根据【例8-3】，铝合金条工程量为4.92 m。

根据定额工程量计算规则，定额工程量同清单工程量。

(2)单价及费用计算。参照北京市建设工程计价依据《房屋建筑与装饰工程预算定额》可知，铝合金条人工费为2.07元/m，材料费为6.27元/m，机械费为0.11元/m。管理费的计费基数均为人工费、材料费和机械费之和，费率为8.88%；利润的计费基数为人工费、材料费、机械费和企业管理费之和，费率为7%。

1)本工程人工费：
$$4.92×2.07＝10.18(元)$$

2)本工程材料费：
$$4.92×6.27＝30.85(元)$$

3)本工程机械费：
$$4.92×0.11＝0.54(元)$$

4)本工程管理费单价：
$$(2.07+6.27+0.11)×8.88\%＝0.75(元/m)$$

本工程管理费：
$$4.92×0.75＝3.69(元)$$

5)本工程利润单价：
$$(2.07+6.27+0.11+0.75)×7\%＝0.64(元/m)$$

本工程利润：
$$4.92×0.64＝3.15(元)$$

(3)本工程综合单价计算。
$$(10.18+30.85+0.54+3.69+3.15)/4.92＝9.84(元/m)$$

铝合金条项目综合单价分析表见表8-4。

表8-4 综合单价分析表

工程名称：　　　　　　　　　　　　　　　　　　　　　　　　　　　第　页 共　页

| 项目编码 | 011502001001 | 项目名称 | | 金属装饰线 | | | | 计量单位 | | m | 工程量 | | 4.92 |
|---|---|---|---|---|---|---|---|---|---|---|---|---|---|
| 清单综合单价组成明细 | | | | | | | | | | | | | |
| 定额编号 | 定额名称 | 定额单位 | 数量 | 单价 | | | | | 合价 | | | | |
| | | | | 人工费 | 材料费 | 机械费 | 管理费 | 利润 | 人工费 | 材料费 | 机械费 | 管理费 | 利润 |
| 15—69 | 铝合金条(板) | m | 1 | 2.07 | 6.27 | 0.11 | 0.75 | 0.64 | 2.07 | 6.27 | 0.11 | 0.75 | 0.64 |
| 人工单价 | | 小计 | | | | | | | 2.07 | 6.27 | 0.11 | 0.75 | 0.64 |
| 104.00 元/工日 | | 未计价材料费 | | | | | | | — | | | | |
| 清单项目综合单价 | | | | | | | | | 9.84 | | | | |

# 第三节　扶手、栏杆、栏板装饰

## 一、扶手、栏杆、栏板装饰简介

扶手、栏杆、栏板装饰包括金属扶手、栏杆、栏板，硬木扶手、栏杆、栏板，塑料扶手、栏杆、栏板，GRC栏杆、扶手，金属靠墙扶手，硬木靠墙扶手，塑料靠墙扶手及玻璃栏板，主要工作内容包括制作、运输、安装和刷防护材料。

## 二、扶手、栏杆、栏板装饰工程量计算

### 1. 工程量计算规则

扶手、栏杆、栏板装饰工程量计算规则见表8-5。

表8-5　扶手、栏杆、栏板装饰工程量计算规则

| 项目 | 规则 |
| --- | --- |
| 清单工程量计算规则 | 按设计图示以扶手中心线长度(包括弯头长度)计算 |
| 定额工程量计算规则<br>(参照北京市建设工程计价依据《房屋建筑与装饰工程预算定额》) | (1)栏杆(板)按扶手中心线水平投影长度乘以栏杆(板)高度以面积计算。栏杆(板)高度从结构上表面算至扶手底面。<br>(2)旋转楼梯栏杆按图示扶手中心线长度乘以栏杆高度以面积计算。<br>(3)无障碍设施栏杆按图示尺寸以长度计算。<br>(4)扶手(包括弯头)按扶手中心线水平投影长度计算。<br>(5)旋转楼梯扶手按设计图示以扶手中心线长度计算 |

### 2. 工程量计算实例

【例8-6】　如图8-4所示，某学校图书馆一层平面图中，楼梯为不锈钢钢管栏杆，试根据计算规则计算其工程量(梯段踏步宽为300 mm，踏步高为150 mm)。

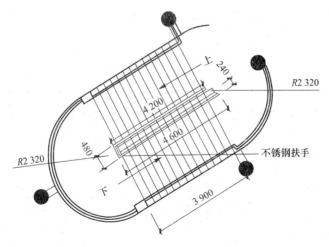

图8-4　楼梯为不锈钢钢管栏杆示意图

【解】　根据工程量计算规则：

$$不锈钢栏杆工程量 = (4.2+4.6) \times \frac{\sqrt{0.15^2+0.3^2}}{0.3} + 0.48 + 0.24 = 10.56(\text{m})$$

$$不锈钢栏杆定额工程量 = (4.6+0.24+0.48) \times 1.1 = 5.85(\text{m}^2)$$

## 三、扶手、栏杆、栏板装饰工程综合单价的确定

**【例8-7】** 试根据【例8-6】中的清单项目确定不锈钢栏杆的综合单价。

**【解】** (1)工程量计算。根据【例8-6】，不锈钢栏杆工程量为10.56 m，定额工程量为5.85 m²。

(2)单价及费用计算。参照北京市建设工程计价依据《房屋建筑与装饰工程预算定额》可知，不锈钢栏杆人工费为57.07元/m²，材料费为344.52元/m²，机械费为4.00元/m²。管理费的计费基数均为人工费、材料费和机械费之和，费率为8.88%；利润的计费基数为人工费、材料费、机械费和企业管理费之和，费率为7%。

1)本工程人工费：
$$5.85 \times 57.07 = 333.86(\text{元})$$

2)本工程材料费：
$$5.85 \times 344.52 = 2\ 015.44(\text{元})$$

3)本工程机械费：
$$5.85 \times 4.00 = 23.40(\text{元})$$

4)本工程管理费单价：
$$(57.07+344.52+4.00) \times 8.88\% = 36.02(\text{元/m}^2)$$

本工程管理费：
$$5.85 \times 36.02 = 210.72(\text{元})$$

5)本工程利润单价：
$$(57.07+344.52+4.00+36.02) \times 7\% = 30.91(\text{元/m}^2)$$

本工程利润：
$$5.85 \times 30.91 = 180.82(\text{元})$$

(3)本工程综合单价计算。
$$(333.86+2\ 015.44+23.40+210.72+180.82)/10.56 = 261.77(\text{元/m})$$

不锈钢栏杆项目综合单价分析表见表8-6。

### 表8-6 综合单价分析表

工程名称： 　　　　　　　　　　　　　　　　　　　　　　　　　　　第 页 共 页

| 项目编码 | 011503001001 | 项目名称 | | 不锈钢栏杆 | | | 计量单位 | m | 工程量 | | 10.56 |
|---|---|---|---|---|---|---|---|---|---|---|---|
| 清单综合单价组成明细 | | | | | | | | | | | |
| 定额编号 | 定额名称 | 定额单位 | 数量 | 单价 | | | | | 合价 | | |
| | | | | 人工费 | 材料费 | 机械费 | 管理费 | 利润 | 人工费 | 材料费 | 机械费 | 管理费 | 利润 |
| 15—171 | 不锈钢栏杆 | m² | 0.55 | 57.07 | 344.52 | 4.00 | 36.02 | 30.91 | 57.07 | 344.52 | 4.00 | 36.02 | 30.91 |
| 人工单价 | | 小计 | | | | | | | 57.07 | 344.52 | 4.00 | 36.02 | 30.91 |
| 104.00 元/工日 | | 未计价材料费 | | | | | | | — | | | | |
| 清单项目综合单价 | | | | | | | | | 261.77 | | | | |

# 第四节　暖气罩

## 一、暖气罩简介

暖气罩是罩在暖气片外面的一层金属或木制的外壳，用来遮挡暖气片，有美观、遮挡灰尘等作用。暖气罩包括饰面板暖气罩、塑料板暖气罩和金属暖气罩。

## 二、暖气罩工程量计算

### 1. 工程量计算规则

暖气罩工程量计算规则见表 8-7。

表 8-7　暖气罩工程量计算规则

| 项目 | 规则 |
| --- | --- |
| 清单工程量计算规则 | 按设计图示尺寸以垂直投影面积(不展开)计算 |
| 定额工程量计算规则(参照北京市建设工程计价依据《房屋建筑与装饰工程预算定额》) | (1)暖气罩按设计图示尺寸以垂直投影面积(不展开) 计算。<br>(2)暖气罩台面按设计图示尺寸以长度计算 |

### 2. 工程量计算实例

【例 8-8】　某平墙式暖气罩尺寸如图 8-5 所示，其包括五合板基层、榉木板面层、机制木花格散热口，共 18 个。试计算其工程量。

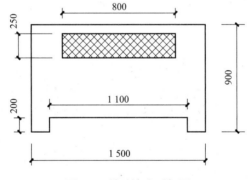

图 8-5　某平墙式暖气罩

【解】　饰面板暖气罩工程量＝(1.5×0.9－1.10×0.20－0.80×0.25)×18＝16.74(m²)

【例 8-9】　图 8-6 所示为房间内墙面装饰，试计算暖气罩工程量。

【解】　暖气罩工程量＝0.78×0.84＝0.66(m²)

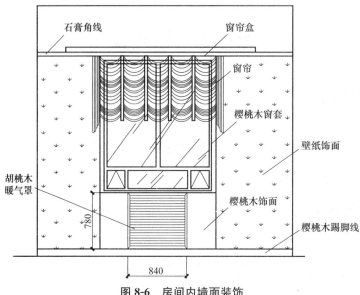

石膏角线　　　　　窗帘盒

窗帘

樱桃木窗套

壁纸饰面

胡桃木
暖气罩

780

樱桃木饰面

樱桃木踢脚线

840

图 8-6　房间内墙面装饰

### 三、暖气罩工程综合单价的确定

【**例 8-10**】　试根据【例 8-8】中的清单项目确定饰面板暖气罩的综合单价。

【**解**】　(1)工程量计算。根据【例 8-8】，饰面板暖气罩工程量为 16.74 m²。

根据定额工程量计算规则，定额工程量同清单工程量。

(2)单价及费用计算。参照北京市建设工程计价依据《房屋建筑与装饰工程预算定额》可知，饰面板暖气罩人工费为 53.98 元/m²，材料费为 93.54 元/m²，机械费为 2.64 元/m²。管理费的计费基数均为人工费、材料费和机械费之和，费率为 8.88%；利润的计费基数为人工费、材料费、机械费和企业管理费之和，费率为 7%。

1)本工程人工费：
$$16.74 \times 53.98 = 903.63(元)$$

2)本工程材料费：
$$16.74 \times 93.54 = 1\ 565.86(元)$$

3)本工程机械费：
$$16.74 \times 2.64 = 44.19(元)$$

4)本工程管理费单价：
$$(53.98 + 93.54 + 2.64) \times 8.88\% = 13.33(元/m^2)$$

本工程管理费：
$$16.74 \times 13.33 = 223.14(元)$$

5)本工程利润单价：
$$(53.98 + 93.54 + 2.64 + 13.33) \times 7\% = 11.44(元/m^2)$$

本工程利润：
$$16.74 \times 11.44 = 191.51(元)$$

(3)本工程综合单价计算。
$$(903.63 + 1\ 565.86 + 44.19 + 223.14 + 191.51)/16.74 = 174.93(元/m^2)$$

饰面板暖气罩项目综合单价分析表见表8-8。

表8-8 综合单价分析表

工程名称：                                                                                          第 页 共 页

| 项目编码 | 011504001001 | | 项目名称 | | 木质暖气罩 | | 计量单位 | m² | 工程量 | 16.74 |
|---|---|---|---|---|---|---|---|---|---|---|

| 清单综合单价组成明细 | | | | | | | | | | | | |
|---|---|---|---|---|---|---|---|---|---|---|---|---|

| 定额编号 | 定额名称 | 定额单位 | 数量 | 单价 | | | | | 合价 | | | | |
|---|---|---|---|---|---|---|---|---|---|---|---|---|---|
| | | | | 人工费 | 材料费 | 机械费 | 管理费 | 利润 | 人工费 | 材料费 | 机械费 | 管理费 | 利润 |
| 15—231 | 木质暖气罩 | m² | 1 | 53.98 | 93.54 | 2.64 | 13.33 | 11.44 | 53.98 | 93.54 | 2.64 | 13.33 | 11.44 |
| 人工单价 | | | 小计 | | | | | | 53.98 | 93.54 | 2.64 | 13.33 | 11.44 |
| 104.00 元/工日 | | | 未计价材料费 | | | | | | — | | | | |
| 清单项目综合单价 | | | | | | | | | 174.93 | | | | |

# 第五节 浴厕配件

## 一、浴厕配件简介

浴厕配件是指人们盥洗或洗涤用具的器具，用于浴厕间和厨房，其包括洗漱台、晒衣架、帘子杆、浴缸拉手、卫生间扶手、毛巾杆(架)、毛巾环、卫生纸盒、肥皂盒、镜面玻璃、镜箱。

## 二、厕浴配件工程量计算

### 1. 工程量计算规则

厕浴配件工程量计算规则见表8-9。

表8-9 浴厕配件工程量计算规则

| 项目 | 规则 |
|---|---|
| 清单工程量计算规则 | (1)洗漱台工程量：<br>1)按设计图示尺寸以台面外接矩形面积计算。不扣除孔洞、挖弯、削角所占面积，挡板、吊沿板面积并入台面面积内。<br>2)按设计图示数量计算。<br>(2)镜面玻璃工程量按设计图示尺寸以边框外围面积计算。<br>(3)晒衣架、帘子杆、浴缸拉手、卫生间扶手、卫生纸盒、肥皂盒、镜箱工程量以个为单位按设计图示数量计算；毛巾杆(架)以套为单位按设计图示数量计算；毛巾环以副为单位按设计图示数量计算 |
| 定额工程量计算规则（参照北京市建设工程计价依据《房屋建筑与装饰工程预算定额》） | (1)洗漱台按设计图示尺寸以台面外接矩形面积计算。不扣除孔洞、挖弯、削角所占面积，挡板、吊沿板面积并入台面面积内。<br>(2)晾衣架、帘子杆、浴缸拉手、卫生间扶手、毛巾杆、毛巾环、卫生纸盒、肥皂盒、镜箱安装等按设计图示数量计算。<br>(3)镜面玻璃按设计图示尺寸以边框外围面积计算 |

**2. 工程量计算实例**

**【例 8-11】** 试计算图 8-7 所示云石洗漱台的工程量。

**【解】** (1)以 m² 计量，洗漱台工程量按设计图示尺寸以台面外接矩形面积计算。不扣除孔洞、挖弯、削角所占面积，挡板、吊沿板面积并入台面面积内，即

$$洗漱台工程量＝0.65×0.9＝0.59(m²)$$

(2)以个计量，按设计图示数量计算，洗漱台工程量＝1 个。

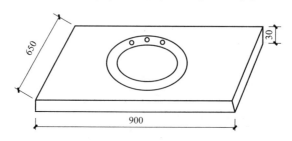

**图 8-7 云石洗漱台示意**

**【例 8-12】** 如图 8-8 所示，某卫生间安装一块不带框镜面玻璃，长为 1 100 mm，宽为 450 mm，试计算其工程量。

**【解】** 镜面玻璃工程量＝1.1×0.45＝0.495(m²)

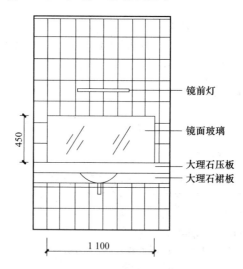

**图 8-8 镜面玻璃安装示意**

## 三、厕浴配件综合单价的确定

**【例 8-13】** 试根据【例 8-11】中的清单项目确定云石洗漱台的综合单价。

**【解】** (1)工程量计算。根据【例 8-11】，云石洗漱台工程量为 0.59 m²。

根据定额工程量计算规则，定额工程量同清单工程量。

(2)单价及费用计算。参照北京市建设工程计价依据《房屋建筑与装饰工程预算定额》可知，云石洗漱台人工费为 200.18 元/m²，材料费为 680.83 元/m²，机械费为 10.47 元/m²。管理费的计费基数均为人工费、材料费和机械费之和，费率为 8.88%；利润的计费基数为

人工费、材料费、机械费和企业管理费之和，费率为7%。

    1)本工程人工费：

$$0.59 \times 200.18 = 118.11（元）$$

    2)本工程材料费：

$$0.59 \times 680.83 = 401.69（元）$$

    3)本工程机械费：

$$0.59 \times 10.47 = 6.18（元）$$

    4)本工程管理费单价：

$$(200.18 + 680.83 + 10.47) \times 8.88\% = 79.16（元/m^2）$$

本工程管理费：

$$0.59 \times 79.16 = 46.70（元）$$

    5)本工程利润单价：

$$(200.18 + 680.83 + 10.47 + 79.16) \times 7\% = 67.94（元/m^2）$$

本工程利润：

$$0.59 \times 67.94 = 40.08（元）$$

    (3)本工程综合单价计算。

$$(118.11 + 401.69 + 6.18 + 79.16 + 40.08)/0.59 = 1\ 093.59（元/m^2）$$

云石洗漱台综合单价分析表见表8-10。

**表 8-10　综合单价分析表**

工程名称：　　　　　　　　　　　　　　　　　　　　　　　　　　第　页　共　页

| 项目编码 | 011505001001 | 项目名称 | | 云石洗漱台 | | 计量单位 | m² | 工程量 | 0.59 |
|---|---|---|---|---|---|---|---|---|---|
| 清单综合单价组成明细 | | | | | | | | | |
| 定额编号 | 定额名称 | 定额单位 | 数量 | 单价 | | | | | |

| 定额编号 | 定额名称 | 定额单位 | 数量 | 单价 人工费 | 单价 材料费 | 单价 机械费 | 单价 管理费 | 单价 利润 | 合价 人工费 | 合价 材料费 | 合价 机械费 | 合价 管理费 | 合价 利润 |
|---|---|---|---|---|---|---|---|---|---|---|---|---|---|
| 15-236 | 石材洗漱台面 | m² | 1 | 200.18 | 680.83 | 10.47 | 79.16 | 67.94 | 200.18 | 680.83 | 10.47 | 79.16 | 67.94 |
| 人工单价 | | 小计 | | | | | | | 200.18 | 680.83 | 10.47 | 79.16 | 67.94 |
| 104.00 元/工日 | | 未计价材料费 | | | | | | | — | | | | |
| 清单项目综合单价 | | | | | | | | | 1 093.59 | | | | |

# 第六节　雨篷、旗杆

## 一、雨篷、旗杆简介

    雨篷是指设置在建筑物进出口上部的遮雨、遮阳篷。旗杆多是一种作为标识而树立的装饰物。雨篷、旗杆包括雨篷吊挂饰面、金属旗杆和玻璃雨篷。

## 二、雨篷、旗杆工程量计算

### 1. 工程量计算规则

    雨篷、旗杆工程量计算规则见表8-11。

表 8-11　雨篷、旗杆工程量计算规则

| 项目 | 规则 |
|---|---|
| 清单工程量计算规则 | 雨篷吊挂饰面、玻璃雨篷工程量按设计图示尺寸以水平投影面积计算；金属旗杆工程量按设计图示数量计算 |
| 定额工程量计算规则(参照北京市建设工程计价依据《房屋建筑与装饰工程预算定额》) | 雨篷吊挂饰面、玻璃雨篷工程量按设计图示尺寸以水平投影面积计算；金属旗杆工程量按设计图示数量计算 |

**2. 工程量计算实例**

【例 8-14】　如图 8-9 所示，某商店的店门前的雨篷吊挂饰面采用金属压型板，高为 400 mm，长为 3 000 mm，宽为 600 mm，试计算其工程量。

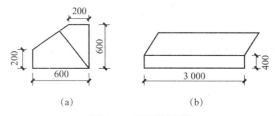

图 8-9　某商店雨篷

(a)侧立面图；(b)平面图

【解】　雨篷吊挂饰面工程量＝3×0.6＝1.8(m²)

【例 8-15】　如图 8-10 所示，某政府部门的门厅处，立有 3 根长为 12 000 mm 的手动不锈钢旗杆，试计算其工程量。

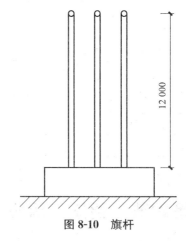

图 8-10　旗杆

【解】　手动不锈钢旗杆工程量＝3 根

## 三、雨篷、旗杆综合单价的确定

【例 8-16】　试根据【例 8-15】中的清单项目确定其综合单价。

【解】　(1)工程量计算。根据【例 8-15】，手动不锈钢旗杆工程量为 3 根。

根据定额工程量计算规则，定额工程量同清单工程量。

(2)单价及费用计算。参照北京市建设工程计价依据《房屋建筑与装饰工程预算定额》可知，手动不锈钢旗杆人工费为 875.04 元/根，材料费为 2 343.43 元/根，机械费为

39.74 元/根。管理费的计费基数均为人工费、材料费和机械费之和，费率为 8.88%；利润的计费基数为人工费、材料费、机械费和企业管理费之和，费率为 7%。

1）本工程人工费：

$$3 \times 875.04 = 2\ 625.12（元）$$

2）本工程材料费：

$$3 \times 2\ 343.43 = 7\ 030.29（元）$$

3）本工程机械费：

$$3 \times 39.74 = 119.22（元）$$

4）本工程管理费单价：

$$(875.04 + 2\ 343.43 + 39.74) \times 8.88\% = 289.33（元/根）$$

本工程管理费：

$$3 \times 289.33 = 867.99（元）$$

5）本工程利润单价：

$$(875.04 + 2\ 343.43 + 39.74 + 289.33) \times 7\% = 248.33（元/根）$$

本工程利润：

$$3 \times 248.33 = 744.99（元）$$

（3）本工程综合单价计算。

$$(2\ 625.12 + 7\ 030.29 + 119.22 + 867.99 + 744.99)/3 = 3\ 795.87（元/根）$$

手动不锈钢旗杆综合单价分析表见表 8-12。

表 8-12    综合单价分析表

工程名称：
第 页 共 页

| 项目编码 | 011506002001 | | 项目名称 | | 金属旗杆 | | 计量单位 | 根 | 工程量 | | 3 |
|---|---|---|---|---|---|---|---|---|---|---|---|
| 清单综合单价组成明细 | | | | | | | | | | | |
| 定额编号 | 定额名称 | 定额单位 | 数量 | 单价 | | | | 合价 | | | |
| | | | | 人工费 | 材料费 | 机械费 | 管理费 | 利润 | 人工费 | 材料费 | 机械费 | 管理费 | 利润 |
| 15—259 | 手动不锈钢旗杆 | 根 | 1 | 875.04 | 2 343.43 | 39.74 | 289.33 | 248.33 | 875.04 | 2 343.43 | 39.74 | 289.33 | 248.33 |
| 人工单价 | | 小计 | | | | | | | 875.04 | 2 343.43 | 39.74 | 289.33 | 248.33 |
| 87.90 元/工日 | | 未计价材料费 | | | | | | | — | | | | |
| 清单项目综合单价 | | | | | | | | | 3 795.87 | | | | |

# 第七节    招牌、灯箱

## 一、招牌、灯箱简介

招牌可分为平面、箱式招牌和竖式标箱。平面、箱式招牌是一种广告招牌形式，主要强调平面感，描绘精致，多用于墙面；竖式标箱是指六面体悬挑在墙体外的一种招牌基层形式。灯箱主要用作户外广告，常用的方法有悬吊、悬挑和附贴等。

## 二、招牌、灯箱工程量计算

### 1. 工程量计算规则

招牌、灯箱工程量计算规则见表8-13。

表8-13　招牌、灯箱工程量计算规则

| 项目 | 规则 |
| --- | --- |
| 清单工程量计算规则 | (1)平面、箱式招牌工程量按设计图示尺寸以正立面边框外围面积计算。复杂形的凸凹造型部分不增加面积。<br>(2)竖式标箱、灯箱、信报箱工程量按设计图示数量计算 |
| 定额工程量计算规则(参照北京市建设工程计价依据《房屋建筑与装饰工程预算定额》) | (1)平面招牌(基层)按设计图示尺寸以正立面边框外围面积计算。复杂形的凸凹造型部分不增加面积。<br>(2)箱式招牌和竖式标箱的基层按其外围图示尺寸以体积计算。<br>(3)招牌、灯箱的面层按设计图示展开面积计算 |

### 2. 工程量计算实例

【例8-17】　某店面檐口上方设一有机玻璃招牌，长为28 m，高为1.5 m，试计算招牌工程量。

【解】　本例为招牌、灯箱工程中平面、箱式招牌，其计算公式如下：

$$平面、箱式招牌工程量＝设计图示框外高度×长度$$
$$招牌工程量＝设计净长度×设计净宽度＝28×1.5＝42(m^2)$$

## 三、招牌、灯箱综合单价的确定

【例8-18】　试根据【例8-17】中的清单项目确定有机玻璃招牌的综合单价。

【解】　(1)工程量计算。根据【例8-17】，有机玻璃招牌工程量为42 m²。

根据定额工程量计算规则，定额工程量同清单工程量。

(2)单价及费用计算。参照北京市建设工程计价依据《房屋建筑与装饰工程预算定额》可知，有机玻璃招牌人工费为10.72 元/m²，材料费为74.18 元/m²，机械费为0.43 元/m²。管理费的计费基数均为人工费、材料费和机械费之和，费率为8.88%；利润的计费基数为人工费、材料费、机械费和企业管理费之和，费率为7%。

1)本工程人工费：

$$42×10.72＝450.24(元)$$

2)本工程材料费：

$$42×74.18＝3\ 115.56(元)$$

3)本工程机械费：

$$42×0.43＝18.06(元)$$

4)本工程管理费单价：

$$(10.72＋74.18＋0.43)×8.88\%＝7.58(元/m^2)$$

本工程管理费：

$$42×7.58＝318.36(元)$$

5)本工程利润单价：

$$(10.72＋74.18＋0.43＋7.58)×7\%＝6.50(元/m^2)$$

本工程利润：

$$42×6.50＝273.00(元)$$

(3)本工程综合单价计算。

$$(450.24＋3\ 115.56＋18.06＋318.36＋273.00)/42＝99.41(元/m^2)$$

有机玻璃招牌综合单价分析表见表8-14。

表8-14　综合单价分析表

工程名称：　　　　　　　　　　　　　　　　　　　　　　　　　　　第　页　共　页

| 项目编码 | 011507001001 | | 项目名称 | | 有机玻璃招牌 | | | 计量单位 | m² | 工程量 | 42 |
|---|---|---|---|---|---|---|---|---|---|---|---|
| 清单综合单价组成明细 | | | | | | | | | | | |
| 定额编号 | 定额名称 | 定额单位 | 数量 | 单价 | | | | | 合价 | | |
| | | | | 人工费 | 材料费 | 机械费 | 管理费 | 利润 | 人工费 | 材料费 | 机械费 | 管理费 | 利润 |
| 15—276 | 有机玻璃 | m² | 1 | 10.72 | 74.18 | 0.43 | 7.58 | 6.50 | 10.72 | 74.18 | 0.43 | 7.58 | 6.50 |
| 人工单价 | | 小计 | | | | | | | 10.72 | 74.18 | 0.43 | 7.58 | 6.50 |
| 87.90元/工日 | | 未计价材料费 | | | | | | | — | | | | |
| 清单项目综合单价 | | | | | | | | | 99.41 | | | | |

# 第八节　美术字

## 一、美术字简介

美术字是指制作广告牌时所用的一种装饰字，其包括以下几项：

(1)泡沫塑料字。泡沫塑料字是由大量气体微孔分散于固体塑料中而形成的一类高分子材料，具有质轻、隔热、吸声、减震等特性，且介电性能优于基体树脂，用途很广。

(2)有机玻璃字。有机玻璃字具有较好的透明性、化学稳定性和耐候性。

(3)木质字。木质字牌都以较好的如红木、檀木、柞木等优质木材雕刻而成。

(4)金属字。现有的金属字具体包括铜字、合金铜字、不锈钢字、铁皮字。

(5)吸塑字。吸塑字是一种塑料加工工艺，主要原理是将平展的塑料硬片材加热变软后，采用真空吸附于模具表面，冷却后成型，广泛用于塑料包装、灯饰、广告、装饰等行业。

## 二、美术字工程量计算

### 1. 工程量计算规则

美术字工程量计算规则见表8-15。

表 8-15 美术字工程量计算规则

| 项目 | 规则 |
|------|------|
| 清单工程量计算规则 | 按设计图示数量计算 |
| 定额工程量计算规则(参照北京市建设工程计价依据《房屋建筑与装饰工程预算定额》) | 按设计图示数量计算 |

**2. 工程量计算实例**

【例 8-19】 图 8-11 所示为某商店红色金属招牌,每个字尺寸为 180mm×160mm,根据其计算规则计算金属字工程量。

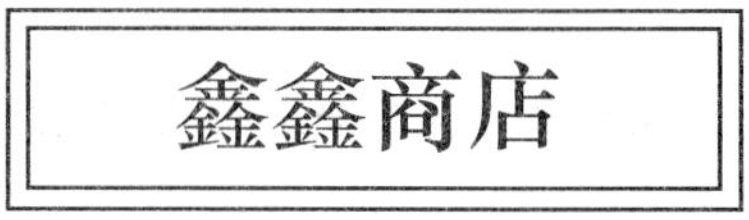

鑫鑫商店

图 8-11 某商店红色金属招牌示意图

【解】 根据美术字工程量计算规则,即

$$美术字工程量 = 设计图示个数$$
$$红色金属招牌字工程量 = 4 个$$

## 三、美术字工程综合单价的确定

【例 8-20】 试根据【例 8-19】中的清单项目确定金属字的综合单价。

【解】 (1)工程量计算。根据【例 8-19】,金属字工程量为 4 个。

根据定额工程量计算规则,定额工程量同清单工程量。

(2)单价及费用计算。参照北京市建设工程计价依据《房屋建筑与装饰工程预算定额》可知,金属字人工费为 31.56 元/个,材料费为 28.31 元/个,机械费为 1.41 元/个。管理费的计费基数均为人工费、材料费和机械费之和,费率为 8.88%;利润的计费基数为人工费、材料费、机械费和企业管理费之和,费率为 7%。

1)本工程人工费:

$$4 × 31.56 = 126.24(元)$$

2)本工程材料费:

$$4 × 28.31 = 113.24(元)$$

3)本工程机械费:

$$4 × 1.41 = 5.64(元)$$

4)本工程管理费单价:

$$(31.56 + 28.31 + 1.41) × 8.88\% = 5.44(元/个)$$

本工程管理费:

$$4 × 5.44 = 21.76(元)$$

5)本工程利润单价:

$$(31.56 + 28.31 + 1.41 + 5.44) × 7\% = 4.67(元/个)$$

本工程利润:

$$4 × 4.67 = 18.68(元)$$

(3)本工程综合单价计算。

$$(126.24 + 113.24 + 5.64 + 21.76 + 18.68)/4 = 71.39(元/个)$$

金属字综合单价分析表见表 8-16。

表8-16　综合单价分析表

| 项目编码 | 011508004001 | | 项目名称 | | 金属字 | | 计量单位 | 个 | 工程量 | 4 |
|---|---|---|---|---|---|---|---|---|---|---|
| 清单综合单价组成明细 | | | | | | | | | | |
| 定额编号 | 定额名称 | 定额单位 | 数量 | 单价 | | | | | 合价 | |
| | | | | 人工费 | 材料费 | 机械费 | 管理费 | 利润 | 人工费 | 材料费 | 机械费 | 管理费 | 利润 |
| 15—295 | 0.2 m² 以内面积金属字 | 个 | 1 | 31.56 | 28.31 | 1.41 | 5.44 | 4.67 | 31.56 | 28.31 | 1.41 | 5.44 | 4.67 |
| 人工单价 | | 小计 | | | | | | | 31.56 | 28.31 | 1.41 | 5.44 | 4.67 |
| 87.90 元/工日 | | 未计价材料费 | | | | | | | — | | | | |
| 清单项目综合单价 | | | | | | | | | 71.39 | | | | |

## 本章小结

其他工程可分为柜类、货架、暖气罩、浴厕配件、压条、装饰线、雨篷、旗杆、招牌、灯箱、美术字等项目。本章主要介绍其他装饰工程工程量计算与综合单价的确定。

## 思考与练习

### 一、填空题

1. 扶手、栏杆、栏板装饰工程量按_____计算。

2. 暖气罩包括_____、_____和_____。

3. 暖气罩清单工程量按_____计算。

4. 雨篷吊挂饰面、玻璃雨篷工程量按_____计算；金属旗杆工程量按_____计算。

5. 美术字工程量按_____计算。

### 二、简答题

1. 什么是压条、装饰线？压条、装饰线包括哪些？

2. 浴厕配件工程量如何计算？

3. 招牌、灯箱工程量如何计算？

4. 什么是美术字？美术字包括哪些？

### 三、计算题

计算图8-12所示的大理石洗漱台的其工程量。

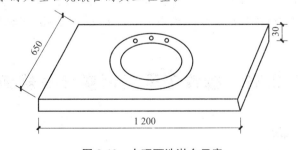

图8-12　大理石洗漱台示意

# 第九章

## 拆除工程计量

 **知识目标**

1. 了解拆除工程分类。

2. 掌握结构构件拆除，装饰面层、龙骨及饰面拆除，灯具、玻璃拆除，管道及卫生洁具拆除，开孔(打洞)工程量计算规则。

**能力目标**

能进行拆除工程工程量计算。

## 第一节　拆除工程分类

随着我国城市现代化建设的加快，旧建筑拆除工程也日益增多。拆除物的结构也从砖木结构发展到了混合结构、框架结构、板式结构等，从房屋拆除发展到烟囱、水塔、桥梁、码头等建筑物或构筑物的拆除。因而，建(构)筑物的拆除施工近年来已形成一种行业的趋势。

拆除工程是指对已经建成或部分建成的建筑物进行拆除的工程。

(1)按拆除的标的物可分为民用建筑的拆除、工业厂房的拆除、地基基础的拆除、机械设备的拆除、工业管道的拆除、电气线路的拆除、施工设施的拆除等。

(2)按拆除的程度，可分为全部拆除和部分拆除(或局部拆除)。

(3)按拆下来的建筑构件和材料的利用程度不同，可分为毁坏性拆除和拆卸。

(4)按拆除建筑物和拆除物的空间位置不同，可分为地上拆除和地下拆除。

## 第二节　拆除工程工程量计算规则

### 一、结构构件拆除

结构构件拆除包括砖砌体拆除、混凝土及钢筋混凝土构件拆除、木构件拆除、金属构件拆除、屋面拆除、栏杆和轻质隔断隔墙拆除、门窗拆除及其他构件拆除。拆除工程工程量计算规则见表 9-1。

表 9-1　结构构件工程量计算规则

| 项目 | | 工程量计算规则 | 说明 |
|---|---|---|---|
| 砖砌体拆除 | | (1)以 m³ 计量，按拆除的体积计算(以 m³ 计量，截面尺寸则不必描述)。<br>(2)以 m 计量，按拆除的延长米计算(以 m 计量，如砖地沟、砖明沟等必须描述拆除部位的截面尺寸) | 砖砌体名称是指墙、柱、水池等。砌体表面的附着物种类是指抹灰层、块料层、龙骨及装饰面层等 |
| 混凝土及钢筋混凝土构件拆除 | | (1)以 m³ 计量，按拆除构件的混凝土体积计算(以 m³ 作为计量单位时，可不描述构件的规格尺寸)。<br>(2)以 m² 计量，按拆除部位的面积计算(以 m² 作为计量单位时，则应描述构件的厚度)。<br>(3)以 m 计量，按拆除部位的延长米计算(以 m 作为计量单位时，则必须描述构件的规格尺寸) | 构件表面的附着物种类是指抹灰层、块料层、龙骨及装饰面层等 |
| 木构件拆除 | | (1)以 m³ 计量，按拆除构件的体积计算。<br>(2)以 m² 计量，按拆除面积计算。<br>(3)以 m 计量，按拆除延长来计算 | (1)拆除木构件应按木梁、木柱、木楼梯、木屋架、承重木楼板等分别在构件名称中描述。<br>(2)构件表面的附着物种类是指抹灰层、块料层、龙骨及装饰面层等 |
| 金属构件拆除 | 钢梁、钢柱、钢支撑、钢墙架、其他金属构件 | (1)以 t 计量，按拆除构件的质量计算。<br>(2)以 m 计量，按拆除延长米计算 | 其他金属构件主要是指除钢梁、钢柱、钢网架、钢支撑、钢墙架外的构建，包括防风架、拉杆栏杆、盖板、檩条等金属构件 |
| | 钢网架 | 按拆除构件的质量计算 | |
| 屋面拆除 | 刚性层 | 按铲除部位的面积计算 | 刚性层指的是采用较高强度和无延伸防水材料，如防水砂浆、防水混凝土所构成的防水层 |
| | 防水层 | | |
| 栏杆栏板、轻质隔断隔墙拆除 | 栏杆、栏板 | (1)以 m² 计量，按拆除部位的面积计算[以 m² 计量，不用描述栏杆(板)的高度]。<br>(2)以 m 计量，按拆除的延长米计算 | — |
| | 隔断墙 | 按拆除部位的面积计算 | |
| 门窗拆除 | 木门窗 | (1)以 m² 计量，按拆除面积计算(门窗拆除以 m² 计量，不用描述门窗的洞口尺寸)。<br>(2)以 樘 计量，按拆除樘数计算 | 室内高度是指室内楼地面至门窗的上边框 |
| | 金属门窗 | | |

| 项目 | | 工程量计算规则 | 说明 |
|---|---|---|---|
| 其他构件拆除 | 暖气罩、柜体 | (1)以个为单位计量，按拆除个数计算。<br>(2)以 m 为单位计量，按拆除延长米计算 | 双轨窗帘轨拆除按双轨长度分别计算工程量 |
| | 窗台板、筒子板 | (1)以块计量，按拆除数量计算。<br>(2)以 m 计量，按拆除的延长米计算 | |
| | 窗帘盒、窗帘轨 | 按拆除的延长米计算 | |

## 二、装饰面层、龙骨及饰面拆除

装饰面层、龙骨及饰面拆除工程量计算规则见表 9-2。

表 9-2　装饰面层、龙骨及饰面拆除工程量计算规则

| 项目 | 工程量计算规则 | 说明 |
|---|---|---|
| 抹灰面层拆除（平面抹灰、立面抹灰、天棚抹灰） | 按拆除部位的面积计算 | (1)单独拆除抹灰层应按平面抹灰、立面抹灰、天棚抹灰的项目编码列项。<br>(2)抹灰层种类可描述为一般抹灰或装饰抹灰 |
| 块料面层拆除（平面块料、立面块料） | 按拆除面积计算 | (1)如仅拆除块料层，拆除的基层类型不用描述。<br>(2)拆除的基层类型的描述是指砂浆层、防水层、干挂或挂贴所采用的钢骨架层等 |
| 龙骨及饰面拆除（楼地面龙骨及饰面、墙柱面龙骨及饰面、天棚面龙骨及饰面） | 按拆除面积计算 | (1)基层类型的描述指砂浆层、防水层等。<br>(2)如仅拆除龙骨及饰面，拆除的基层类型不用描述。<br>(3)如只拆除饰面，不用描述龙骨材料种类 |
| 铲除油漆涂料裱糊面 | (1)以 m² 计量，按铲除部位的面积计算(以 m² 计量时，则不用描述铲除部位的截面尺寸)。<br>(2)以 m 计量，按铲除部位的延长米计算(按 m 计量，必须描述铲除部位的截面尺寸) | (1)单独铲除油漆涂料裱糊面的工程按本表中的项目编码列项。<br>(2)铲除部位名称的描述是指墙面、柱面、天棚、门窗等 |

**【例 9-1】**　某院内围墙全长为 25 m，宽为 0.37 m，与拆除该砖墙顶面抹灰层，试计算其工程量。

**【解】**　根据上述工程量计算规则：

$$砖墙平面抹灰层拆除工程量 = 25.00 \times 0.37 = 9.25 \ (m^2)$$

## 三、灯具、玻璃拆除

灯具、玻璃拆除工程量计算规则见表 9-3。

表 9-3　灯具、玻璃拆除工程量计算规则

| 项目 | 工程量计算规则 | 说明 |
|------|------|------|
| 灯具拆除 | 按拆除的数量计算 | — |
| 玻璃拆除 | 按拆除的面积计算 | 拆除部位的描述是指门窗玻璃、隔断玻璃、墙玻璃、家具玻璃等 |

## 四、管道及卫生洁具拆除

（1）管道种类主要包括铜管、铝塑复合管、不锈钢复合管、PP 管、镀锌薄钢管、PVC 管、不锈钢钢管等。

（2）卫生洁具的种类丰富，但面盆、马桶、淋浴拉门是卫生洁具的必需品。管道及卫生洁具拆除工程量计算规则见表 9-4。

表 9-4　管道及卫生洁具拆除工程量计算规则

| 项目 | 工程量计算规则 |
|------|------|
| 管道拆除 | 按拆除管道的延长米计算 |
| 卫生洁具拆除 | 按拆除的数量计算 |

## 五、开孔(打洞)

建筑装饰工程中开孔(打洞)工程量按数量计算，部位可描述为墙面或楼板，打洞部位材质可描述为页岩砖或空心砖或钢筋混凝土等。

### 本章小结

拆除工程是指对已经建成或部分建成的建筑物进行拆除的工程。本章主要介绍了拆除工程分类及拆除工程工程量计算规则。

### 思考与练习

**一、填空题**

1. 抹灰面层(平面抹灰、立面抹灰、天棚抹灰)及饰面拆除工程量按_____计算。

2. 钢网架拆除工程量按_____计算。

3. 窗帘盒、窗帘轨拆除工程量按_____计算。

4. 管道拆除工程量按_____计算。

**二、简答题**

1. 什么是拆除工程？拆除工程如何分类？

2. 结构构件拆除工程量如何计算？

# 第十章

# 装配式装修工程

📖 **知识目标**

1. 了解装配式装饰工程分类，装配式装修工程特点。
2. 掌握楼地面、墙面、天棚、集成门窗、其他部位的定额工程量计算。

⊕ **能力目标**

能进行楼地面、墙面、天棚、集成门窗、其他部位的定额工程量计算。

## 第一节 装配式装修工程分类及特点

### 一、装配式装修工程分类

在过去的几十年时间里，我国建筑行业蓬勃发展，极大地促进了国民经济的增长。面对现今我国土地出让费用的增加、劳动人工价格的不断上升、人们节能环保意识的逐步提高，建筑行业所面临的国际竞争压力越来越大。为提高核心竞争力，新的行业产业模式——预制装配式建筑与装配式建筑装饰应运而生。

装配式建筑装饰是将工厂生产的部品部件在现场进行组合安装的装修方式，一套成熟的装配式建筑装饰整体解决方案包括八大系统，即集成卫浴系统、集成厨房系统、集成地面系统、集成墙面系统、集成吊顶系统、生态门窗系统、快装给水系统及薄法排水系统(图 10-1)。

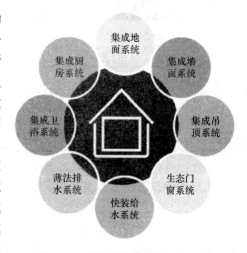

**图 10-1 装配式建筑装饰八大系统**

## 二、装配式装修工程特点

### 1. 质量高

品质工艺高,精细化程度高,规模化生产,材料、工艺品质有保障,加工精度高,整体设计、生产、施工流程体系化、专业化,使品控更优异、工程合格率更高,验收返工情况极低。

### 2. 施工效率快

工作强度和技术难度均大幅降低,装配方便,采用多干法施工,工期短、换装快、难度低,大量产品无须专业人员即可安装。采用装配式施工,非专业人员也可胜任,而且可以实现 7 天完成基础施工,3 天完成收纳和软装安装。如果空间发生功能性变化,或出现了需要更换风格的情况,都可以将顶面、墙面、整体空间风格进行快速转换。

### 3. 环境污染少

装配式装修工程具有节能环保、绿色健康的效果。在材料上能严格依照国家标准,做到环保健康式装修;节省水泥、砂浆、腻子、板材、油漆等资源消耗量。采用多干法施工可以有效减少 90% 以上的现场施工垃圾。

### 4. 工程造价低

装配式装修工程可大幅降低成本,降低精装修住宅造价。无论是主要材料的大规模工业化生产,还是系统化一体设计、安装带来的施工验收作业量的减少,都推动了整体精装修造价的降低。

### 5. 专业化设计,美观、科学、实用

专业化的设计和搭配可以保证整体效果,提高得房率和空间利用率;能够优化室内动线,使室内空间更趋合理;集成化程度高,提高住宅舒适度;材质储存库各类库存量单位(SKU)存量大,通用化程度高。用户可以根据自己的喜好自由选择喜欢的风格产品。

# 第二节　工程量计算规则

为适应建造方式创新及建筑市场发展,合理确定和有效控制工程造价,满足装配式房屋建筑工程的计价需要,本章计算规则主要介绍《〈北京市建设工程计价依据——预算消耗量定额〉装配式房屋建筑工程》,本定额适用于北京市行政区域内按照国家相关标准,采用标准化设计、工厂化生产、装配化施工的装配式房屋建筑工程。其中,装配式混凝土房屋建筑工程是指建筑高度在 60m(含)以下、单体建筑预制率不低于 40% 或建筑高度在 60m 以上、单体建筑预制率不低于 20% 的项目。

## 一、楼地面

楼地面定额工程量计算规则见表 10-1。

表 10-1　楼地面定额工程量计算规则

| 项目 | 工程量计算规则 | 说明 |
|---|---|---|
| 楼地面 | (1)整体面层按设计图示尺寸以面积计算。扣除凸出地面构筑物、设备基础、室内管道、地沟等所占面积，不扣除壁墙(墙厚≤120 mm)及≤0.3 mm² 柱、垛、附墙烟囱及孔洞所占面积。空圈、暖气包槽、壁龛的开口部分不增加面积。<br>(2)卫生间成品防水底盘按设计图示尺寸以面积计算。<br>(3)踢脚线按设计图示尺寸以长度计算 | (1)楼地面按面层与基层分别编制，其中基层分为采暖模块与非采暖模块，执行时应分别套用相应定额子目。采暖地面基层定额子目中已包括地暖加热管安装。<br>(2)踢脚线按粘贴式和卡扣式直行踢脚线编制 |

## 二、墙面

墙面定额工程量计算规则见表 10-2。

表 10-2　墙面定额工程量计算规则

| 项目 | 工程量计算规则 | 说明 |
|---|---|---|
| 墙面 | (1)墙面装饰板及龙骨均按设计图示尺寸以面积计算；墙面装饰板不扣除单个≤0.3 m² 孔洞所占的面积。<br>(2)装饰线按设计图示尺寸以长度计算。<br>(3)隔墙龙骨按设计图示框外围尺寸以面积计算。<br>(4)挡水坝按设计图示尺寸以长度计算。<br>(5)PE膜按设计图示尺寸以面积计算 | (1)墙面、柱(梁)面装饰板定额按龙骨、面层分别编制，执行时应分别套用相应定额子目。龙骨定额子目中已包括局部加固措施，不得另行计算。<br>(2)装饰线条适用于内墙面、天棚及设计有装饰线条的部位。<br>(3)隔墙定额按龙骨、面层分别编制，执行时应分别套用相应定额子目。<br>(4)隔墙定额不包括隔墙的填充层，如设计要求时，执行隔墙填充定额子目 |

## 三、天棚

天棚定额工程量计算规则见表 10-3。

表 10-3　天棚定额工程量计算规则

| 项目 | 工程量计算规则 | 说明 |
|---|---|---|
| 天棚 | 吊顶天棚龙骨及面层按设计图示尺寸以水平投影面积计算。天棚面层不扣除单个≤0.3 m² 孔洞所占面积 | (1)厨房、卫生间天棚吊顶按龙骨与面层分别编制，执行时应分别套用相应定额子目。定额中不包括灯具、换气扇等的安装，发生时另行计算。<br>(2)铝合金快装龙骨定额已包括长度＞1.8 m 采取的加固措施，不得另行计算 |

## 四、集成门窗

集成门窗定额工程量计算规则见表 10-4。

**表 10-4　集成门窗定额工程量计算规则**

| 项目 | 工程量计算规则 | 说明 |
|---|---|---|
| 集成门窗 | (1)集成平开门按设计图示洞口尺寸以面积计算。<br>(2)集成门窗套按设计图示尺寸以展开面积计算 | (1)集成平开门定额已包括配套的合页及门锁安装。<br>(2)集成门窗套定额已包括筒子板、装饰线及后塞口安装 |

## 五、其他部位

其他部位定额工程量计算规则见表 10-5。

**表 10-5　其他部位定额工程量计算规则**

| 项目 | 工程量计算规则 | 说明 |
|---|---|---|
| 墙面 | (1)成品洗漱台柜按设计图示数量计算。<br>(2)置物架按设计图示数量计算。<br>(3)预制护栏按设计图示尺寸的中心线以长度计算 | (1)成品洗漱台柜安装定额不包括龙头及配件,发生时另行计算。<br>(2)铝合金检修口安装定额不包括开孔费用,发生时另行计算。<br>(3)预制护栏安装定额是按护栏高度≤1.4 m 编制的,护栏高度>1.4 m 时,除预制栏杆外定额人工及材料乘以系数1.1。<br>(4)浴厕配件定额已包括配套的五金安装 |

### 本章小结

　　在过去的几十年时间里,我国建筑行业蓬勃发展,极大地促进了国民经济的增长。面对现今我国土地出让费用的增加、劳动人工价格的不断上升、人们节能环保意识的逐步提高,建筑行业所面临的国际竞争压力越来越大。为提高核心竞争力,新的行业产业模式——预制装配建筑与装配式建筑装饰应运而生。本章主要介绍了装配式装修工程分类、特点及定额工程量计算规则。

### 思考与练习

**一、填空题**

　　1. 楼地面按_____与_____分别编制,其中_____分为采暖模块与非采暖模块,执行时应分别套用相应定额子目。

　　2. 铝合金快装龙骨定额已包括_____采取的加固措施,不得另行计算。

　　3. 集成平开门按_____计算,集成门窗套按_____计算。

　　4. 预制护栏按_____计算。

**二、简答题**

　　1. 什么是装饰配建筑装饰?一套成熟的装配式建筑装饰整体解决方案包括哪些?

　　2. 简述装配式装修工程特点。

　　3. 楼地面定额工程量如何计算?

　　4. 墙面定额工程量如何计算?

# 第十一章

# 措施项目

 **知识目标**

1. 了解脚手架分类，掌握脚手架工程工程量计算。
2. 了解混凝土模板及支架(撑)的简介，掌握混凝土模板及支架(撑)工程量计算。
3. 了解垂直运输概念，掌握垂直运输工程量计算。
4. 了解超高施工增加简介，掌握超高施工增加工程量计算。
5. 熟悉其他措施项目工程量计算。

**能力目标**

能进行脚手架、混凝土模板及支架(撑)、垂直运输、超高施工增加的工程量计算。

## 第一节　脚手架工程

### 一、脚手架分类

　　脚手架是专为高空施工操作、堆放和运送材料，并在施工过程中保护工人安全要求而设置的架设工具或操作平台。脚手架虽不是工程的实体，但也是施工中不可缺少的设施之一，其费用也是工程造价的一个组成部分。

　　装饰装修工程脚手架适用于单独承包建筑物装饰装修工作面的高度在 1.2 m 以上的需要重新搭设脚手架的工程。其包括综合脚手架、外脚手架、里脚手架、悬空脚手架、挑脚手架、满堂脚手架、整体提升架、外装饰吊篮等。

　　(1)综合脚手架。综合脚手架一般是指沿建筑物外墙外围搭设的脚手架。其综合了外墙砌筑、勾缝、捣制外轴线柱及外墙的外部装饰等所用脚手架，包括脚手架、平桥、斜桥、平台、护栏、挡脚板、安全网等。

　　(2)外脚手架。外脚手架统指在建筑物外围所搭设的脚手架。外脚手架使用广泛，各种落地式外脚手架、挂式脚手架、挑式脚手架、吊式脚手架等，一般均在建筑物外围搭设。

外脚手架多用于外墙砌筑、外立面装修及钢筋混凝土工程。

（3）里脚手架。里脚手架又称内墙脚手架，是沿室内墙面搭设的脚手架。其可分为多种，可用于内外墙砌筑和室内装修施工，具有用料少、灵活轻便等优点。

（4）悬空脚手架。悬空脚手架是指用钢丝绳等其他构件承重的，用于两个建筑物之间的通道的脚手架，多用于净高较大的屋面板板底作业，或者两个建筑物之间的悬空通道。

（5）挑脚手架。挑脚手架是指采用悬挑形式搭设的脚手架，基本形式有支撑杆式和挑梁式两种。

（6）满堂脚手架。满堂脚手架又称作满堂红脚手架，是一种在水平方向满铺搭设脚手架的施工工艺，多用于施工人员施工通道等，不能作为建筑结构的支撑体系。满堂脚手架为高密度脚手架，相邻杆件的距离固定，压力传导均匀，因此也更加稳固。

（7）整体提升架。整体提升架以电动倒链为提升机，使整个脚手架沿建筑物外墙或柱整体向上爬升。在超高层建筑的主体施工中，整体提升架有明显的优越性。

（8）外装饰吊篮。外装饰吊篮是一种能够代替传统钢管架，可以减轻劳动强度、提高工作效率，并能重复使用的新型高处多层建筑作业机械。其具有拼装灵活、操作简便、性能先进等特点。

## 二、脚手架工程工程量计算

### 1. 工程量计算规则

脚手架工程工程量计算规则见表 11-1。

**表 11-1　脚手架工程工程量计算规则**

| 项目 | 规则 |
|---|---|
| 清单工程量计算规则 | （1）综合脚手架工程量按建筑面积计算。<br>（2）外脚手架、里脚手架、整体提升架、外装饰吊篮工程量按所服务对象的垂直投影面积计算。<br>（3）悬空脚手架、满堂脚手架工程量按搭设的水平投影面积计算。<br>（4）脚手架工程量按搭设长度乘以搭设层数以延长米计算 |
| 定额工程量计算规则（参照北京市建设工程计价依据《房屋建筑与装饰工程预算定额》） | 脚手架费用包括搭拆费和租赁费。按搭拆与租赁分开列项的脚手架定额子目，应分别计算搭拆和租赁工程量。<br>（1）综合脚手架的搭拆按建筑面积以 100 $m^2$ 计算。不计算建筑面积的架空层、设备管道层、人防通道等部分，按围护结构水平投影面积计算，并入相应主体工程量中。<br>（2）内墙装修脚手架的搭拆按内墙装修部位的垂直投影面积以 100 $m^2$ 计算，不扣除门窗、洞口所占面积。<br>（3）吊顶装修脚手架的搭拆按吊顶部分水平投影面积以 100 $m^2$ 计算。<br>（4）天棚装修脚手架的搭拆按天棚净空的水平投影面积以 100 $m^2$ 计算，不扣除柱、垛、≤0.3 $m^2$ 洞口所占面积。<br>（5）外墙装修脚手架的搭拆按搭设部位外墙的垂直投影面积以 100 $m^2$ 计算，不扣除门窗、洞口所占面积。<br>（6）脚手架的租赁按相应的脚手架搭拆工程量乘以使用工期以 100 $m^2$/天计算。<br>（7）电动吊篮按搭设部位外墙的垂直投影面积以 100 $m^2$ 计算，不扣除门窗、洞口所占的面积。<br>（8）独立柱装修脚手架按柱周长增加 3.6 m 乘以装修部位的柱高以 100 $m^2$ 计算。<br>（9）围墙脚手架按砌体部分设计图示长度以 10 m 计算。<br>（10）结构双排脚手架按搭设部位的围护结构外围垂直投影面积以 100 $m^2$ 计算，不扣除门窗、洞口所占的面积。<br>（11）结构满堂脚手架按搭设部位的结构水平投影面积以 100 $m^2$ 计算 |

**2. 工程量计算实例**

【例 11-1】 如图 11-1 所示，单层建筑物高度为 4.2 m，单层建筑物脚手架按综合脚手架考虑，试计算其脚手架工程量。

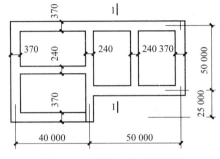

图 11-1 某单层建筑平面图

【解】 根据上述工程量计算规则：

综合脚手架工程量＝(40.00＋0.25×2)×(25.00＋50.00＋0.25×2)＋50.00×(50.00＋

0.25×2)

＝5 582.75 m²

【例 11-2】 某工程外墙平面尺寸如图 11-2 所示，已知该工程设计室外地坪标高为－0.500 m，女儿墙顶面标高为＋15.200 m，外封面贴面砖及墙面勾缝时搭设钢管扣件式脚手架，试计算该钢管外脚手架工程量。

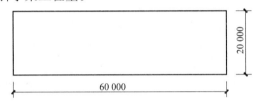

图 11-2 某工程外墙平面图

【解】 根据上述工程量计算规则：

外脚手架工程量＝(60.00＋20.00)×2×(15.20＋0.50)

＝2 512.00(m²)

【例 11-3】 某厂房构造如图 11-3 所示，计算其室内采用满堂脚手架的工程量。

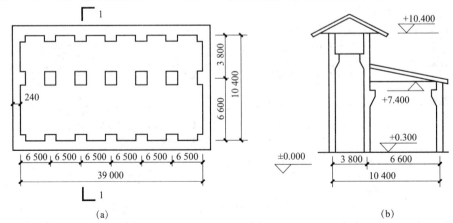

(a)                                          (b)

图 11-3 某厂房示意

(a)平面图；(b)1—1 剖面图

【解】 根据上述工程量计算规则：

满堂脚手架工程量＝39×10.40＝405.60(m²)

# 第二节　混凝土模板及支架(撑)

## 一、混凝土模板及支架(撑)简介

混凝土模板及支架(撑)包括基础，矩形柱，构造柱，异形柱，基础梁，矩形梁，异形梁，圈梁，过梁，弧形、拱形梁，直形墙，弧形墙，短肢剪力墙、电梯井壁，有梁板，无梁板，平板，拱板，薄壳板，空心板，其他板，栏板，天沟，檐沟，雨篷，悬挑板、阳台板，楼梯，其他现浇构件，电缆沟、地沟，台阶，扶手，散水，后浇带，化粪池，检查井等项目。

混凝土模板的类型及适用范围如下：

(1)复合模板：适用于各类构件。面板通常使用由涂塑多层板、竹胶板等材料现场制作的模板及支架体系，面板按摊销考虑。

(2)组合钢模板：适用于直形构件。面板通常使用60系列、15～30系列、10系列的组合钢模板，面板按租赁考虑。

(3)木模板：适用于小型、异形(弧形)构件。面板通常使用木板材和木方现场加工拼装组成，面板按摊销考虑。

(4)清水装饰混凝土模板：适用于设计要求为清水装饰混凝土结构的构件。面板材质可为钢、复合木模板等，面板按摊销考虑。

(5)定型大钢模板：适用于现浇钢筋混凝土剪力墙。面板为厂制全钢模板，集模板、支撑、对拉固定、操作平台等于一体的大型模板，面板按租赁考虑。

(6)定型钢模板：适用于尺寸相对固定的异形柱、弧形(拱形)梁构件，面板按租赁考虑。

## 二、混凝土模板及支架(撑)工程量计算

### 1. 工程量计算规则

混凝土模板及支架(撑)工程量计算规则见表11-2。

表 11-2　混凝土模板及支架(撑)工程量计算规则

| 项目 | 规则 |
|---|---|
| 清单工程量计算规则 | (1)基础，矩形柱，构造柱，异形柱，基础梁，矩形梁，异形梁，圈梁，过梁，弧形、拱形梁，直形墙，弧形墙、短肢剪力墙、电梯井壁，有梁板，无梁板，平板，拱板，薄壳板，空心板，其他板，栏板工程量按模板与现浇混凝土构件的接触面积计算。<br>1)现浇钢筋混凝土墙、板单孔面积≤0.3 m²的孔洞不予扣除，洞侧壁模板亦不增加；单孔面积＞0.3 m²时应予扣除，洞侧壁模板面积并入墙、板工程量内计算。<br>2)现浇框架分别按梁、板、柱有关规定计算；附墙柱、暗梁、暗柱并入墙内工程量内计算。<br>3)柱、梁、墙、板相互连接的重叠部分，均不计算模板面积。<br>4)构造柱按图示外露部分计算模板面积。<br>(2)天沟、檐沟和其他现浇构件工程量按模板与现浇混凝土构件的接触面积计算。 |

| 项目 | 规则 |
|---|---|
| 清单工程量计算规则 | (3)雨篷、悬挑板、阳台板工程量按图示外挑部分尺寸的水平投影面积计算，挑出墙外的悬臂梁及板边不另计算。<br><br>(4)楼梯工程量按楼梯(包括休息平台、平台梁、斜梁和楼层板的连接梁)的水平投影面积计算，不扣除宽度≤500 mm的楼梯井所占面积，楼梯踏步、踏步板、平台梁等侧面模板不另计算，伸入墙内部分亦不增加。<br><br>(5)电缆沟、地沟工程量按模板与电缆沟、地沟接触的面积计算。<br><br>(6)台阶工程量按图示台阶水平投影面积计算，台阶端头两侧不另计算模板面积。架空式混凝土台阶，按现浇楼梯计算。<br><br>(7)扶手工程量按模板与扶手的接触面积计算。<br><br>(8)散水工程量按模板与散水的接触面积计算。<br><br>(9)后浇带工程量按模板与后浇带的接触面积计算。<br><br>(10)化粪池、检查井工程量按模板与混凝土接触面积计算。 |
| 定额工程量计算规则(参照北京市建设工程计价依据《房屋建筑与装饰工程预算定额》) | 混凝土模板及支架的工程量，按模板与现浇混凝土构件的接触面积计算。<br><br>(1)满堂基础。集水井的模板面积并入满堂基础工程量中。<br><br>(2)柱。<br><br>1)柱模板及支架按柱周长乘以柱高以面积计算，不扣除柱与梁连接重叠部分的面积。牛腿的模板面积并入柱模板工程量中。<br><br>2)柱高从柱基或板上表面算至上一层楼板上表面，无梁板算至柱帽底部标高。<br><br>3)构造柱按图示外露部分的最大宽度乘以柱高以面积计算。<br><br>(3)梁。<br><br>1)梁模板及支架按展开面积计算，不扣除梁与梁连接重叠部分的面积。梁侧的出沿按展开面积并入梁模板工程量中。<br><br>2)梁长的计算规定：<br><br>①梁与柱连接时，梁长算至柱侧面。<br><br>②主梁与次梁连接时，次梁长算至主梁侧面。<br><br>③梁与墙连接时，梁长算至墙侧面。如墙为砌块(砖)墙时，伸入墙内的梁头和梁垫的面积并入梁的工程量中。<br><br>④圈梁：外墙按中心线，内墙按净长线计算。<br><br>3)过梁按图示面积计算。<br><br>(4)墙。墙模板及支架按模板与现浇混凝土构件的接触面积计算，附墙柱侧面积并入墙模板工程量。单孔面积≤0.3 m² 的孔洞不予扣除，洞侧壁模板亦不增加；>0.3 m² 的孔洞应予扣除，洞侧壁模板面积并入墙模板工程量中。<br><br>1)墙模板及支架按墙图示长度乘以墙高以面积计算，外墙高度由楼板表面算至上一层楼板上表面，内墙高度由楼板上表面算至上一层楼板(或梁)下表面。<br><br>2)暗梁、暗柱模板不单独计算。<br><br>3)采用定型大钢模板时，洞口面积不予扣除，洞侧壁模板亦不增加。<br><br>4)止水螺栓增加费，按设计有抗渗要求的现浇钢筋混凝土墙的两面模板工程量以面积计算。<br><br>(5)板。板模板及支架按模板与现浇混凝土构件的接触面积计算，单孔面积≤0.3 m² 的孔洞不予扣除，洞侧壁模板亦不增加；>0.3 m² 的孔洞应予扣除，洞侧壁模板面积并入板模板工程量中。<br><br>1)梁所占面积应予扣除。<br><br>2)有梁板按板与次梁的模板面积之和计算。<br><br>3)柱帽按展开面积计算，并入无梁板工程量中。 |

| 项目 | 规则 |
|---|---|
| 定额工程量计算规则（参照北京市建设工程计价依据《房屋建筑与装饰工程预算定额》） | （6）模板支撑高度＞3.6 m时，按超过部分全部面积计算工程量。<br>（7）后浇带按模板与后浇带的接触面积计算。<br>（8）其他：<br>1）阳台、雨篷、挑檐按图示外挑部分水平投影面积计算。阳台、平台、雨篷、挑檐的平板侧模按图示面积计算。<br>2）楼梯（包括休息平台、平台梁、斜梁和楼层板的连接梁）按水平投影面积计算，不扣除宽度≤500 mm的楼梯井所占面积，楼梯踏步、踏步板、平台梁等侧面模板面积不另计算，伸入墙内部分亦不增加。<br>3）旋转式楼梯按下式计算：<br>$$S=\pi(R^2-r^2)n$$<br>式中：$R$——楼梯外径；<br>$r$——楼梯内径；<br>$n$——层数（或 $n=$ 旋转角度/360）。<br>4）小型构件和其他现浇构件按图示面积计算。<br>5）架空式混凝土台阶按现浇楼梯计算。混凝土台阶（不包括梯带）按图示水平投影面积计算，台阶两端的挡墙或花池另行计算并入相应的工程量中 |

### 2. 工程量计算实例

【例11-4】 某现浇钢筋混凝土雨篷模板如图11-4所示，试计算其模板工程量［雨篷总长＝2.26＋0.12×2＝2.5（m）］。

【解】 雨篷模板工程量按图示外挑部分尺寸的水平投影面积计算，挑出墙外的悬臂梁及板边不另计算。

雨篷模板工程量＝2.5×0.9＝2.25（m²）

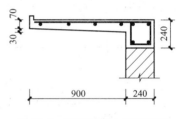

图11-4 钢筋混凝土雨篷模板

【例11-5】 图11-5所示为某钢筋混凝土楼梯栏板（已知栏板高为0.9 m），试计算其模板的工程量。

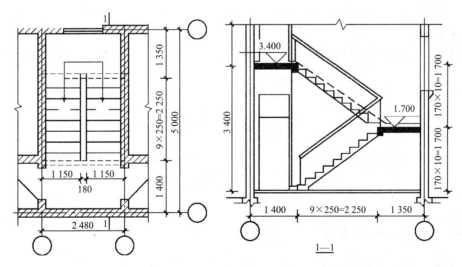

图11-5 某现浇钢筋混凝土楼梯栏板示意

**【解】** 楼梯栏板模板工程量按模板与现浇钢筋混凝土栏板的接触面积计算。

栏板模板工程量＝[2.25×1.15(斜长系数)×2＋0.18×2＋1.15]×0.9(高度)×2(面)

＝12.03(m²)


# 第三节　垂直运输


## 一、垂直运输的概念

垂直运输是指施工工程在合理工期内所需垂直运输机械。垂直运输机械是指负责材料和施工人员垂直运输的机械设备。建筑装饰工程在垂直运输作业中，建筑物的檐口高度是指设计室外地坪至檐口滴水的高度(平屋顶是指屋面板底高度)，凸出主体建筑物屋顶的电梯机房、楼梯出口间、水箱间、瞭望塔、排烟机房等不计入檐口高度。

## 二、垂直运输工程量计算

### 1. 工程量计算规则

垂直运输工程量计算规则见表 11-3。

表 11-3　垂直运输工程量计算规则

| 项目 | 规则 |
| --- | --- |
| 清单工程量计算规则 | 垂直运输工程量按建筑面积计算或按施工工期日历天数计算 |
| 定额工程量计算规则(参照北京市建设工程计价依据《房屋建筑与装饰工程预算定额》) | (1) 垂直运输按建筑面积计算。<br>(2) 泵送混凝土增加费按要求泵送的混凝土图示体积计算 |

### 2. 工程量计算实例

**【例 11-6】** 某建筑物为五层钢结构，每层建筑面积为 800 m²，合理施工工期为 165 d，试计算其垂直运输工程量。

**【解】** 建筑物垂直运输工程量应按建筑物的建筑面积或施工工期的日历天数计算。

垂直运输工程量＝800×5＝4 000(m²)

或

垂直运输工程量＝165 d


# 第四节　超高施工增加


## 一、超高施工增加简介

(1)建筑物超高增加综合了由于超高引起的人工降效、机械降效、人工降效引起的机械降效，以及超高施工水压不足所增加的水泵等因素。

(2)人工降效和机械降效是指当建筑物超过六层或檐高超过 20 m 时，由于操作工人的工效降低、垂直运输距离加长影响的时间，以及因操作工人降效而影响机械台班的降效等。建筑物超高人工、机械降效率见表 11-4。

表 11-4　建筑物超高人工、机械降效率

| 定额编号 | | 14—1 | 14—2 | 14—3 | 14—4 | 14—5 |
|---|---|---|---|---|---|---|
| 项目 | 降效率 | 檐高（层数） | | | | |
| | | 30 m（7～10）以内 | 40 m（11～13）以内 | 50 m（14～16）以内 | 60 m（17～19）以内 | 70 m（20～22）以内 |
| 人工降效 | % | 3.33 | 6.00 | 9.00 | 13.33 | 17.86 |
| 吊装机械降效 | % | 7.67 | 15.00 | 22.20 | 34.00 | 46.43 |
| 其他机械降效 | % | 3.33 | 6.00 | 9.00 | 13.33 | 17.86 |
| 人工降效 | % | 22.50 | 27.22 | 35.20 | 40.91 | 45.83 |
| 吊装机械降效 | % | 59.25 | 72.33 | 85.60 | 99.00 | 112.50 |
| 其他机械降效 | % | 22.50 | 27.22 | 35.20 | 40.91 | 45.83 |

（3）加压用水泵是指因高度增加考虑到自来水的水压不足，而需要增压所用的加压水泵台班。加压水泵选用电动多级离心清水泵，规格见表 11-5。

表 11-5　电动多级离心清水泵规格

| 建筑物檐高 | 水泵规格 |
|---|---|
| 20 m 以上 40 m 以内 | 50 m 以内 |
| 40 m 以上 80 m 以内 | 100 m 以内 |
| 80 m 以上 120 m 以内 | 150 m 以内 |

（4）单层建筑物檐口高度超过 20 m、多层建筑物超过 6 层时，可以按超高部分的建筑面积计算超高施工增加。计算层数时，地下室不计入层数。

（5）同一建筑物有不同檐高时，可以按不同高度的建筑面积分别计算建筑面积，以不同檐高分别编码列项。

## 二、超高施工增加工程量计算

### 1. 工程量计算规则

超高施工增加工程量计算规则见表 11-6。

表 11-6　超高施工增加工程量计算规则

| 项目 | 规则 |
|---|---|
| 清单工程量计算规则 | 按建筑物超高部分的建筑面积计算 |
| 定额工程量计算规则（参照北京市建设工程计价依据《房屋建筑与装饰工程预算定额》） | 按建筑物超高部分的建筑面积计算 |

### 2. 工程量计算实例

【例 11-7】 某高层建筑如图 11-6 所示，框架剪力墙结构，共 11 层，采用自升式塔式起重机及单笼施工电梯，试计算超高施工增加。

【解】 根据超高施工增加工程量计算规则，得

超高施工增加工程量＝多层建筑物超过 6 层部分的建筑面积

$$=36.8 \times 22.8 \times (11-6)$$
$$=4\ 195.2 (m^2)$$

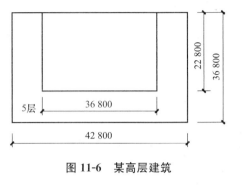

图 11-6 某高层建筑

# 第五节 其他措施项目

## 一、大型机械设备进出场及安拆

大型机械设备主要是指起重机械、水平运输机械、垂直运输机械等。大型机械设备通常都是拆成零件进行载运的，到了目的地后再进行组装。

大型机械设备进出场及安拆工程量按使用机械设备的数量计算。

安拆费包括施工机械、设备在现场进行安装和拆卸所需的人工、材料、机械和试运转费用，以及机械辅助设施的折旧、搭设、拆除等费用；进出场费包括施工机械、设备整体或分体自停放地点运至施工现场或由一施工地点运至另一施工地点所发生的运输、装卸、辅助材料等费用。

## 二、施工排水、降水

施工排水是排除施工场地或施工部位的地表水，即可以采取截水沟、集水坑、人工清理等。降水为采取措施阻挡或降低地下水的水位，形式可以为帷幕、降水井等。施工排水、降水包括成井、排水降水两个清单项目，相应专项设计不具备时，工程量可以按暂估量计算。

(1)成井工程量按设计图示尺寸以钻孔深度计算。

(2)排水、降水工程量按排水、降水日历天数计算。

## 三、安全文明施工

### 1. 环境保护

具体包括现场施工机械设备降低噪声、防扰民措施；水泥和其他易飞扬细颗粒建筑材料密闭存放或采取覆盖措施等；工程防扬尘洒水措施；土石方、建渣外运车辆防护措施等；现场污染源的控制、生活垃圾清理外运、场地排水排污措施；其他环境保护措施。

### 2. 文明施工

具体包括"五牌一图"；现场围挡的墙面美化(包括内外粉刷、刷白、标语等)、压顶装饰；现场厕所便槽刷白、贴面砖，铺设水泥砂浆地面或地砖，建筑物内临时便溺设施；其他施工现场临时设施的装饰装修、美化措施；现场生活卫生设施；符合卫生要求的饮水设

备、淋浴、消毒等设施；生活用洁净燃料；防煤气中毒、防蚊虫叮咬等措施；施工现场操作场地的硬化；现场绿化、治安综合治理；现场配备医药保健器材、物品和急救人员培训；现场工人的防暑降温、电风扇、空调等设备及用电；其他文明施工措施。

**3. 安全施工**

具体包括安全资料、特殊作业专项方案的编制，安全施工标志的购置及安全宣传；"三宝"(安全帽、安全带、安全网)、"四口"(楼梯口、电梯井口、通道口、预留洞口)、"五临边"(阳台围边、楼板围边、屋面围边、槽坑围边、卸料平台两侧)，水平防护架、垂直防护架、外架封闭等防护；施工安全用电，包括配电箱三级配电、两级保护装置要求、外电防护措施；起重机、塔式起重机等起重设备(含井架、门架)及外用电梯的安全防护措施(含警示标志)和卸料平台的临边防护、层间安全门、防护棚等设施；建筑工地起重机械的检验检测；施工机具防护棚及其围栏的安全保护设施；施工安全防护通道；工人的安全防护用品、用具购置；消防设施与消防器材的配置；电气保护、安全照明设施；其他安全防护措施。

**4. 临时设施**

施工现场采用彩色、定型钢板、砖、混凝土砌块等围挡的安砌、维修、拆除；施工现场临时建筑物、构筑物的搭设、维修、拆除，如临时宿舍、办公室、食堂、厨房、厕所、诊疗所，临时文化福利用房、临时仓库、加工场、搅拌台、临时简易水塔、水池等；施工现场临时设施的搭设、维修、拆除，如临时供水管道、临时供电管线、小型临时设施等；施工现场规定范围内临时简易道路铺设，临时排水沟、排水设施安砌、维修、拆除；其他临时设施搭设、维修、拆除。

## 四、夜间施工

(1)夜间固定照明灯具和临时可移动照明灯具的设置、拆除。

(2)夜间施工时，施工现场交通标志、安全标牌、警示灯等的设置、移动、拆除。

(3)夜间施工包括夜间照明设备及照明用电、施工人员夜班补助、夜间施工劳动效率降低等费用。

## 五、非夜间施工照明

非夜间施工照明是指为保证工程施工正常进行，在地下室等特殊施工部位施工时所采用的照明设备的安拆、维护及照明用电等费用。

## 六、二次搬运

由于施工场地条件限制而发生的材料、成品、半成品等一次运输不能到达堆放地点，必须进行二次或多次搬运的费用。

## 七、冬雨(风)期施工

(1)冬雨(风)期施工时增加的临时设施(防寒保温、防雨、防风设施)的搭设、拆除。

(2)冬雨(风)期施工时对砌体、混凝土等采用的特殊加温、保温和养护措施。

(3)冬雨(风)期施工时施工现场的防滑处理及对影响施工的雨雪的清除。

(4)包括冬雨(风)期施工时增加的临时设施、施工人员的劳动保护用品、冬雨(风)期施工劳动效率降低等费用。

## 八、地上、地下设施，建筑物的临时保护设施

在工程施工过程中，对已建成的地上、地下设施和建筑物进行的遮盖封闭、隔离等必要保护措施所发生的费用。

## 九、已完工程及设备保护

对已完工程及设备采取的覆盖、包裹、封闭、隔离等必要保护措施所发生的费用。

上述三至九所列项目应根据工程实际情况计算措施项目费用，需分摊的应合理计算摊销费用。

### 本章小结

装饰工程的措施项目是与实体项目措施项目相对应的，是指为完成装饰工程施工，发生于该工程施工前和施工过程中的技术、生活、安全、环境保护等方面的费用。本章主要介绍了脚手架工程、混凝土模板及支架（撑）、垂直运输、超过施工增加、其他措施项目的工程量计算规则。

### 思考与练习

**一、填空题**

1. _____是沿室内墙面搭设的脚手架。

2. 挑脚手架指采用悬挑形式搭设的脚手架，基本形式有_____和_____两种。

3. 满堂脚手架又称作满堂红脚手架，是一种在_____满铺搭设脚手架的施工工艺，多用于施工人员施工通道等，不能作为建筑结构的支撑体系。

4. _____是一种能够代替传统钢管架，可减轻劳动强度、提高工作效率并能重复使用的新型高处多层建筑作业机械。

5. 垂直运输工程量按_____计算。

6. 单层建筑物檐口高度超过 20 m，多层建筑物超过 6 层时，可_____按计算超高施工增加。

7. 大型机械设备进出场及安拆工程量按_____计算。

8. 由于施工场地条件限制而发生的材料、成品、半成品等一次运输不能到达堆放地点，必须进行_____。

**二、简答题**

1. 什么是脚手架？装饰装修工程脚手架适用于哪些工程？

2. 脚手架工程工程量如何计算？

3. 简述混凝土模板的类型及适用范围。

4. 什么是人工降效和机械降效？

5. 夜间施工包括哪些内容？

6. 安全文明施工的内容包括哪些？

# 第十二章
# 建筑装饰工程工程量清单计价文件编制实训

## 知识目标

1. 熟练填写招标工程量清单封面、扉页，工程造价总说明、分部分项工程和单价措施项目清单与计价表、总价措施项目清单与计价表、其他项目清单与计价汇总表，规费、税金项目计价表等。

2. 熟练填写工程结算封面编制、竣工结算总价扉页、承包人竣工结算总说明、建筑项目竣工结算汇总表、单向工程竣工结算汇总表、单位工程竣工结算汇总表、综合单价分析表、综合调整表、总价措施项目清单与加价表、工程计量申请(核准)表、总价项目进度款支付分解表等。

## 能力目标

能进行工程量清单的编制；能进行竣工结算的编制。

## 第一节　工程量清单的编制实训

### 一、招标工程量清单封面

招标工程量清单封面编制实例见表12-1。

表 12-1　招标工程量清单封面

## ××楼装饰装修　工程

# 招 标 工 程 量 清 单

招　　　标　　　人：　××市房地产开发公司

（单位盖章）

工程造价咨询人：××工程造价咨询企业资质专用章

（单位盖章）

××××年××月××日

## 二、招标工程量清单扉页

招标工程量清单扉页编制实例见表 12-2。

表 12-2  招标工程量清单扉页

<u>××楼装饰装修</u>  工程

# 招 标 工 程 量 清 单

招  标  人：<u>××市房地产开发公司</u>　　　造价咨询人：<u>××工程造价咨询企业资质专用章</u>
　　　　　（单位盖章）　　　　　　　　　　　　　　（单位资质专用章）

法定代表人　　　　　　　　　　　　　　法定代表人
或其授权人：<u>××单位法定代表人</u>　　　或其授权人：<u>××工程造价咨询企业法定代表人</u>
　　　　　（签字或盖章）　　　　　　　　　　　（签字或盖章）

编制人：<u>××签字盖造价工程师或造价员专用章</u>　　复  核  人：<u>××签字盖造价工程师专用章</u>
　　　（造价人员签字盖专用章）　　　　　　　　　（造价工程师签字盖专用章）

编制时间：××××年××月××日　　　　复核时间：××××年××月××日

## 三、工程造价总说明

工程造价总说明编制实例见表12-3。

**表12-3 工程造价总说明**

工程名称：××楼装饰装修 　　　　　　　　　　　　　　　　　　　　　　第　页　共　页

> 1. 工程概况：该工程建筑面积500 m²，其主要使用功能为商住楼；层数三层，混合结构，建筑高度10.8 m。
> 2. 招标范围：装饰装修工程。
> 3. 工程质量要求：优良工程。
> 4. 工程量清单编制依据：
> 4.1　由××市建筑工程设计事务所设计的施工图1套。
> 4.2　由××房地产开发公司编制的《××楼建筑工程施工招标书》《××楼建筑工程招标答疑》。
> 4.3　工程量清单计量按照国标《建设工程工程量清单计价规范》(GB 50500—2013)编制。
> 5. 因工程质量要求优良，故所有材料必须使用持有市以上有关部门颁发的《产品合格证书》及价格在中档以上的建筑材料。

## 四、分部分项工程和单价措施项目清单与计价表

分部分项工程和单价措施项目清单与计价实例见表12-4。

**表12-4 分部分项工程和单价措施项目清单与计价**

工程名称：××楼装饰装修 　　　　　　　　标段： 　　　　　　　　　　第　页　共　页

| 序号 | 项目编码 | 项目名称 | 项目特征描述 | 计量单位 | 工程量 | 综合单价 | 合价 | 其中<br>暂估价 |
|---|---|---|---|---|---|---|---|---|
| | | | 0113 天棚工程 | | | | | |
| 14 | 011301001001 | 混凝土天棚抹灰 | 基层刷水泥浆一道加107胶，1∶0.5∶2.5水泥石灰砂浆底层厚12 mm，1∶0.3∶3水泥石灰砂浆面层厚4 mm | m² | 7 000 | | | |
| | | | （其他略） | | | | | |
| | | | 分部小计 | | | | | |
| | | | 0114 油漆、涂料、裱糊工程 | | | | | |
| 15 | 011407001001 | 外墙乳胶漆 | 基层抹灰面满刮成品耐水腻子三遍磨平，乳胶漆一底二面 | m² | 4 050 | | | |
| | | | （其他略） | | | | | |
| | | | 分部小计 | | | | | |
| | | | 0117 措施项目 | | | | | |

188

| 序号 | 项目编码 | 项目名称 | 项目特征描述 | 计量单位 | 工程量 | 金额/元 | | | |
|---|---|---|---|---|---|---|---|---|---|
| | | | | | | 综合单价 | 合价 | 其中 | |
| | | | | | | | | 暂估价 | |
| 16 | 011701001001 | 综合脚手架 | 砖混、檐高 22 m | m² | 10 940 | | | | |
| | | | （其他略） | | | | | | |
| | | | 分部小计 | | | | | | |
| | | 本页小计 | | | | | | | |
| | | 合计 | | | | | | | |

注：为计取规费等的使用，可在表中增设其中："定额人工费"。

## 五、总价措施项目清单与计价表

总价措施项目清单与计价表实例见表 12-5。

### 表 12-5　总价措施项目清单与计价表

工程名称：××楼装饰装修　　　　　　　　标段：　　　　　　　　　　　第　页　共　页

| 序号 | 项目编码 | 项目名称 | 计算基础 | 费率/% | 金额/元 | 调整费率/% | 调整后金额/元 | 备注 |
|---|---|---|---|---|---|---|---|---|
| | | 安全文明施工费 | | | | | | |
| | | 夜间施工增加费 | | | | | | |
| | | 二次搬运费 | | | | | | |
| | | 冬雨期施工增加费 | | | | | | |
| | | 已完工程及设备保护费 | | | | | | |
| | | | | | | | | |
| | | | | | | | | |
| | | | | | | | | |
| | | | | | | | | |
| | | | | | | | | |
| | | | | | | | | |
| | | | | | | | | |
| | | | | | | | | |
| | | 合计 | | | | | | |

注：1. "计算基础"中安全文明施工费可为"定额基价""定额人工费"或"定额人工费＋定额机械费"，其他项目可为"定额人工费"或"定额人工费＋定额机械费"。

　　2. 按施工方案计算的措施费，若无"计算基础"和"费率"的数值，也可只填"金额"数值，但应在备注栏说明施工方案出处或计算方法。

编制人(造价人员)：　　　　　　　　　　　　　　　　　复核人(造价工程师)：

## 六、其他项目清单与计价汇总表

其他项目清单与计价汇总表实例见表 12-6。

**表 12-6　其他项目清单与计价汇总表**

工程名称：××楼装饰装修　　　　　　　　　标段：　　　　　　　　　　第　页　共　页

| 序号 | 项目名称 | 金额/元 | 结算金额/元 | 备注 |
|---|---|---|---|---|
| 1 | 暂列金额 | 350 000 | | |
| 2 | 暂估价 | 200 000 | | |
| 2.1 | 材料暂估价 | — | | |
| 2.2 | 专业工程暂估价 | 200 000 | | |
| 3 | 计日工 | 26 528 | | |
| 4 | 总承包服务费 | 20 760 | | |
| 5 | 索赔与现场签证 | | | |
| | | | | |
| | | | | |
| | | | | |
| | 合计 | 591 288 | | — |

注：材料(工程设备)暂估单价进入清单项目综合单价，此处不汇总。

## 七、规费、税金项目计价表

规费、税金项目计价表实例见表 12-7。

**表 12-7　规费、税金项目计价表**

工程名称：××楼装饰装修　　　　　　　　　标段：　　　　　　　　　　第　页　共　页

| 序号 | 项目名称 | 计算基础 | 计算基数 | 计算费率/% | 金额/元 |
|---|---|---|---|---|---|
| 1 | 规费 | 定额人工费 | | | |
| 1.1 | 社会保险费 | 定额人工费 | | | |
| (1) | 养老保险费 | 定额人工费 | | | |
| (2) | 失业保险费 | 定额人工费 | | | |
| (3) | 医疗保险费 | 定额人工费 | | | |
| (4) | 工伤保险费 | 定额人工费 | | | |
| (5) | 生育保险费 | 定额人工费 | | | |
| 1.2 | 住房公积金 | 定额人工费 | | | |
| 1.3 | 工程排污费 | 按工程所在地环境保护部门收取标准，按实计入 | | | |
| 2 | 税金 | 分部分项工程费+措施项目费+其他项目费+规费一按规定不计税的工程设备金额 | | | |

编制人(造价人员)：　　　　　　　　　　　　　　　　　　　复核人(造价工程师)：

## 八、发包人提供材料和工程设备一览表

发包人提供材料和工程设备一览表实例见表12-8。

**表12-8  发包人提供材料和工程设备一览表**

工程名称：××楼装饰装修                标段：                          编号：

| 序号 | 材料(工程设备)名称、规格、型号 | 单位 | 数量 | 单价/元 | 交货方式 | 送达地点 | 备注 |
|------|------|------|------|------|------|------|------|
| 1 | 水泥 | t | 200 | 4 000 | | 工地仓库 | |
| | | | | | | | |
| | | | | | | | |
| | | | | | | | |
| | | | | | | | |
| | | | | | | | |
| | | | | | | | |
| | | | | | | | |
| | | | | | | | |
| | | | | | | | |

注：此表由招标人填写，供投标人在投标报价、确定总承包服务费时参考。

## 九、承包人提供主要材料和工程设备一览表

承包人提供主要材料和工程设备一览表实例见表12-9。

**表12-9  承负人提供主要材料和工程设备一览表**

工程名称：××楼装饰装修                标段：                    第 页 共 页：

| 序号 | 名称、规格、型号 | 单位 | 数量 | 风险系数/% | 基准单价/元 | 投标单价/元 | 发承包人确认单价/元 | 备注 |
|------|------|------|------|------|------|------|------|------|
| 1 | 砂浆 M15 | t | 25 | ≤5 | 310 | | | |
| 2 | 砂浆 M20 | t | 560 | ≤5 | 323 | | | |
| 3 | 砂浆 M25 | t | 3 120 | ≤5 | 340 | | | |
| | | | | | | | | |
| | | | | | | | | |
| | | | | | | | | |
| | | | | | | | | |
| | | | | | | | | |
| | | | | | | | | |
| | | | | | | | | |
| | | | | | | | | |
| | | | | | | | | |

注：1. 此表由招标人填写除"投标单价"栏的内容，投标人在投标时自主确定投标单价。

　　2. 招标人应优先采用工程造价管理机构发布的单价作为基准单价，未发布的，通过市场调查确定其基准单价。

# 第二节 竣工阶段文件的编制实训

## 一、竣工结算书封面

竣工结算书封面编制见表12-10。

表 12-10  竣工结算书封面

<u>　　　××楼装饰装修　　　</u>工程

# 竣 工 结 算 书

发　包　人：<u>×××××××</u>
（单位盖章）

承　包　人：<u>××市××装饰装修公司</u>
（单位盖章）

造价咨询人：<u>××工程造价咨询企业资质专用章</u>
（单位盖章）

××××年××月××日

## 二、竣工结算总价扉页

竣工结算总价扉页编制实例见表 12-11。

表 12-11　竣工结算总价扉页

## ×× 楼装饰装修　工程

# 竣 工 结 算 总 价

签约合同价(小写)：　195 161.26　　　　　（大写）：　壹拾玖万伍仟壹佰陆拾壹元贰角陆分

竣工结算价(小写)：　188 794.21　　　　　（大写）：　壹拾捌万捌仟柒佰玖拾肆元贰角壹分

发包人：　×××××　　　承包人：　××建筑单位　　　造价咨询人：××工程造价咨询企业资专用章
　　　　（单位盖章）　　　　　　　　（单位盖章）　　　　　　　　（单位资质专用章）

法定代表人　　　　　　　法定代表人　　　　　　　法定代表人
或其授权人：××单位法定代表人　或其授权人：××建筑单位法定代表人　或其授权人：××工程造价咨询企业法定代表人
　　　　（签字或盖章）　　　　　　（签字或盖章）　　　　　　　（签字或盖章）

编制人：××签字盖造价工程师或造价员专用章　　　　核对人：××签字盖造价工程师专用章
　　（造价人员签字盖专用章）　　　　　　　　　　（造价工程师签字盖专用章）

编制时间：××××年××月××日　　　　核对时间：××××年××月××日

## 三、承包人竣工结算总说明

承包人竣工结算总说明见表12-12。

**表12-12　承包人竣工结算总说明**

工程名称：××楼装饰装修　　　　　　　　　　　　　　　　　　　　　第　页　共　页

1. 工程概况：本工程为砖混结构，混凝土灌注桩外墙面装修，建筑层数为六层，招标计划工期为200日历天，投标工期为180日历天，实际工期为175日历天。

2. 竣工结算编制依据：

(1)施工合同；

(2)竣工图、发包人确认的实际完成工程量和索赔及现场签证资料；

(3)省工程造价管理机构发布的人工费调整文件。

3. 本工程合同价为7 972 282元，结算价为7 975 986元。结算价中包括发包人供应水泥和砂浆。

合同中水泥暂估价为20 000元，结算价为198 700元。暂列自行车雨棚100 000元，结算价为62 000元。

专业工程价款和发包人供应材料价款已由发包人支付给我公司，我公司已按合同约定支付给专业工程承包人和供应商。

4. 综合单价变化说明：

(1)省工程造价管理结构发布人工费调整文件，规定从××××年×月×日起人工费调增10%。本工程主体后的项目根据文件规定，人工费进行了调增并调整了相应综合单价，具体详见综合单价分析表。

(2)发包人供应的水泥，原招标文件暂估价为4 000元/t，实际供应价为4 306元/t，根据实际供应价调整了相应项目综合单价。

5. 其他说明(略)。

## 四、建设项目竣工结算汇总表

建设项目竣工结算汇总表实例见表12-13。

**表12-13　建设项目竣工结算汇总表**

工程名称：××楼装饰装修　　　　　　　　　　　　　　　　　　　　　第　页　共　页

| 序号 | 单项工程名称 | 金额/元 | 其中/元 | |
| --- | --- | --- | --- | --- |
| | | | 安全文明施工费 | 规费 |
| 1 | ××楼装饰装修工程 | 7 937 251 | 210 990 | 240 426 |
| | | | | |
| | | | | |
| | | | | |
| | 合计 | 7 937 251 | 210 990 | 240 426 |

## 五、单项工程竣工结算汇总表

单项工程竣工结算汇总表实例见表12-14。

**表12-14 单项工程竣工结算汇总表**

工程名称：××楼装饰装修　　　　　　　　　　　　　　　　　　　　第 页 共 页

| 序号 | 单项工程名称 | 金额/元 | 其中/元 | |
|---|---|---|---|---|
| | | | 安全文明施工费 | 规费 |
| 1 | ××楼装饰装修工程 | 7 937 251 | 210 990 | 240 426 |
| | | | | |
| | | | | |
| | 合　计 | 7 937 251 | 210 990 | 240 426 |

## 六、单位工程竣工结算汇总表

单位工程竣工结算汇总表实例见表12-15。

**表12-15 单位工程竣工结算汇总表**

工程名称：××楼装饰装修　　　　　　　　　　　　　　　　　　　　第 页 共 页

| 序号 | 汇总内容 | 金额/元 |
|---|---|---|
| 1 | 分部分项工程 | 6 426 805 |
| 0111 | 楼地面装饰工程 | 318 459 |
| 0112 | 墙柱面装饰与隔断、幕墙工程 | 440 237 |
| 0113 | 天棚工程 | 241 039 |
| 0114 | 油漆、涂料、裱糊工程 | 256 793 |
| 0304 | 电气设备安装工程 | 375 626 |
| 0310 | 给水排水安装工程 | 201 640 |
| 2 | 措施项目 | 747 112 |
| 0117 | 其中：安全文明施工费 | 210 990 |
| 3 | 其他项目 | 258 931 |
| 3.1 | 其中：专业工程结算价 | 198 700 |
| 3.2 | 其中：计日工 | 10 690 |
| 3.3 | 其中：总承包服务费 | 21 000 |
| 3.4 | 索赔与现场签证 | 28 541 |
| 4 | 规费 | 240 426 |
| 5 | 税金 | 261 735 |
| | 招标控制价合计＝1＋2＋3＋4＋5 | 7 935 009 |

注：如无单位工程划分，单项工程也使用本表汇总。

## 七、综合单价分析表

综合单价分析表实例见表12-16。

表 12-16　综合单价分析表

工程名称：××楼装饰装修　　　　　　　标段：　　　　　　　　　　第　页　共　页

| 项目编码 | 010515001001 | | 项目名称 | | 现浇构件钢筋 | 计量单位 | t | 工程量 | 200 |
|---|---|---|---|---|---|---|---|---|---|
| 定额编码 | 定额项目名称 | 定额单位 | 数量 | 单价 | | | | 合价 | |
| | | | | 人工费 | 材料费 | 机械费 | 管理费和利润 | 人工费 | 材料费 | 机械费 | 管理费和利润 |

| 定额编码 | 定额项目名称 | 定额单位 | 数量 | 人工费 | 材料费 | 机械费 | 管理费和利润 | 人工费 | 材料费 | 机械费 | 管理费和利润 |
|---|---|---|---|---|---|---|---|---|---|---|
| AD0899 | 现浇构件钢筋制、安 | t | 1.07 | 317.57 | 4 327.70 | 62.42 | 113.66 | 317.57 | 4 327.70 | 62.42 | 113.66 |
| 人工单价 | | | 小计 | | | | | 317.57 | 4 327.70 | 62.42 | 113.66 |
| 80 元/工日 | | | 未计价材料费 | | | | | 4 821.35 | | | |

| 材料费明细 | 主要材料名称、规格、型号 | 单位 | 数量 | 单价/元 | 合价/元 | 暂估单位/元 | 暂估合价/元 |
|---|---|---|---|---|---|---|---|
| | 螺纹钢筋 Q235，φ14 | t | 1.07 | | | 4 000.00 | 4 280.00 |
| | 焊条 | kg | 8.64 | 4.00 | 34.56 | | |
| | 其他材料费 | | | — | 13.14 | — | |
| | 材料费小计 | | | — | 47.70 | — | 4 280.00 |

| 项目编码 | 011407001001 | | 项目名称 | | 外墙乳胶漆 | 计量单位 | m² | 工程量 | 4 050 |
|---|---|---|---|---|---|---|---|---|---|

清单综合单价组成明细

| 定额编号 | 定额项目名称 | 定额单位 | 数量 | 单价 | | | | 合价 | | | |
|---|---|---|---|---|---|---|---|---|---|---|---|
| | | | | 人工费 | 材料费 | 机械费 | 管理费和利润 | 人工费 | 材料费 | 机械费 | 管理费和利润 |
| BE0267 | 抹灰面满刮耐水腻子 | 100 m² | 0.010 | 363.73 | 3 000 | | 141.96 | 3.65 | 30.00 | | 1.42 |
| BE0276 | 外墙乳胶漆底漆一遍面漆二遍 | 100 m² | 0.010 | 342.58 | 989.24 | | 133.34 | 3.43 | 9.89 | | 1.33 |
| 人工单价 | | | 小计 | | | | | 7.08 | 39.89 | | 2.75 |
| 80 元/工日 | | | 未计价材料费 | | | | | | | | |
| 清单项目综合单价 | | | | | | | | 49.72 | | | |

| 材料费明细 | 主要材料名称、规格、型号 | 单位 | 数量 | 单价/元 | 合价/元 | 暂估单位/元 | 暂估合价/元 |
|---|---|---|---|---|---|---|---|
| | 耐水成品腻子 | kg | 2.50 | 12.00 | 30.00 | | |
| | ××牌乳胶漆面漆 | kg | 0.353 | 21.00 | 7.41 | | |
| | ××牌乳胶漆底漆 | kg | 0.136 | 18.00 | 2.45 | | |
| | 其他材料 | | | — | 0.03 | — | |
| | 材料费小计 | | | — | 39.89 | — | |

注：1. 如不使用省级或行业建设主管部门发布的计价依据，可不填定额编号、名称等。
　　2. 招标文件提供了暂估单价的材料，按暂估的单价填入表内"暂估单价"栏及"暂估合价"栏。

## 八、综合单价调整表

综合单价调整表实例见表 12-17。

表 12-17　综合单价调整表

工程名称：××楼装饰装修　　　　　　　　　　标段：　　　　　　　　　　第 页 共 页

| 序号 | 项目编码 | 项目名称 | 已标价清单综合单价/元 | | | | | 调整后综合单价/元 | | | | |
|---|---|---|---|---|---|---|---|---|---|---|---|---|
| | | | 综合单价 | 其中 | | | | 综合单价 | 其中 | | | |
| | | | | 人工费 | 材料费 | 机械费 | 管理费和利润 | | 人工费 | 材料费 | 机械费 | 管理费和利润 |
| 1 | 011102001 | 石材楼地面 | 4 787.16 | 294.75 | 4 327.70 | 62.42 | 102.29 | 5 132.29 | 6 324.23 | 4 643.35 | 62.42 | 102.29 |
| 2 | 011201001 | 墙面一般抹灰 | 44.70 | 6.57 | 35.65 | | 2.48 | 45.35 | 7.22 | 35.65 | | 2.48 |
| 3 | 011301001 | 天棚抹灰 | 8.23 | 3.56 | 3.12 | | 1.55 | 8.58 | 3.91 | 3.12 | | 1.55 |
| | | | | | | | | | | | | |
| | | | | | | | | | | | | |

造价工程师(签章)：　　　　　　　　　　　　　造价人员(签章)：

发包人代表(签章)：　　　　　　　　　　　　　承包人代表(签章)：

日期：　　　　　　　　　　　　　　　　　　　日期：

注：综合单价调整应附调整依据。

## 九、总价措施项目清单与计价表

总价措施项目清单与计价表实例见表 12-18。

表 12-18　总价措施项目清单与计价表

工程名称：××中学教学楼工程　　　　　　　　标段　　　　　　　　　　第 页 共 页

| 序号 | 项目编码 | 项目名称 | 计算基础 | 费率/% | 金额/元 | 调整费率/% | 调整后金额/元 | 备注 |
|---|---|---|---|---|---|---|---|---|
| | | 安全文明施工费 | 定额人工费 | 25 | 209 650 | 25 | 210 990 | |
| | | 夜间施工增加费 | 定额人工费 | 1.5 | 12 479 | 1.5 | 12 654 | |
| | | 二次搬运费 | 定额人工费 | 1 | 8 386 | 1 | 8 436 | |
| | | 冬雨期施工增加费 | 定额人工费 | 0.6 | 5 032 | 0.6 | 5 062 | |
| | | 已完工程及设备保护费 | | | 6 000 | | 6 000 | |
| | | | | | | | | |
| | | | | | | | | |
| | | 合计 | | | | | | |

注：1. "计算基础"中安全文明施工费可为"定额计价""定额人工费"或"定额工人费＋定额机械费"，其他项目可为"定额人工费"或"定额人工费＋定额机械费"。

2. 按施工方案计算的措施费，若无"计算基础"和"费率"的数值，也可只填"金额"数值，但应在备注栏说明施工方案出处或计算方法。

编制人(造价人员)：

## 十、其他项目清单与计价汇总表

其他项目清单与计价汇总表实例见表12-19。

**表 12-19　其他项目清单与计价汇总表**

工程名称：××楼装饰装修　　　　　　　　　标段：　　　　　　　　　　第　页　共　页

| 序号 | 项目名称 | 金额/元 | 结算金额/元 | 备注 |
|---|---|---|---|---|
| 1 | 暂列金额 | | | 明细详见表12-20 |
| 2 | 暂估价 | 200 000 | 198 700 | |
| 2.1 | 材料(工程设备)暂估价/结算价 | | | 明细详见表12-21 |
| 2.2 | 专业工程暂估价/结算价 | 200 000 | 198 700 | 明细详见表12-22 |
| 3 | 计日工 | 26 528 | 10 690 | 明细详见表12-23 |
| 4 | 总承包服务费 | 20 706 | 21 000 | 明细详见表12-24 |
| 5 | 索赔与现场签证 | | 28 541 | |
| | | | | |
| | | | | |
| | | | | |
| | | | | |
| | | | | |
| | | | | |

(1)暂列金额明细表实例见表12-20。

**表 12-20　暂列金额明细表**

工程名称：××楼装饰装修　　　　　　　　　标段：　　　　　　　　　　第　页　共　页

| 序号 | 项目名称 | 计量单位 | 暂定金额/元 | 备注 |
|---|---|---|---|---|
| 1 | 自行车棚工程 | 项 | 100 000 | 正在设计图纸 |
| 2 | 工程量偏差和设计变更 | 项 | 100 000 | |
| 3 | 政策性调整和材料价格波动 | 项 | 100 000 | |
| 4 | 其他 | 项 | 50 000 | |
| 5 | | | | |
| 6 | | | | |
| 7 | | | | |
| 8 | | | | |
| 9 | | | | |
| 10 | | | | |
| 合计 | | | 350 000 | — |
| 注：此表由招标人填写，如不能详列，也可只列暂定金额总额，投标人应将上述暂列金额计入投标总价中。 | | | | |

(2)材料(工程设备)暂估价/结算价表实例见表12-21。

表 12-21　材料(工程设备)暂估价/结算价表

工程名称：××楼装饰装修　　　　　　　　　　　标段：　　　　　　　　　　　第　页　共　页

| 序号 | 材料(工程设备)名称、规格、型号 | 计量单位 | 数量 | | 暂估/元 | | 确认/元 | | 差额±/元 | | 备注 |
|---|---|---|---|---|---|---|---|---|---|---|---|
| | | | 暂估 | 确认 | 单价 | 合价 | 单价 | 合价 | 单价 | 合价 | |
| 1 | 木质窗 | 樘 | 20 | 16 | 2 000 | 2 100 | 40 000 | 33 600 | 100 | 6 400 | |
| 2 | 成品隔断 | 间 | 2 | 2 | 800 | 850 | 1 600 | 1 700 | 50 | 100 | |
| | | | | | | | | | | | |
| | | | | | | | | | | | |
| | | | | | | | | | | | |
| | | | | | | | | | | | |
| | | | | | | | | | | | |
| | | | | | | | | | | | |
| | 合计 | | | | | | 41 600 | 35 300 | | 6 500 | |

注：此表由招标人填写"暂估单价"，并在备注栏说明暂估价的材料、工程设备拟用在那些清单项目上，投标人应将上述材料、工程设备暂估单价计入工程量清单综合单价报价中。

(3)材料(工程设备)暂估单价及调整表实例见表 12-22。

表 12-22　专业工程暂估价/结算价表

工程名称：××楼装饰装修　　　　　　　　　　　标段：　　　　　　　　　　　第　页　共　页

| 序号 | 工程名称 | 工程内容 | 暂估金额/元 | 结算金额/元 | 差额±/元 | 备注 |
|---|---|---|---|---|---|---|
| 1 | 墙面装饰抹灰工程 | 清理基层、修补堵眼、湿润基层、调运砂浆、清扫落地灰，分层抹灰找平、平面压光 | 200 000 | | | |
| | | | | | | |
| | | | | | | |
| | | | | | | |
| | | | | | | |
| | | | | | | |
| | | | | | | |
| | | | | | | |
| | | | | | | |
| | | | | | | |
| | 合计 | | 200 000 | | | |

注：此表"暂估金额"由招标人填写，投标人应将"暂估金额"计入投标总价中。结算时按合同约定结算金额填写。

(4)计日工表实例见表 12-23。

表 12-23　计日工表

工程名称：××楼装饰装修　　　　　　　标段：　　　　　　　　　　第　页　共　页

| 编号 | 项目名称 | 单位 | 暂定数量 | 实际数量 | 综合单价/元 | 合价/元 | |
|---|---|---|---|---|---|---|---|
| | | | | | | 暂定 | 实际 |
| 一 | 人工 | | | | | | |
| 1 | 普工 | 工日 | 100 | | | | |
| 2 | 技工 | 工日 | 60 | | | | |
| 3 | | | | | | | |
| 4 | | | | | | | |
| | 人工小计 | | | | | | |
| 二 | 材料 | | | | | | |
| 1 | 水泥42.5 | t | 1 | | | | |
| 2 | 中砂 | m³ | 2 | | | | |
| 3 | 砾门(5～40 mm) | m³ | 10 | | | | |
| 4 | 页岩砖(240 mm×115 mm×53 mm) | 千匹 | 1 | | | | |
| 5 | | | | | | | |
| | 材料小计 | | | | | | |
| 三 | 施工机械 | | | | | | |
| 1 | 自升式塔式起重机 | 台班 | 5 | | | | |
| 2 | 灰浆搅拌机(400 L) | 台班 | 2 | | | | |
| 3 | | | | | | | |
| 4 | | | | | | | |
| | 施工机械小计 | | | | | | |
| 四 | 企业管理费和利润 | | | | | | |
| | 总计 | | | | | | |

注：此表项目名称、暂定数量由招标人填写，编制招标控制价时，单价由招标人按有关计价规定确定；投标时，单价由投标人自主报价，按暂定数量计算合价计入投标总价中。结算时，按发承包双方确认的实际数量计算合价。

(5)总承包服务费计价表实例见表12-24。

表 12-24　总承包服务费计价表

工程名称：××楼装饰装修　　　　　　　标段：　　　　　　　　　第　页　共　页

| 序号 | 项目名称 | 项目价值/元 | 服务内容 | 计算基础 | 费率/% | 金额/元 |
|---|---|---|---|---|---|---|
| 1 | 发包人发包专业工程 | 200 000 | 1. 按专业工程承包人的要求提供施工工作面并对施工现场进行统一管理，对竣工资料进行统一整理汇总 2. 为专业工程承包人提供垂直运输机械和焊接电源接入点，并承担垂直运输费和电费 | | | |
| 2 | 发包人提供材料 | 845 000 | 对发包人供应的材料进行验收及保管和使用发放 | | | |
| | | | | | | |
| | | | | | | |
| | | | | | | |
| | | | | | | |
| | 合计 | — | | — | | — |

注：此表项目名称、服务内容由招标人填写，编制招标控制价时，费率及金额由招标人按有关计价规定确定；投标时，费率及金额由投标人自主报价，计入投标总价中。

## 十一、工程计量申请(核准)表

工程计量申请(核准)表实例见表 12-25。

### 表 12-25　工程计量(核准)表

工程名称：××楼装饰装修　　　　　　　标段：　　　　　　　　　第　页　共　页

| 序号 | 项目编码 | 项目名称 | 计量单位 | 承包人申报数量 | 发包人核实数量 | 发承包人确认数量 | 备注 |
|---|---|---|---|---|---|---|---|
| 1 | 020101001 | 水泥砂浆楼地面 | m² | 1 576 | | | |
| 2 | 020201001 | 墙面一般抹灰 | m² | 456 | | | |
| 3 | 020201003 | 墙面勾缝 | m² | 102 | | | |
| 4 | 020401003 | 实木装饰门 | 樘/m² | 25 | | | |
| | | | | | | | |
| | | | | | | | |
| | | | | | | | |
| | | | | | | | |

| 承包人代表：××× | 监理工程师：××× | 造价工程师：××× | 发包人代表：××× |
|---|---|---|---|
| 日期：××××年××月××日 | 日期：××××年××月××日 | 日期：××××年××月××日 | 日期：××××年××月××日 |

## 十二、预算款支付申请(核准)表

预算款支付申请(核准)表实例见表12-26。

**表12-26　预算款支付申请(核准)表**

工程名称：××楼装饰装修　　　　　　　　标段：　　　　　　　　　　　　　编号：

致：××中学(发包人全称)

我方根据施工合同的约定，现申请支付工程预付款(大写)玖拾贰万叁仟零壹拾捌元(小写923 018元)，请予核准。

| 序号 | 名称 | 申请金额/元 | 复核金额/元 | 备注 |
|---|---|---|---|---|
| 1 | 已签约合同价款金额 | 7 972 282 | | |
| 2 | 其中：安全文明施工费 | 209 650 | | |
| 3 | 应支付的预付款 | 797 228 | | |
| 4 | 应支付的安全文明施工费 | 125 790 | | |
| 5 | 合计应支付的预付款 | 923 018 | | |
| | | | | |
| | | | | |

承包人(章)

造价人员：×××　　　　　　　承包人代表：×××　　　　　　日期：××××年××月××日

| 复核意见： | 复核意见： |
|---|---|
| □与合同约定不相符，修改意见见附件。<br>□与合同约定相符，具体金额由造价工程师复核。<br><br><br>监理工程师：×××<br>日期：××年××月××日 | 你方提出的支付申请经复核，应支付预付款金额为(大写)＿＿＿＿＿＿(小写＿＿＿＿＿)。<br><br><br><br>监理工程师：×××<br>日期：××年××月××日 |

审核意见：

□不同意。

□同意，支付时间为本表签发后的15天内。

发包人(章)<br>发包人代表：×××<br>日期：××××年××月××日

注：1. 在选择栏中的"□"内作标识"√"。

　　2. 本表一式四份，由承包人填报，发包人、监理人、造价咨询人、承包人各存一份。

## 十三、总价项目进度款支付分解表

总价项目进度款支付分解表实例见表12-27。

**表 12-27　总价项目进度款支付分解表**

工程名称：××楼装饰装修　　　　　　　标段：　　　　　　　　　单位：元

| 序号 | 项目名称 | 总价金额 | 首次支付 | 二次支付 | 三次支付 | 四次支付 | 五次支付 | |
|---|---|---|---|---|---|---|---|---|
| | 安全文明施工费 | 209 650 | 62 895 | 62 895 | 41 930 | 41 930 | | |
| | 夜间施工增加费 | 12 479 | 2 496 | 2 496 | 2 496 | 2 496 | 2 495 | |
| | 二次搬运费 | 8 386 | 1 677 | 1 677 | 1 677 | 1 677 | 1 678 | |
| | 略 | | | | | | | |
| | | | | | | | | |
| | | | | | | | | |
| | | | | | | | | |
| | 社会保险费 | 188 685 | 37 737 | 37 737 | 37 737 | 37 737 | 37 737 | |
| | 住房公积金 | 50 316 | 10 063 | 10 063 | 10 063 | 10 063 | 10 064 | |
| | | | | | | | | |
| | | | | | | | | |
| | | | | | | | | |
| | | | | | | | | |
| | | | | | | | | |
| | | | | | | | | |
| | | | | | | | | |
| | | | | | | | | |
| | | | | | | | | |
| | | | | | | | | |
| | | | | | | | | |
| | 合计 | | | | | | | |

注：1. 本表应由承包人在投标报价时根据发包人在招标文件明确的进度款支付周期与报价填写，签订合同时，发承包双方可就支付分解协商调解后作为合同附件。

　　2. 单价合同使用本表，"支付"栏时间应与单价项目进度款支付周期相同。

　　3. 总价合同使用本表，"支付"栏时间应与约定的工程计量周期相同。

编制人(造价人员)：×××　　　　　　　　　　　复核人(造价工程师)：×××

## 十四、进度款支付申请(核准)表

进度款支付申请(核准)表实例见表 12-28。

## 表 12-28　进度款支付申请(核准)表

工程名称：××楼装饰装修　　　　　　标段：　　　　　　　　　　　编号：

致：××中学(发包人全称)

我方于××至××期间已完成了±0.000～二层楼工作，根据施工合同的约定，现申请支付工程预付款(大写)壹佰壹拾壹万柒仟玖佰壹拾玖元壹角肆分(小写1 117 919.14)，请予核准。

| 序号 | 名称 | 申请金额/元 | 复核金额/元 | 备注 |
|------|------|------------|------------|------|
| 1 | 累计已完成的合同价款 | 1 233 189.37 | | |
| 2 | 累积已实际支付的合同价款 | 1 109 870.43 | | |
| 3 | 本周期合计完成的合同价款 | 1 576 893.50 | 1 419 204.14 | |
| 3.1 | 本周期已完成单价项目的金额 | 1 484 047.80 | | |
| 3.2 | 本周期应支付的总价项目的金额 | 14 230.00 | | |
| 3.3 | 本周期已完成的计日工价款 | 4 631.70 | | |
| 3.4 | 本周期应支付的安全文明施工费 | 62 895.00 | | |
| 3.5 | 本周期应增加的合同价款 | 11 089.00 | | |
| 4 | 本周期合计应扣减的金额 | 301 285.00 | 301 285.00 | |
| 4.1 | 本周期应抵扣的预付款 | 301 285.00 | | |
| 4.2 | 本周期应扣减的金额 | 0 | | |
| 5 | 本周期应支付的合同价款 | 1 475 608.50 | 1 117 919.14 | |

附：上述3、4详见附件清单。

承包人(章)

造价人员：×××　　　　　　承包人代表：×××　　　　　日期：××××年××月××日

| 复核意见：<br>□与实际施工情况不相符，修改意见见附件。<br>□与实际施工情况相符，具体金额由造价工程师复核。<br><br>　　　监理工程师：×××<br>　　　日期：××××年××月××日 | 复核意见：<br>　你方提出的支付申请经复核，本周期已完成合同款额为(大写)_____(小写_____)，本周期应支付金额为(大写)_____(小写_____)。<br><br>　　　造价工程师：×××<br>　　　日期：××××年××月××日 |
|---|---|
| 审核意见：<br>□不同意。<br>□同意，支付时间为本表签发后的15天内。<br><br><br>　　　　　　　　　　　　　　　　　发包人(章)<br>　　　　　　　　　　　　　　　　　发包人代表：×××<br>　　　　　　　　　　　　　　　　　日期：××××年××月××日 ||

注：1. 在选择栏中的"□"内作标识"√"。

　　2. 本表一式四份，由承包人填报，发包人、监理人、造价咨询人、承包人各存一份。

## 十五、竣工结算款支付申请(核准)表

竣工结算款支付申请(核准)表实例见表12-29。

**表12-29 竣工结算款支付申请(核准)表**

工程名称：××楼装饰装修 标段： 编号：

致：××中学(发包人全称)

我方于××至××期间已完成合同约定的工作，根据施工合同的约定，现申请支付竣工结算合同款额为(大写)柒拾捌万叁仟贰佰陆拾伍元零捌分(小写783 265.08)，请予核准。

| 序号 | 名称 | 申请金额/元 | 复核金额/元 | 备注 |
|------|------|-----------|-----------|------|
| 1 | 竣工结算合同价款总额 | 7 932 571.00 | | |
| 2 | 累计已实际支付的合同价款 | 67 526 677.37 | | |
| 3 | 应预留的质量保证金 | 396 628.55 | | |
| 4 | 应支付的竣工结算款金额 | 783 265.08 | | |

承包人(章)

造价人员：×××

承包人代表：×××

日期：××××年××月××日

复核意见：

□与实际施工情况不相符，修改意见见附件。

□与实际施工情况相符，具体金额由造价工程师复核。

监理工程师：×××

日期：××××年××月××日

复核意见：

你方提出的竣工结算支付申请经复核，竣工结算款总额为(大写)_____(小写_____)，扣除前期支付以及质量保证金后应支付金额为(大写)_____(小写_____)。

造价工程师：×××

日期：××××年××月××日

审核意见：

□不同意。

□同意，支付时间为本表签发后的15天内。

发包人(章)

发包人代表：×××

日期：××××年××月××日

注：1. 在选择栏中的"□"内作标识"√"。

2. 本表一式四份，由承包人填报，发包人、监理人、造价咨询人、承包人各存一份。

## 十六、最终结清支付申请(核准)表

最终结清支付申请(核准)表实例见表12-30。

## 表 12-30　最终结清技术申请(核准)表

工程名称：××楼装饰装修　　　　　　　标段：　　　　　　　　　　　　编号：

致：××中学(发包人全称)

我方于××至××期间已完成了缺陷修复工作，根据施工合同的约定，现申请支付最终结算合同款额为(大写)叁拾玖万陆仟陆佰贰拾捌元伍角伍分(小写396 628.55)，请予核准。

| 序号 | 名称 | 申请金额/元 | 复核金额/元 | 备注 |
|---|---|---|---|---|
| 1 | 已预留的质量保证金 | 396 628.55 | | |
| 2 | 应增加因发包人原因造成缺陷的修复金额 | 0 | | |
| 3 | 应扣减承包人不修复缺陷、发包人组织修复的金额 | 0 | | |
| 4 | 最终应支付的合同价款 | 396 628.55 | | |

附：上述 2、3 详见附件清单。

造价人员：×××　　　　　　承包人代表：×××　　　　　　承包人(章)

日期：××××年××月××日

---

复核意见：
□与实际施工情况不相符，修改意见见附件。
□与实际施工情况相符，具体金额由造价工程师复核。

监理工程师：×××
日期：××××年××月××日

复核意见：
你方提出的支付申请经复核，最终应支付金额为(大写)_____(小写_____)。

造价工程师：×××
日期：××××年××月××日

---

审核意见：
□不同意。
□同意，支付时间为本表签发后的 15 天内。

发包人(章)
发包人代表：×××
日期：××××年××月××日

---

注：1. 在选择栏中的"□"内作标识"√"。如监理人已退场，监理工程师栏可空缺。
　　2. 本表一式四份，由承包人填报，发包人、监理人、造价咨询人、承包人各存一份。

## 本章小结

　　建筑装饰工程量清单计价文件反映工程个别成本，是招标人提供的工程量清单为平台，投标人根据自身的技术、财务、管理能力进行投标报价，招标人根据具体的评标细则进行优选，这种计价方式、计价文件是规范建筑市场秩序的根本措施。本章主要介绍工程量清单的编制实训、竣工阶段的编制实训。

## 思考与练习

　　1. 编制表 12-31 工程总价总说明。

**表 12-31　工程总价总说明**

工程名称：　　　　　　　　　　　　　　　　　　　　　　　　　　　第　页　共　页

| 　1. 工程概况：<br>　2. 招标范围：<br>　3. 工程质量要求：<br>　4. 工程量清单编制依据： |
| --- |

　　2. 填写表 12-32 分部分项工程和单价措施项目清单与计价。

**表 12-32　分部分项工程和单价措施项目清单与计价**

工程名称：　　　　　　　　　　　　标段：　　　　　　　　　　　　第　页　共　页

| 序号 | 项目编码 | 项目名称 | 项目特征 | 计量单位 | 工程量 | 金额/元 | | |
| --- | --- | --- | --- | --- | --- | --- | --- | --- |
| | | | | | | 综合单价 | 合价 | 其中<br>暂估价 |
| | | | | | | | | |
| | | | | | | | | |
| | | | | | | | | |
| | | | | | | | | |
| | | | | | | | | |
| | | | | | | | | |
| | | | | | | | | |
| | | | | | | | | |
| | | | | | | | | |

3. 填写表12-33综合单价分析表。

表 12-33　综合单价分析表

工程名称：　　　　　　　　　　　　　　　　　　标段：　　　　　　　　　　　　第 页 共 页

| 项目编码 | | | | 项目名称 | | | | 计量单位 | | 工程量 | |
|---|---|---|---|---|---|---|---|---|---|---|---|
| 项目编码 | 定额名称 | 定额单位 | 数量 | 单价 | | | | 合价 | | | |
| | | | | 人工费 | 材料费 | 机械费 | 管理费和利润 | 人工费 | 材料费 | 机械费 | 管理费和利润 |
| | | | | | | | | | | | |
| 人工单价 | | | 小计 | | | | | | | | |
| | | | 未计价材料费 | | | | | | | | |

| | 主要材料名称、规格、型号 | | | | 单位 | 数量 | 单价/元 | 合价/元 | 暂估单位/元 | 暂估合价/元 |
|---|---|---|---|---|---|---|---|---|---|---|
| 材料费明细 | | | | | | | | | | |
| | | | | | | | | | | |
| | 其他材料费 | | | | | | | | | |
| | 材料费小计 | | | | | | | | | |

| 项目编码 | | | | 项目名称 | | | | 计量单位 | | 工程量 | |
|---|---|---|---|---|---|---|---|---|---|---|---|
| 清单综合单价组成明细 | | | | | | | | | | | |
| 定额编号 | 定额名称 | 定额单位 | 数量 | 单价 | | | | 合价 | | | |
| | | | | 人工费 | 材料费 | 机械费 | 管理费和利润 | 人工费 | 材料费 | 机械费 | 管理费和利润 |
| | | | | | | | | | | | |
| | | | | | | | | | | | |
| 人工单价 | | | 小计 | | | | | | | | |
| 80元/工日 | | | 未计价材料费 | | | | | | | | |
| 清单项目综合单价 | | | | | | | | | | | |

| | 主要材料名称、规格型号 | | | | 单位 | 数量 | 单价/元 | 合价/元 | 暂估单位/元 | 暂估合价/元 |
|---|---|---|---|---|---|---|---|---|---|---|
| 材料费明细 | | | | | kg | | | | | |
| | | | | | kg | | | | | |
| | | | | | kg | | | | | |
| | 其他材料 | | | | | | — | | — | |
| | 材料费小计 | | | | | | — | | — | |

注：1. 如不使用省级或行业建设主管部门发布的计价依据，可不填定额编号、名称等。

2. 招标文件提供了暂估单价的材料，按暂估的单价填入表内"暂估单价"栏及"暂估合价"栏。

# 第十三章

# 建筑装饰工程造价管理软件

## 📖 知识目标

1. 了解广联达 BIM 钢筋算量软件及计算工程项目造价的整体操作思路，熟悉广联达软件界面。

2. 了解广联达 BIM 钢筋软件的算量思路及操作流程，熟悉钢筋算量柱、梁、板的属性建法及画法。

3. 了解图形算量软件的算量思路及流程，熟悉图形算量柱、梁、板的属性减法及画法。

4. 熟悉编制分部分项工程量清单及组价应用、措施项目清单与其他项目清单及组价应用。

## ⊕ 能力目标

1. 能够根据图纸在广联达 BIM 钢筋算量软件中新建工程信息，建立楼层、轴网，进行首层柱、梁、板等构件钢筋的定义和绘制，最后计算钢筋结果。

2. 能够根据实例施工图，进行柱、梁、板等构件的属性定义并套取其清单子目和定额子目，选取或编辑相应子目的工程量代码并绘图。

## 第一节　工程造价软件(广联达)简介

### 一、广联达 BIM 钢筋算量软件简介

2013 版工程造价软件(广联达)主要由广联达 BIM 钢筋算量软件 GGJ2013、广联达 BIM 土建算量软件 GCL2013、广联达计价软件 GBQ4.0 三部分组成。

(1)广联达 BIM 钢筋算量软件 GGJ2013 主要通过画图的方式快速建立建筑物的计算模型，并根据内置的平法图集和规范实现自动扣减、精确算量；还可以根据不同的要求，自行设置和修改内置的平法图集与规范，以满足不同的需求。其在计算过程中能够快速、准确地计算和核对，达到钢筋算量方法实用化、算量过程可视化、算量结果准确化的目的。

(2)广联达 BIM 土建算量软件 GCL2013 是基于广联达公司自主平台研发的一款算量软

件，内置全国各地现行的清单、定额计算规则。该软件采用 CAD 导图算量、绘图输入算量、表格输入算量等多种算量模式和三维状态自由绘图、编辑模式，具有高效、直观、简单等特点。

（3）广联达计价软件 GBQ4.0 是集计价、招标管理、投标管理于一体的计价软件，能帮助工程造价人员解决电子招标投标环境下的工程造价和招投标业务问题，使计价更高效、招标更快捷、投标更安全。

## 二、利用工程造价软件计算工程项目造价的整体操作思路

为了提高工程造价的计算效率，利用工程造价软件（广联达）计算工程项目造价时应遵循以下操作思路：

（1）启动广联达 BIM 钢筋算量软件 GGJ2013，进行构件钢筋的定义和绘制，计算钢筋的工程量，导出钢筋的相关报表，保存钢筋算量文件。

（2）启动广联达 BIM 土建算量软件 GCL2013，导入钢筋算量文件，套取构件清单及定额，并选择或编辑工程量代码，计算构件清单及定额工程量，保存土建算量文件。

（3）启动广联达计价软件 GBQ4.0，导入土建算量文件，进行定额套用、换算、调价、市场价载入、取费、工料机分析，导出相关报表。

## 三、广联达算量软件界面介绍

在使用广联达算量软件进行算量时，一般先使用钢筋算量软件绘制图形（或导入电子版图纸进行识别），并计算钢筋工程量，经检查无误后导入土建算量软件计算土建工程量（两种软件可互导），所以，本书对广联达算量软件主界面的介绍以钢筋算量软件为主。

### 1."工程设置"界面

（1）"工程设置"界面可分为"工程信息""比重设置""弯钩设置""损耗设置""计算设置"和"楼层设置"等模块。

（2）模块导航栏：可在软件的各个界面切换，如图 13-1 所示。

**图 13-1　"工程设置"界面**

**2.“绘图输入”界面**

"绘图输入"界面可分为标题栏、菜单栏、工具栏、状态栏和导航栏及绘图区，如图13-2所示。

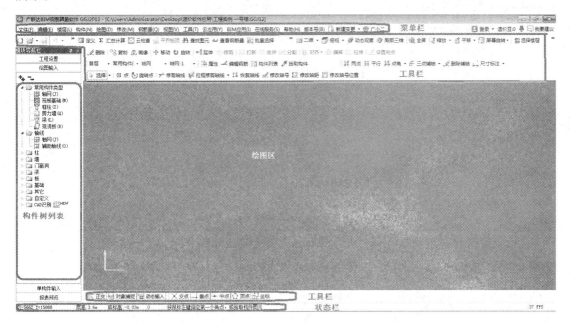

**图13-2 "绘图输入"界面**

（1）标题栏。标题栏从左向右分别显示广联达BIM钢筋算量软件GGJ2013的图标、当前所操作的工程文件的存储路径和工程名称及最小化、最大化、关闭按钮。

（2）菜单栏。标题栏下方为菜单栏，单击每个菜单名称将弹出相应的下拉菜单。

（3）工具栏。依次为"工程"工具栏、"常用"工具栏、"视图"工具栏、"修改"工具栏、"轴网"工具栏、"构件"工具栏、"偏移"工具栏、"辅助功能设置"工具栏、"捕捉"工具栏。

（4）状态栏。显示各个状态下的绘图信息。

（5）模块导航栏中的构件树列表。表明软件的各个构件类型，可在各个构件之间切换。

（6）绘图区。绘图区是进行绘图的区域。

**3.“单构件输入”界面**

在广联达钢筋算量软件中，有些构件在导入图纸时不能识别又不能画上，这时就需要采用单构件参数化图集进行计算，如图13-3所示。

单构件钢筋计算结果：可以在其中直接输入钢筋数据，也可以通过梁平法输入、柱平法输入和参数法输入方式进行钢筋工程量计算。

**4.“报表预览”界面**

在工程图绘制完成后，单击"汇总计算"按钮，计算完成后切换到"报表预览"界面，可以查看与工程相关的工程量，如图13-4所示。

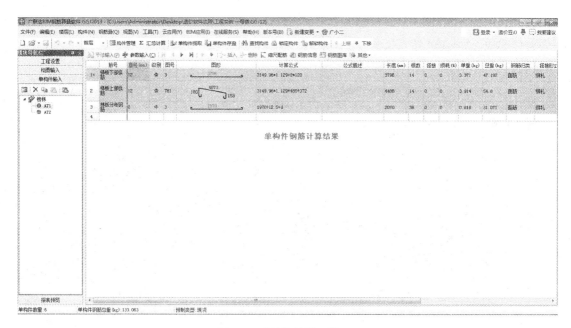

图 13-3 "单构件输入"界面

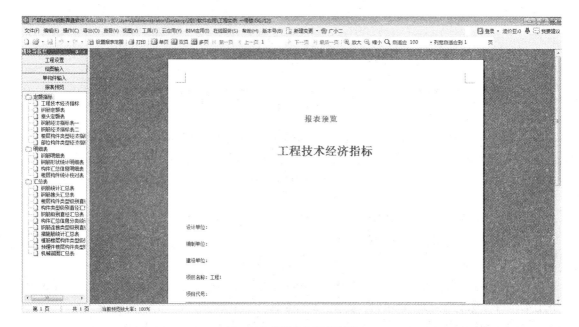

图 13-4 "报表预览"界面

# 第二节 钢筋算量软件应用

## 一、广联达 BIM 钢筋算量软件的算量思路及操作流程

在当今的工程建设过程中，钢筋作为主要的建筑材料之一，用量大且价格高，其重要性不言而喻。首先，钢筋的加工成型直接影响到钢筋混凝土结构的施工进度、工程质量及

受力性能；其次，钢筋的长度、用量的计算又影响到工程造价编制的准确性。

钢筋的加工成型和算量工作需要与设计图纸和标准图集相结合，因此，看懂图纸成为先决条件，《混凝土结构施工图平面整体表示方法制图规则和构造详图》(16G101)（以下简称平法，在实际工程中常指平法图集）作为看懂图纸的基础，必须熟练掌握。在工程实践中，结构施工图主要表示构件截面尺寸大小及钢筋用量（数量），而有关钢筋的构造做法，如钢筋锚固、截断位置、连接位置等，则要符合平法的规定。因此，要全面、正确地理解图纸并付诸实践，必须将图纸和平法很好地加以结合。

GGJ2013广联达BIM钢筋算量软件综合考虑了平法系列图集、结构设计规范、施工验收规范及常见的钢筋施工工艺，能够满足不同的钢筋计算要求。该软件不仅能够完整地计算工程的钢筋总量，而且能够根据工程要求按照结构类型、楼层及构件的不同，计算出各自的钢筋明细量。

**1. GGJ2013广联达BIM钢筋算量软件的算量思路**

GGJ2013广联达软件可以通过画图的方式，快速建立建筑物的计算模型。软件根据内置的平法图集和规范实现自动扣减、精确算量。内置平法和规范还可以根据不同的要求，自行设置和修改，以满足用户不同的需求。在计算过程中，工程造价人员能够快速、准确地计算和核对，达到钢筋算量方法实用化、算量过程可视化、算量结果准确化的目的。

**2. 钢筋算量软件的操作流程**

使用GGJ2013广联达BIM钢筋算量软件做实际工程时，一般推荐用户按照先主体再零星的原则，即先绘制和计算主体结构，再绘制和计算零星构件。

(1)针对不同的结构类型，采用不同的绘制顺序，能够方便绘制、快速计算，提高工作效率。对不同的结构类型，可以采用以下绘制流程：

1)剪力墙结构：剪力墙→门窗洞→暗柱/端柱→暗梁/连梁。

2)框架结构：柱→梁→板。

3)框架—剪力墙结构：柱→剪力墙→梁→板→砌体墙。

4)砖混结构：砖墙→窗洞→构造柱→圈梁。

(2)根据结构的不同部位，推荐使用的绘制流程：首层→地上→地下→基础。

## 二、建立轴网

### 1. 轴网的定义

单击模块导航栏中的"绘图输入"按钮，切换到"绘图输入"界面，如图13-5所示。

双击模块导航栏中的"轴线"按钮，在弹出的子菜单中双击"轴网"选项；或双击模块导航栏中的"轴线"按钮后，在弹出的子菜单中选择"轴网"选项，然后单击工具栏中的"定义"按钮，如图13-6所示。

系统共有三种类型的轴网，即正交轴网、圆弧轴网、斜交轴网。以实际案例轴网为例（轴网为正交轴网），操作步骤如下：

第一步：单击"新建"按钮，选择"新建正交轴网"命令。

第二步：在"属性值"栏输入相应的轴网名称，然后在"类型选择"中选择开间或进深，开间和进深简单来说就是对应图纸上的"上""下""左""右"四个方向。先选择"下开间"，因为第一段开间，即①轴和②轴的轴线距离为4 000，在"轴距"栏中直接输入"4000"，按回车

图 13-5　模块导航栏

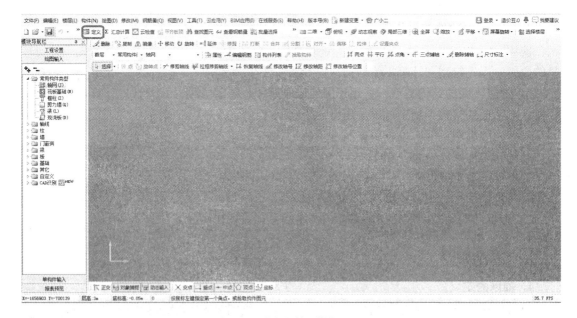

图 13-6　"定义轴网"界面（1）

键，轴号不用输入，轴号系统会自动生成。在第二段继续输入"4000"，按回车键，同理，将下开间的轴距输入即可，轴号系统会自动生成。

第三步：选择"左进深"，同样依次输入轴距（另一种输入的方法是直接双击常用值，或者在空白处输入轴距，然后单击"添加"按钮）。当输入完开间和进深的数值后，在右边预览区域出现新建的轴网预览，如果发现输入的轴距错误，可以立即进行修改。上述步骤如图 13-7 所示。

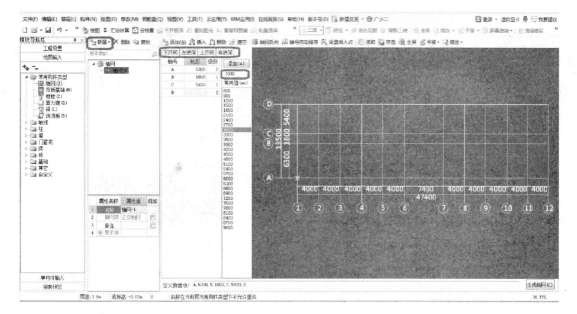

图 13-7 "定义轴网"界面(2)

## 2. 轴网的绘制

第一步：定义完毕后，单击"绘图"按钮，新的轴网就建立成功了。

第二步：输入角度，一般矩形轴网偏移角度为零，直接单击"确定"按钮，轴网就自动绘制到绘图区域，如图 13-8 所示。

第三步：如果还需要新建轴网，则可以单击"新建"按钮继续新建轴网，也可以进行"删除"或者"复制"操作。

图 13-8　输入角度

说明：(1)一般定义工程的轴网只需要定义主轴，附加轴网可以在"辅助轴线"中添加。另外，本工程"上开间"的轴号与"下开间"的轴号一致，轴距也一致。当定义完成"下开间"后，可以将定义数据的轴网信息复制，然后粘贴到"上开间"的定义数据中，不必重复输入。

(2)在实际工程中，如果要重复使用建立好的轴网，可以使用"轴网定义"工具栏中的"存盘"功能进行轴网保存，需要时可以单击"读取"按钮快速建立轴网。

(3)系统提供定义级别的功能，即可以标注多段定形尺寸。

## 三、柱的属性建法及画法

### 1. 新建柱方法

框架柱的属性建法操作步骤如下：

第一步：单击左侧导航栏"柱"按钮，展开下拉菜单，单击"柱"按钮。

第二步：执行"构件列表"对话框中的"新建"命令，单击"新建矩形柱"按钮，如图 13-9 所示。

第三步：单击"属性"按钮，弹出"属性编辑器"对话框，根据图纸信息填写 KZ-1 的钢筋信息，如图 13-10 所示。

图 13-9 "构件列表"对话框          图 13-10 "属性编辑器"对话框

## 2. 柱的画法

假设首层平面图中①～⑥轴与⑦～⑫轴的构件是完全对称的，可以先在⑤～⑥轴中心画一条辅助轴线作为镜像轴，然后画①～⑤轴的构件，最后利用镜像功能将其他构件画好，如图 13-11 所示。

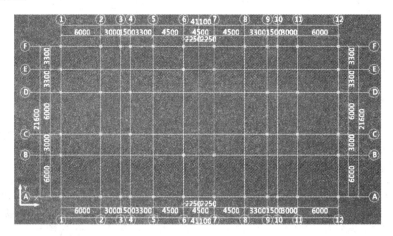

图 13-11 柱的画法

## 四、梁的属性建法及画法

### 1. 横梁的属性建法

根据图纸相关信息，现以 KL-1 为例：

(1)选中左侧模块导航栏中的"梁"，展开下拉菜单，单击"梁"按钮。

(2)展开"新建"下拉菜单，单击"新建矩形梁"按钮，根据图纸信息，在"属性编辑器"对话框中填写 KL-1 的钢筋信息，如图 13-12 所示。

KL-2、KL-3、KL-4 属性建法同 KL-1。建好后的属性如图 13-13～图 13-15 所示。

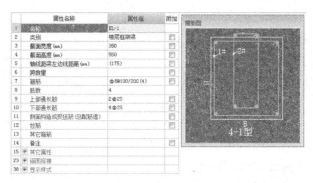

图 13-12  填写 KL-1 的钢筋信息

| | 属性名称 | 属性值 | 附加 |
|---|---|---|---|
| 1 | 名称 | KL-1 | |
| 2 | 类别 | 楼层框架梁 | |
| 3 | 截面宽度(mm) | 350 | |
| 4 | 截面高度(mm) | 550 | |
| 5 | 轴线距梁左边线距离(mm) | (175) | |
| 6 | 跨数量 | | |
| 7 | 箍筋 | Φ8@100/200(4) | |
| 8 | 肢数 | 4 | |
| 9 | 上部通长筋 | 2Φ25 | |
| 10 | 下部通长筋 | 4Φ25 | |
| 11 | 侧面构造或受扭筋(总配筋值) | | |
| 12 | 拉筋 | | |
| 13 | 其它箍筋 | | |
| 14 | 备注 | | |
| 15 | ⊞ 其它属性 | | |
| 23 | ⊞ 锚固搭接 | | |
| 38 | ⊞ 显示样式 | | |

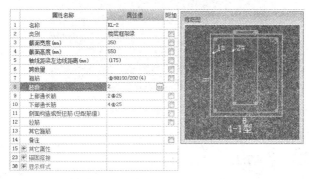

图 13-13  KL-2 建法

| | 属性名称 | 属性值 | 附加 |
|---|---|---|---|
| 1 | 名称 | KL-2 | |
| 2 | 类别 | 楼层框架梁 | |
| 3 | 截面宽度(mm) | 350 | |
| 4 | 截面高度(mm) | 550 | |
| 5 | 轴线距梁左边线距离(mm) | (175) | |
| 6 | 跨数量 | | |
| 7 | 箍筋 | Φ8@100/200(4) | |
| 8 | 肢数 | 2 | |
| 9 | 上部通长筋 | 2Φ25 | |
| 10 | 下部通长筋 | 4Φ25 | |
| 11 | 侧面构造或受扭筋(总配筋值) | | |
| 12 | 拉筋 | | |
| 13 | 其它箍筋 | | |
| 14 | 备注 | | |
| 15 | ⊞ 其它属性 | | |
| 23 | ⊞ 锚固搭接 | | |
| 38 | ⊞ 显示样式 | | |

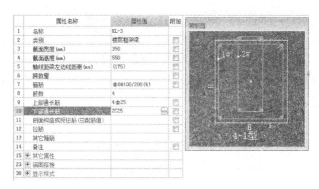

图 13-14  KL-3 建法

| | 属性名称 | 属性值 | 附加 |
|---|---|---|---|
| 1 | 名称 | KL-3 | |
| 2 | 类别 | 楼层框架梁 | |
| 3 | 截面宽度(mm) | 350 | |
| 4 | 截面高度(mm) | 550 | |
| 5 | 轴线距梁左边线距离(mm) | (175) | |
| 6 | 跨数量 | | |
| 7 | 箍筋 | Φ8@100/200(4) | |
| 8 | 肢数 | | |
| 9 | 上部通长筋 | 4Φ25 | |
| 10 | 下部通长筋 | 2Φ25 | |
| 11 | 侧面构造或受扭筋(总配筋值) | | |
| 12 | 拉筋 | | |
| 13 | 其它箍筋 | | |
| 14 | 备注 | | |
| 15 | ⊞ 其它属性 | | |
| 23 | ⊞ 锚固搭接 | | |
| 38 | ⊞ 显示样式 | | |

属性编辑

| | 属性名称 | 属性值 | 附加 |
|---|---|---|---|
| 1 | 名称 | KL-4 | |
| 2 | 类别 | 楼层框架梁 | |
| 3 | 截面宽度(mm) | 350 | |
| 4 | 截面高度(mm) | 550 | |
| 5 | 轴线距梁左边线距离(mm) | (175) | |
| 6 | 跨数量 | | |
| 7 | 箍筋 | Φ8@100/200(2) | |
| 8 | 肢数 | 2 | |
| 9 | 上部通长筋 | 2Φ25 | |
| 10 | 下部通长筋 | | |
| 11 | 侧面构造或受扭筋(总配筋值) | | |
| 12 | 拉筋 | | |
| 13 | 其它箍筋 | | |
| 14 | 备注 | | |
| 15 | ⊞ 其它属性 | | |
| 23 | ⊞ 锚固搭接 | | |
| 38 | ⊞ 显示样式 | | |

图 13-15  KL-4 建法

### 2. 横梁的画法

(1)根据图纸信息,选择 KL-1,单击"直线"画法,移动光标到图纸相对应轴线交点位置,单击轴线相交点,单击鼠标右键结束。

(2)其他框架梁的画法:按照图纸位置画入"框架梁",画法与画 KL-1 相同。

(3)KL-1、KL-4 为偏心构件,即构件的中心线与轴线不重合,画完图后需要与柱对齐,单击"选择"按钮,执行"对齐"下拉框中的"单图元对齐"命令,分别单击轴线上任意一根柱子的下边线、梁下边线的任意一点、该轴线上任意一根柱子的上边线、梁上边线的任意一点,单击鼠标右键确认即可,如图 13-16 所示。

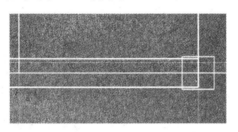

图 13-16 轴线与柱对齐

## 五、板的属性建法及画法

### 1. 板的属性建法

(1)LB-1 的属性建法。根据结构图纸,现以 LB-1 为例。

1)单击左侧模块导航栏中的"板",展开下拉菜单,单击"现浇板"按钮。

2)单击构件列表中"新建"下拉菜单,单击"新建现浇板"按钮。

3)单击"属性"按钮,弹出"属性编辑框"对话框,根据图纸信息输入 LB-1 的信息,如图 13-17 所示。

(2)马凳筋的属性建法。

1)选择"属性编辑"中第六条"马凳筋参数图"对应的属性值列,出现"⋯"按钮,如图 13-18 所示。

图 13-17 输入 LB-1 的信息　　　　图 13-18 马凳筋参数图

2)单击"⋯⋯"进入"马凳筋设置"界面，选择"Ⅱ型"马凳，填写马凳各值，如图13-19所示，填写马凳筋信息为"B12@100"；

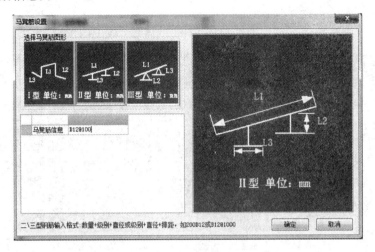

图 13-19 填写马凳筋信息

3)单击"确定"按钮。这里选用的马凳筋是施工中常用的Ⅱ型马凳，图纸没有对此作出规定。

(3)其他楼板的属性建法。方法同LB-1，建好后的属性如图13-20～图13-23所示。

| | 属性名称 | 属性值 | 附加 |
|---|---|---|---|
| 1 | 名称 | LB-2 | |
| 2 | 混凝土强度等级 | (C30) | |
| 3 | 厚度(mm) | (120) | |
| 4 | 顶标高(m) | 层顶标高 | |
| 5 | 保护层厚度(mm) | (15) | |
| 6 | 马凳筋参数图 | Ⅱ型 | |
| 7 | 马凳筋信息 | Φ12@200 | |
| 8 | 线形马凳筋方向 | 平行横向受力筋 | |
| 9 | 拉筋 | | |
| 10 | 马凳筋数量计算方式 | 向上取整+1 | |
| 11 | 拉筋数量计算方式 | 向上取整+1 | |
| 12 | 归类名称 | (LB-2) | |
| 13 | 汇总信息 | 现浇板 | |
| 14 | 备注 | | |
| 15 | ⊞ 显示样式 | | |

图 13-20 LB-2 建法

| | 属性名称 | 属性值 | 附加 |
|---|---|---|---|
| 1 | 名称 | LB-3 | |
| 2 | 混凝土强度等级 | (C30) | |
| 3 | 厚度(mm) | (120) | |
| 4 | 顶标高(m) | 层顶标高 | |
| 5 | 保护层厚度(mm) | (15) | |
| 6 | 马凳筋参数图 | Ⅱ型 | |
| 7 | 马凳筋信息 | Φ12@200 | |
| 8 | 线形马凳筋方向 | 平行横向受力筋 | |
| 9 | 拉筋 | | |
| 10 | 马凳筋数量计算方式 | 向上取整+1 | |
| 11 | 拉筋数量计算方式 | 向上取整+1 | |
| 12 | 归类名称 | (LB-3) | |
| 13 | 汇总信息 | 现浇板 | |
| 14 | 备注 | | |
| 15 | ⊞ 显示样式 | | |

图 13-21 LB-3 建法

| | 属性名称 | 属性值 | 附加 |
|---|---|---|---|
| 1 | 名称 | LB-4 | |
| 2 | 混凝土强度等级 | (C30) | |
| 3 | 厚度(mm) | (120) | |
| 4 | 顶标高(m) | 层顶标高 | |
| 5 | 保护层厚度(mm) | (15) | |
| 6 | 马凳筋参数图 | Ⅱ型 | |
| 7 | 马凳筋信息 | Φ12@200 | |
| 8 | 线形马凳筋方向 | 平行横向受力筋 | |
| 9 | 拉筋 | | |
| 10 | 马凳筋数量计算方式 | 向上取整+1 | |
| 11 | 拉筋数量计算方式 | 向上取整+1 | |
| 12 | 归类名称 | (LB-4) | |
| 13 | 汇总信息 | 现浇板 | |
| 14 | 备注 | | |
| 15 | ⊞ 显示样式 | | |

图 13-22 LB-4 建法

| | 属性名称 | 属性值 | 附加 |
|---|---|---|---|
| 1 | 名称 | LB-5 | |
| 2 | 混凝土强度等级 | (C30) | |
| 3 | 厚度(mm) | (120) | |
| 4 | 顶标高(m) | 层顶标高+20 | |
| 5 | 保护层厚度(mm) | (15) | |
| 6 | 马凳筋参数图 | Ⅱ型 | |
| 7 | 马凳筋信息 | Φ12@200 | |
| 8 | 线形马凳筋方向 | 平行横向受力筋 | |
| 9 | 拉筋 | | |
| 10 | 马凳筋数量计算方式 | 向上取整+1 | |
| 11 | 拉筋数量计算方式 | 向上取整+1 | |
| 12 | 归类名称 | (LB-5) | |
| 13 | 汇总信息 | 现浇板 | |
| 14 | 备注 | | |
| 15 | ⊞ 显示样式 | | |

图 13-23 LB-5 建法

**2. 板的画法**

LB-1 的画法：

（1）单击"板"按钮，选择"LB-1"。

（2）单击"点"画法按钮，对照图纸单击 LB-1 的区域，如图 13-24 所示。

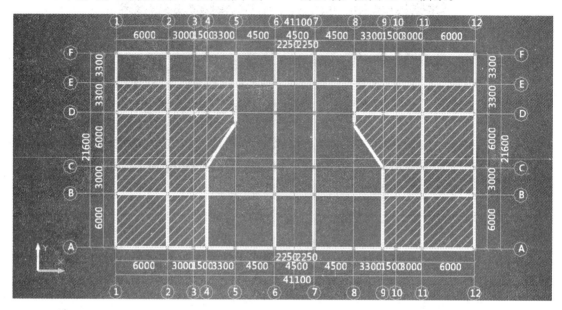

图 13-24　LB-1 区域

（3）采用同样方法将 LB-2、LB-3、LB-4、LB-5 画到与图纸相对应的位置上，如图 13-25 所示。

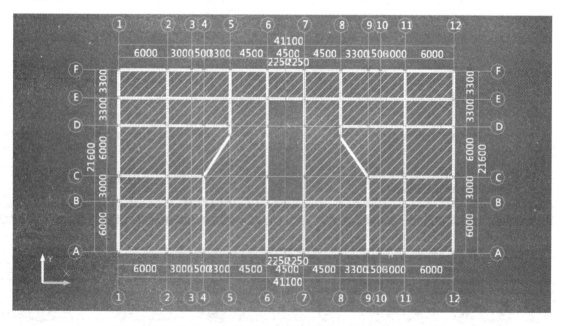

图 13-25　将 LB-2、LB-3、LB-4、LB-5 画到与图纸相对应的位置

## 六、汇总计算及表格输出

### (一)工程量汇总

#### 1. 汇总计算

画完构件图元后，如果要查看钢筋工程量，必须先进行汇总计算，操作步骤为：单击工具栏中的"∑汇总计算"按钮，在"汇总计算"条件窗口选择需要汇总的楼层(软件默认为当前层)，单击"计算"按钮，软件即可以汇总计算，如图 13-26 所示。

#### 2. 编辑构件图元钢筋

(1)查看钢筋计算结果。汇总完成后，通过"编辑构件图元钢筋"功能可以查看构件的计算结果，操作步骤：选中 DJ-1，单击工具栏中的"编辑钢筋"按钮，软件自动打开编辑构件图元钢筋窗口，可以直接查看该构件的每根钢筋，包括计算公式、公式描述、长度、根数、重量等信息，如图 13-27 所示。

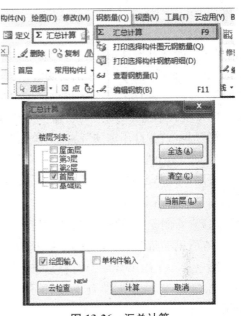

**图 13-26　汇总计算**

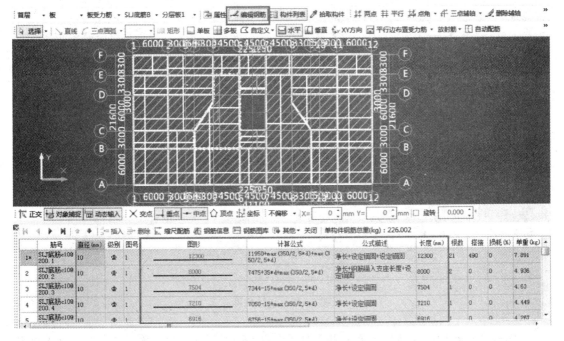

**图 13-27　查看钢筋的计算结果**

(2)修改钢筋计算公式。在计算公式一栏中可以直接输入工程量计算表达式，软件将会重新进行计算、汇总。

(3)锁定、解锁构件。在修改完构件的钢筋信息后，重新单击"汇总计算"按钮后，软件会自动还原为修改前的数据，如果要保留修改后的结果，则操作步骤为：

第一步：单击工具栏中的 锁定(L) PN 按钮；

第二步：在弹出的确认界面中选择"是"，即可锁定构件，锁定后，钢筋计算结果不可修改；

第三步：如果要还原软件计算的结果，单击工具栏中的 解锁(U) UP 按钮，即可还原。

（4）打印选择构件钢筋明细。通过"编辑构件图元钢筋"功能可以查看构件的计算结果，同时也可以把所选择的构件钢筋明细表打印出来，操作步骤为：

第一步：选择需要打印钢筋明细表的构件；

第二步：单击菜单栏"钢筋量"中的"打印选择构件钢筋明细"按钮；

第三步：在"打印选项"窗口中单击"确定"按钮，即可以预览报表，在报表区域中单击可以放大、缩小报表；

第四步：单击工具栏中的"打印"按钮，即可以打印输出当前所预览的报表。

### 3. 查看图元钢筋量

（1）查看图元钢筋量。在实际工程中，需要对几个工程的工程量进行统计，那么，可以采用"查看钢筋量"来实现，操作步骤如下：

第一步：单击工具栏中的 查看钢筋量 按钮；

第二步：选择需要统计的构件，软件自动按照钢筋级别、直径进行统计，如图 13-28 所示。

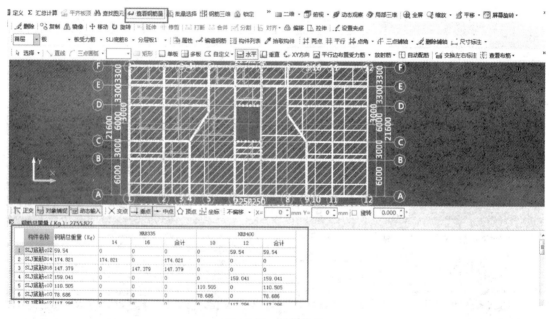

**图 13-28　统计构件**

（2）打印选择构件钢筋量。为了更方便地校对钢筋工程量，可以将所选择构件汇总工程量直接打印出来，操作步骤如下：

第一步：选择需要打印钢筋汇总量的构件；

第二步：单击菜单栏"钢筋量"中的"打印选择构件钢筋量"，即可以预览报表，在报表区域中单击可以放大、缩小报表；

第三步：单击工具栏中的"打印"按钮，即可以打印输出当前所预览的报表。

### (二)查看结果及报表预览

#### 1. 查看结果

汇总计算完成后，软件按照楼层、构件、钢筋级别、钢筋直径、搭接形式、定额子目等信息，提供丰富多样的报表，以满足不同需求的钢筋数据，操作步骤如下：

第一步：单击工具栏中的"汇总计算"按钮，进行汇总；

第二步：在工具导航栏中切换到"报表预览"界面，软件即可以预览报表；

第三步：根据算量需求选择相应的报表进行预览、打印。

#### 2. 报表预览

单击构件列表下方的"报表预览"按钮即可以查看钢筋汇总工程量及详细的钢筋信息，如图 13-29 所示。

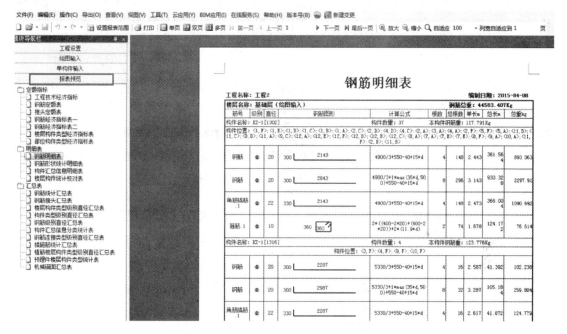

图 13-29  查看钢筋汇总工程量及详细的钢筋信息

# 第三节  图形算量软件应用

## 一、图形算量软件的算量思路及流程

在整个建筑行业中，随着竞争的加剧，招标投标周期越来越短，预算的精度要求越来越高，传统的手工算法已经不能满足日常工作的需求，只有利用计算机才能快速、准确地算量。因此，方便、准确的软件辅助计算工具也成为业内人士迫切需要的高效工作的助手。

GCL2013 广联达土建算量软件无须安装 CAD 软件即可运行。软件采用 CAD 导入钢筋工程量、绘图输入算量、表格输入算量等多种算量模式，三维状态自由绘图、编辑，高效、直观、简单。软件运用三维计算技术，可以轻松处理跨层构件计算，帮助用户解决难题。

其提量简单，无须套做法也可以出算量，报表功能强大，提供了做法及构件报表量，满足招标方和投标方的各种报表需求。

**1. GCL2013 广联达土建算量软件的算量思路**

GCL2013 广联达土建算量软件可以通过画图的方式，快速建立建筑物的计算模型。软件根据选定的清单库与定额库精确算量。计算规则可以根据工程所处地理位置选择全国各地现行的清单、定额计算规则，满足用户不同的需求。在计算过程中，工程造价人员能够快速、准确地计算和核对工程量，达到土建算量方法实用化、算量过程可视化、算量结果准确化的目的。

**2. 软件算量流程**

使用 GCL2013 广联达土建算量软件做实际工程时的算量流程与 GGJ2013 广联达 BIM 钢筋算量软件的算量流程相同。

说明：本书中绘制和计算的流程均为针对一般工程和样例工程推荐的方式，不是必须遵循的操作流程。用户在做实际工程时，可以根据自己的需要调整绘图顺序和算量思路。

## 二、新建轴网

第一步：单击"绘图输入"按钮，进入绘图输入界面，单击"构件列表"和"属性"两个按钮，如图 13-30 所示。

**图 13-30 "构件列表"和"属性"按钮**

选择左侧模块导航栏中的"轴网"选项，单击"构件列表"中的"新建"按钮，如图 13-31 所示。

**图 13-31 "新建"选项**

单击"新建正交轴网"按钮进入"新建轴网"界面，如图 13-32 所示。

第二步：根据图纸，单击"下开间"按钮输入所需的轴距，如 6 000，按【Enter】键，如图 13-33 所示。

根据图纸依次输入上、下开间所需轴距，如图 13-34 所示。

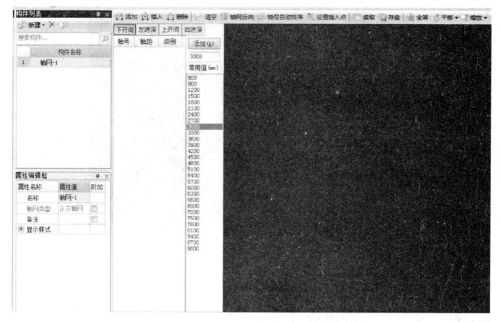

图 13-32　"新建轴网"界面

图 13-33　输入轴距(1)

图 13-34　输入轴距(2)

第三步：同理，按照图纸输入所有轴距，如图 13-35 所示。
单击"绘图"按钮进入绘图界面，输入角度，如图 13-36 所示。

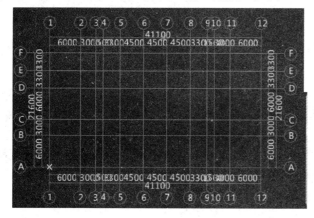

图 13-35　输入所有轴距

图 13-36　输入角度

单击"确定"按钮，弹出如图 13-37 所示的界面。

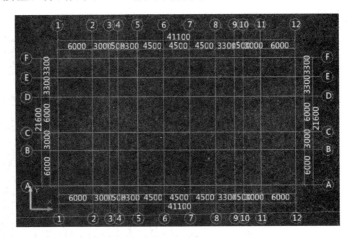

图 13-37　完成轴网建立

至此，轴网建立完成了，绘图准备工作也完成了。

## 三、柱子的属性建法及画法

### 1. 柱子的建法

打开左侧模块导航栏中的"柱"下拉菜单，单击"柱"按钮，单击"构件列表"对话框中的"新建"下拉菜单，单击"新建矩形柱"按钮，如图 13-38 所示。在弹出的柱"属性编辑框"中，根据图纸填写 KZ-1 的属性值，如图 13-39 所示。

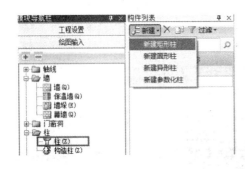

图 13-38　"新建"选项

图 13-39　"属性编辑框"对话框

单击"常用功能栏"上的"定义"功能键，自动切换到定义界面，打开"查询"下拉菜单，如图 13-40 所示。单击"查询匹配清单项"按钮，弹出图 13-41 所示的匹配清单项。

双击项目名称下的"矩形柱"按钮，柱子的清单项就选择好了。为了后面汇总工程的方便，将柱子的名称"矩形柱(300 * 500)"复制到项目名称里，如图 13-42 所示。

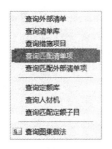

图 13-40　查询匹配清单项

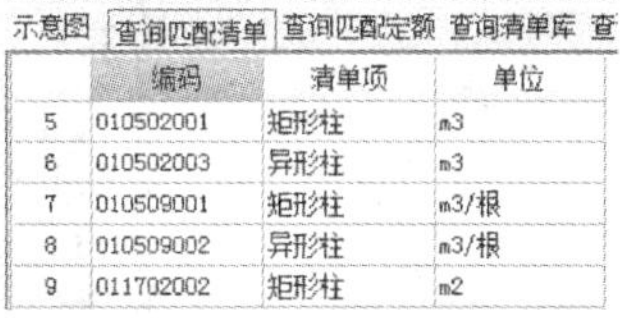

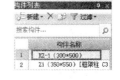

| | 编码 | 清单项 | 单位 |
|---|---|---|---|
| 5 | 010502001 | 矩形柱 | m3 |
| 6 | 010502003 | 异形柱 | m3 |
| 7 | 010509001 | 矩形柱 | m3/根 |
| 8 | 010509002 | 异形柱 | m3/根 |
| 9 | 011702002 | 矩形柱 | m2 |

图 13-41　匹配清单项

| | 编码 | 类别 | 项目名称 | 项目特征 | 单位 | 工程量表达式 | 表达式说明 |
|---|---|---|---|---|---|---|---|
| 1 | 010502001 | 项 | 矩形柱 (300*500) | | m3 | TJ | TJ<体积> |

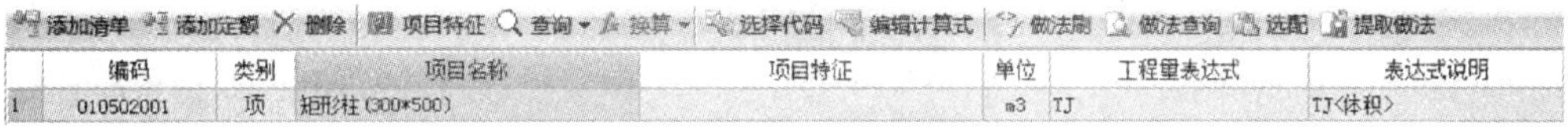

图 13-42　复制柱子名称

**2. 柱子的画法**

(1)KZ—1 的画法。进入绘图界面后，以 KZ-1 中(Ⓐ，①)交点为例来讲解不偏移柱的画法。打开模块导航栏中的“柱”下拉菜单，单击“柱”按钮，从“构件列表”界面中选择 KZ-1，如图 13-43 所示。

图 13-43　构件名称

选择“KZ-1(300＊500)”，单击“点”画法，单击(Ⓐ，①)交点就可以了。其他轴线不偏移柱子的画法相同。

(2)画好的柱子。画好的①～⑤轴所有的柱子如图 13-44 所示。

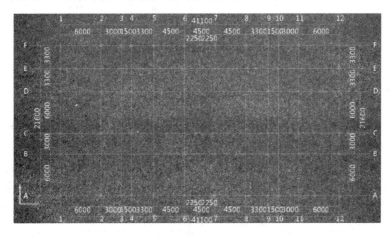

图 13-44　画好的柱子

## 四、梁的属性建法及画法

**1. 梁的建法**

建梁的方法与建柱的类似，已经建好的梁的属性与构件做法如下(注意：KL-1～KL-9 的截面尺寸都为 350 mm×450 mm，所以在这里仅举一例说明)。

(1)KL-1(3508＊450)的属性编辑。打开左侧模块导航栏中的“梁”下拉菜单，单击“梁”

按钮，打开"构件列表"对话框中的"新建"下拉菜单，单击"新建矩形梁"按钮，在下方"属性
编辑框"中输入相应属性，如图13-45所示。

图13-45 "属性编辑器"对话框

（2）KL-1(350＊450)的构件做法。与柱的构件做法操作步骤一样，梁的构件做法如
图13-46所示。

图13-46 梁的构件做法

## 2. 梁的画法

（1）不偏移画法。下面仍 KL-1(350＊450)(Ⓑ轴线/①～⑥轴线)为例来讲解不偏移梁的
画法，操作步骤如下：

1)打开模块导航栏中的"梁"下拉菜单，单击"梁"按钮，构件列表
如图13-47所示。

2)选择"KL-1(350＊450)"，单击"直线"画法，单击(①，Ⓑ)轴线
交点和(⑥，Ⓑ)轴线的相交点，右击结束。

3)Ⓒ轴线/①～⑥段、②轴线/Ⓐ～Ⓔ段、③轴线/Ⓐ～Ⓔ段、④
轴线/Ⓐ～Ⓔ段、⑤轴线/Ⓐ～Ⓔ段的梁的画法相同。

图13-47 构件列表

（2）偏移画法。下面还以 KL-1(350＊450)(Ⓑ轴线/①～⑥轴线)举
例讲解偏移梁的画法，操作步骤如下：

1)打开模块导航栏中的"梁"下拉菜单，单击"梁"按钮，弹出"构
件列表"对话框。

2)选择"KL-1(350＊450)"，单击"直线"画法，再单击(Ⓐ，①)交点和(Ⓐ，⑤)轴线交
点，单击鼠标右键结束，单击"选择"按钮，选中画好的梁，执行左侧"对齐"下拉框中的"单
对齐"命令，单击Ⓐ轴线上任意一根柱子的左边线，并单击梁左边线的任意一点，单击鼠标
右键确认即可。Ⓓ轴线/1～6 段、①轴线/A～E 段的梁画法相同。

（3）梁的延伸画法。由于①轴线、Ⓐ轴线、①轴线的梁是偏移的梁，它们不相交，可以用延伸的画法使它们相交，操作步骤如下：

1）单击"选择"按钮，在英文状态下按 Z 键取消柱子显示状态。单击"延伸"按钮，再单击Ⓐ轴线的梁作为目的线（注意不要选中Ⓐ轴线），分别单击与Ⓐ轴线垂直的所有梁，单击鼠标右键结束。

2）单击①轴线的梁作为目的线，分别单击与①轴线垂直的所有的梁，单击鼠标右键结束。

3）单击①轴线的梁作为目的线，分别单击与①轴线垂直的所有的梁，单击鼠标右键结束。

（4）L1(350 * 550)的画法。从构件列表中选择"L1(350 * 550)"，单击"直线"画法，按住【Shift】键，单击(①，③)交点，弹出"输入偏移量"对话框，如图13-48所示，填写"Y"值为"1800"，单击"确定"按钮。

图 13-48　"输入偏移量"对话框

单击"垂点"按钮，单击③轴线的梁，单击鼠标右键结束。

（5）L1(450 * 600)的画法。从构件列表中选择"L1(450 * 600)"，单击"直线"画法，选择"L1(450 * 600)"，按住 Shift 键，单击(①，②)轴线交点，弹出"输入偏移量"对话框，如图 13-49 所示，填写"X"值为"－2000"，单击"确定"按钮。单击"L1(450 * 600)"，单击鼠标右键结束。

图 13-49　"输入偏移量"对话框

（6）画好的梁。画好的梁如图 13-50 所示。

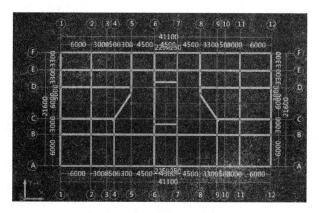

图 13-50　画好的梁

## 五、板的属性建法及画法

### 1. 板的建法

下面以 LB120 为例来讲解板的建法。

打开左侧模块导航栏中的"板"下拉菜单，单击"现浇板"按钮，打开"构件列表"对话框中的"新建"下拉菜单，单击"新建现浇板"按钮，在弹出的"属性编辑框"中输入相应的属性，如图 13-51 所示。板 LB120 的构件做法如图 13-52 所示。

图 13-51 "属性编辑框"对话框

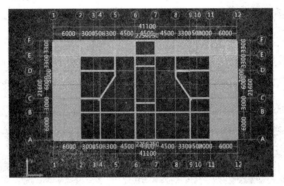

图 13-52 板 LB120 的构件做法

## 2. 板的画法

选择"LB120"选项，单击"点"按钮，分别在 LB120 的位置单击，画好的板 LB120 如图 13-53 所示。

图 13-53 画好的板 LB120

## 六、图形导入

图形导入步骤如下：

第一步：单击菜单栏"文件"按钮，选择"导入钢筋(GGJ)工程"选项，如图 13-54 所示。

第二步：选择钢筋 GGJ2013 文件，当前工程与导入工程的楼层编码、楼层层高必须一致。当层高不一致时，会弹出图 13-55 所示的提示信息。

第三步：单击"确定"按钮后，会弹出"层高对比"对话框，如图 13-56 所示，一般选择

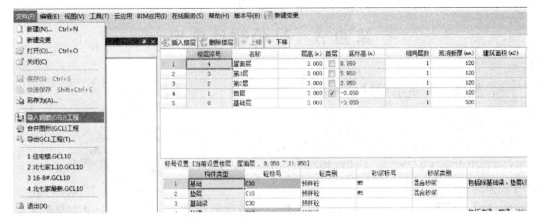

**图 13-54 "导入钢筋(GGJ)工程"选项**

"按照钢筋层高导入"，则会弹出"导入钢筋文件"对话框。

**图 13-55 提示信息**

**图 13-56 "层高对比"对话框**

第四步：选择要导入的楼层以及要导入的构件。在构件列表中，可以选择导入后构件的类别，图 13-57 所示为暗柱类别选择。

**图 13-57 暗柱类别选择**

第五步，单击"确定"按钮，则所选择的楼层和构件按照相应的原则导入 GCL2013 软件中。最后，切换到绘图输入界面即可以看到从钢筋工程中导入的构件。

# 第四节　计价软件应用

## 一、新建工程量清单计价工程

### 1. 启动软件

启动广联达计价软件 GBQ4.0 的方法有以下两种：

（1）双击桌面上的"广联达计价软件 GBQ4.0"快捷图标，如图 13-58 所示。

（2）执行"开始"→"广联达建设工程造价管理整体解决方案"→"广联达计价软件 GBQ4.0"命令，如图 13-59 所示。

图 13-58 "广联达计价软件 GBQ4.0"快捷图标

### 2. 新建项目结构

（1）新建单项工程。启动 GBQ4.0 软件后，在工程文件管理界面的"工程类型"区选择"清单计价"选项。

1）单击"新建项目"按钮，在弹出的"新建标段工程"对话框的"清单计价"区选择"招标"选项，输入"地区标准""项目名称"。

2）单击"确定"按钮，系统弹出"单项工程管理"对话框，选择新建的单项工程，单击鼠标右键，在弹出的快捷菜单中选择"新建单位工程"命令，弹出"新建单位工程"对话框。

（2）新建单位工程。选择"计价方式"为"清单计价""清单库""清单专业""定额库""定额专业"等。

图 13-59 启动广联达计价软件 GBQ4.0

## 二、编制分部分项工程量清单及组价应用

### 1. 输入工程量清单

下面以土建工程为例，介绍分部分项工程工程量清单的编制流程。

选择"办公楼土建"工程，单击进入"编辑窗口"，或双击"办公楼土建"进入编辑界面，软件会进入"单位工程编辑"主界面，如图 13-60 所示。

（1）查询输入。在查询清单库界面中找到平整场地清单项，选择"清单"窗口，如图 13-61 所示。

（2）按编码输入。单击鼠标右键，选择"添加"下的"添加清单项"，在空行的编码列输入清单编码 010402001001，按【Enter】键，在弹出的窗口中按【Enter】键即可以输入砌块墙清单项，如图 13-62 所示。

提示：输入完成清单后，可以按【Enter】键快速切换到工程量列，再次按【Enter】键，软件会新增一空行，软件默认情况是新增定额子目空行。

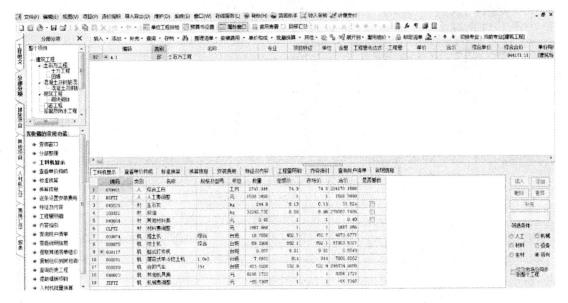

图 13-60 "单位工程编辑"主界面

图 13-61 选择"清单"窗口

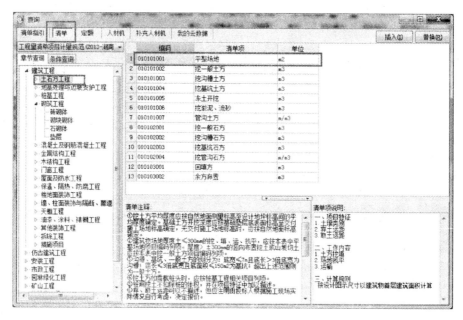

图 13-62　按编码输入

（3）简码输入。对于 010401008001 填充墙清单项，输入 1—4—1—8 即可，如图 13-63 所示。清单的前九位编码可以分为四级，附录顺序码 01、专业工程顺序码 04、分部工程顺序码 001、分项工程项目名称顺序码 008，软件将项目编码进行简码输入，可以提高输入速度，其中清单项目名称顺序码 001 由软件自动生成。

图 13-63　简码输入

同理，如果清单项的附录顺序码、专业工程顺序码等相同，只需要输入后面不同的编码即可。例如，对于 010401014001 砖地沟、明沟清单项，只需要输入 1—14，按【Enter】键即可，因为它的附录顺序码 01、专业工程顺序码 04 和前一条填充墙清单项一致。输入两位编码 1—14，按【Enter】键，软件会保留前一条清单的前两位编码 1—4。

在实际工程中，编码相似也就是章节相近的清单项一般都是连接在一起的，所以，用简码输入方式处理起来更方便快速。

按以上方法输入其他清单，如图 13-64 所示。

图 13-64　输入清单

（4）补充清单。当图纸设计中出现清单库中没有的分项工程清单项目时，可以利用补充清单项来完成。

如编码列输入 01B001，名称列输入清单项名称"截水沟盖板"，单位为 m²，即可以补充一条清单项，如图 13-65 所示。

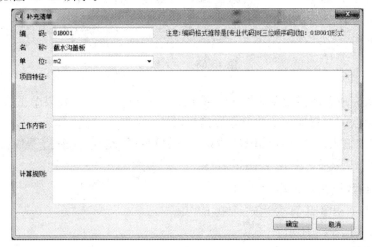

**图 13-65　补充清单**

### 2. 输入工程量

（1）直接输入。当工程量已知时，可以在工程量列直接输入即可，如"平整场地"，在工程量列输入 781.22，如图 13-66 所示。

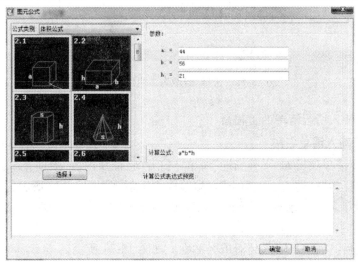

**图 13-66　直接输入**

（2）图元公式输入。对于能够根据图形的特征直接利用公式计算的项目，可以在此利用图元公式输入。例如，选择"挖基础土方"清单项，双击工程量表达式单元格，使单元格数字处于编辑状态，即光标闪动状态。单击"工具"下的"图元公式"或右上角 $f_x$ 按钮，在"图元公式"界面中选择公式类别为体积公式，图元选择"2.2 长方体体积"，输入参数值，如图 13-67 所示。

**图 13-67　图元公式输入**

单击“选择”下的“确定”按钮，退出“图元公式”界面，输入结果如图 13-68 所示。

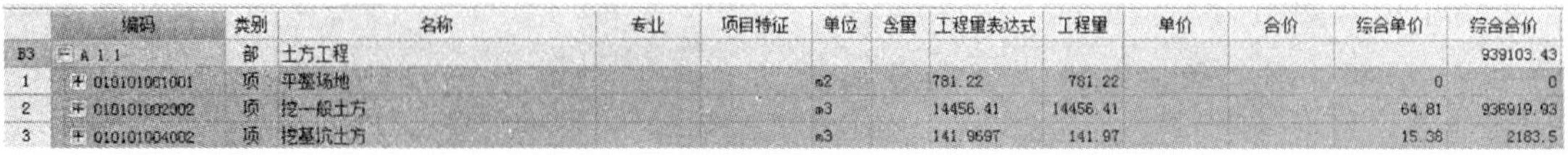

编码
类别
名称
专业
项目特征
单位
含量
工程量表达式
工程量
单价
合价
综合单价
综合合价
B3 A.1.1 部 土方工程 939103.43
1 010101001001 项 平整场地 m2 781.22 781.22 0 0
2 010101002002 项 挖一般土方 m3 14456.41 14456.41 64.81 936919.93
3 010101004002 项 挖基坑土方 m3 141.9697 141.97 15.38 2183.5


图 13-68　输入结果

提示：输入完成参数后要单击“选择”按钮，且只单击一次，如果单击多次，相当于对长方体体积结果的一个累加，工程量会按倍数增长。

(3)计算明细输入。选择要编辑的清单项，如“填充墙”清单项，双击工程量表达式单元格，单击⋯按钮，再编辑工程量表达式界面，输入工程量计算表达式，单击“确定”按钮，如图 13-69 所示。

单击“确定”按钮，计算结果如图 13-70 所示。

(4)简单计算公式输入。对于一些计算方法比较简单的项目，可以直接在工程量表达式中列式计算，如选择“砖地沟、明沟”清单项，在工程量表达式输入 3.6 m×2 m，如图 13-71 所示。

编辑工程量表达式
双击即可完成选择：
代码
名称
值
GCLMXHJ
工程量明细合计
0
选择(↓)
追加
44*56*3.6
确定
取消


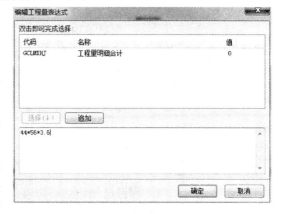

图 13-69　“编辑工程量表达式”对话框

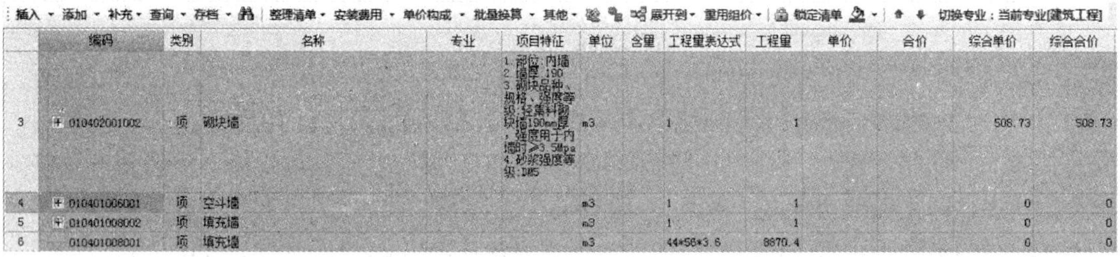

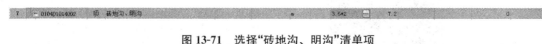

插入 添加 补充 查询 存档 整理清单 安装费用 单价构成 批量换算 其他 展开到 重用组价 锁定清单 切换专业：当前专业[建筑工程]
编码
类别
名称
专业
项目特征
单位
含量
工程量表达式
工程量
单价
合价
综合单价
综合合价
3 010402001002 项 砌块墙 m3 1 1 508.73 508.73
4 010401006001 项 空斗墙 m3 1 1 0 0
5 010401008002 项 填充墙 m3 1 1 0 0
6 010401008001 项 填充墙 m3 44*56*3.6 8870.4 0 0


图 13-70　计算结果

7 010401014002 项 砖地沟、明沟 m 3.6*2 7.2 0


图 13-71　选择“砖地沟、明沟”清单项

按以上方法输入所有清单的工程量。

**3. 项目特征输入清单名称**

(1)选择一个清单项目如“平整场地”清单，打开“特征及内容”界面，单击土壤类别的特征值单元格，选择为“一类土、二类土”，填写取土运距，如图 13-72 所示。

(2)打开“清单名称显示规则”界面，在界面中单击“应用规则到所选清单项”按钮，如图 13-73 所示。

软件会将项目特征信息输入到清单名称中，如图 13-74 所示。

**图 13-72　清单项目**

**图 13-73　清单名称显示规则**

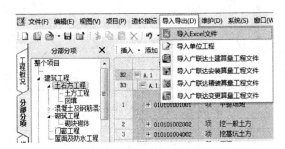

**图 13-74　将项目特征信息输入到清单名称**

## 4. 分部分项工程计价

在导航栏中单击"分部分项"按钮，进入分部分项工程计价编辑界面。清单项目的录入方法有以下两种。

第一种：直接录入方式同招标模式下清单项目录入，在此不再赘述。

第二种：导入方式。软件提供了3种导入方式（导入 Excel 文件、导入单位工程、导入广联达算量文件），根据实际情况选择导入方式，如图 13-75 所示。

**图 13-75　导入方式**

如导入 Excel 文件，可参见图 13-76。

如导入广联达算量文件，可参见图 13-77。

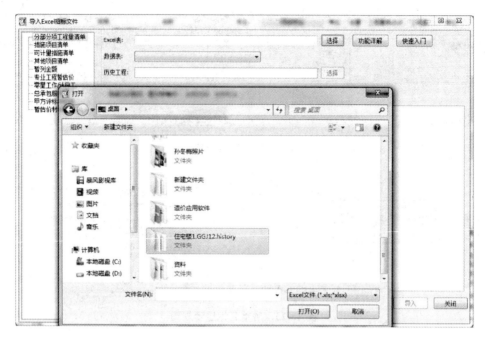

图 13-76　导入 Excel 文件

图 13-77　导入广联达算量文件

（1）套定额组价。

1）内容指引。软件提供了清单项的内容指引，如选择挖基础土方清单，单击"查询"按钮，选择 A1－1 和 A1－25 子目，如图 13-78 所示。

单击"选择"按钮，输入子目工程量，如图 13-79 所示。

2）直接输入。在熟悉定额子目的前提下，也可以直接输入定额子目。如选择填充墙清单，单击"插入"下的"插入子目"按钮，如图13-80所示。

图13-78　内容指引

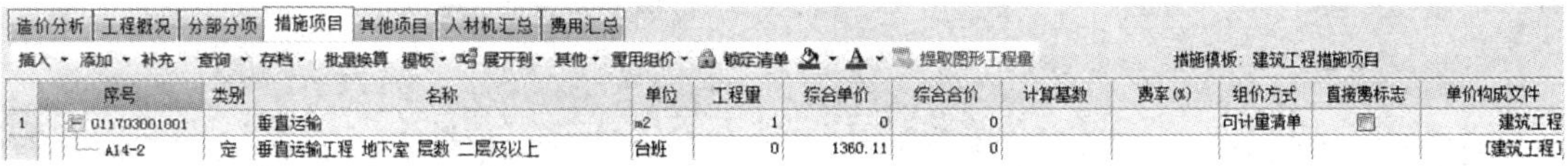

图13-79　输入子目工程量

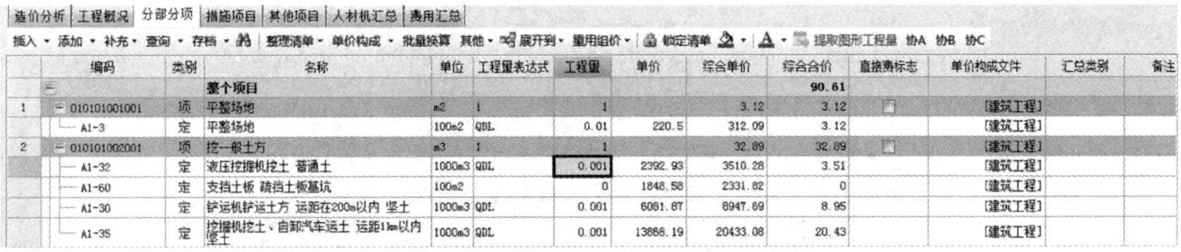

图13-80　直接输入

在空行的编码列中输入 A4－36，工程量默认为1，如图13-81所示。

（2）换算。

1）系数换算。选中挖一般土方清单下的1－42子目，单击子目编码列，使其处于编辑状态，在子目编码后面输入框＊3，软件就会将这条子目的单价乘以3的系数，如图13-82所示。

2）标准换算。标准换算可以处理的换算内容包括定额书中的章节说明、附注信息，混凝土、砂浆强度等级换算，运距换算。在实际工作中，大部分换算都可以通过标准换算来完成。如需将 C30 矩形梁换为 C35 矩形梁，选中矩形梁清单下的 5－13 子目，在左侧功能区单击"标准换算"按钮，在右下角属性窗口的标准换算界面选择 C35 预拌混凝土，单击即可以完成换算，如图 13-83 所示。

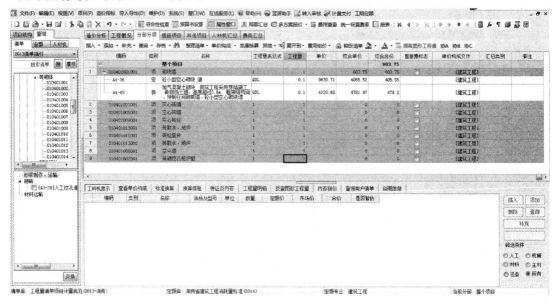

图 13-81　默认工程量

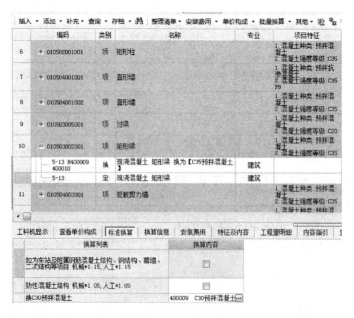

图 13-82　系数换算

图 13-83　标准换算

（3）单价构成。软件提供的单价构成方式有单价构成、按专业匹配单价构成和费率切换三种。在工具栏中执行"单价构成"下的"单价构成"命令，如图13-84所示。

在"管理取费文件"界面选择相应工程（如"建筑与装饰工程"），软件按工程类别自动载入费率，进行综合单价计算，如图13-85所示。

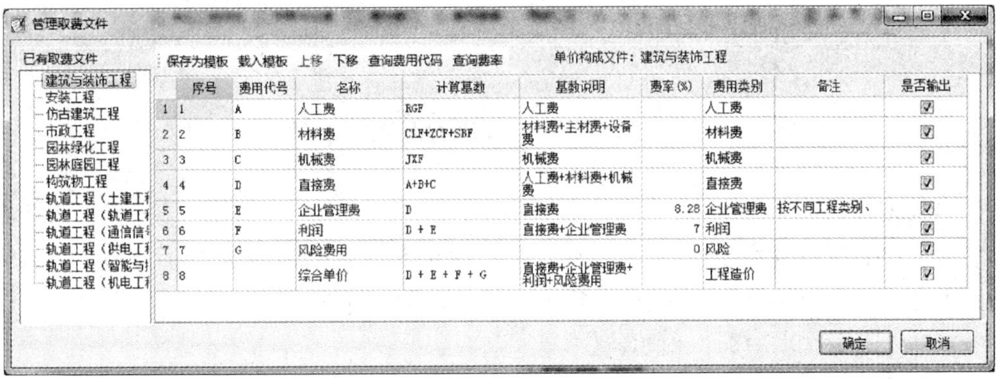

**图13-84 单价构成**

**图13-85 "管理取费文件"界面**

在"按专业匹配单价构成"界面单击"按专业自动匹配取费文件"列表，如图13-86所示。

**图13-86 "按专业匹配单价构成"界面**

## 三、措施项目清单与其他项目清单及组价应用

### （一）措施项目清单

按照我国现行措施费项目清单，软件内置了措施费通用项目和专业项目，如果实际工程有增项，可自定义添加。例如选择"1.4临时设施"，单击鼠标左键"添加"下的"添加措施项"，插入两空行，分别输入序号，名称为"1.5高层建筑超高费""1.6工程水电"，如图13-87所示。

图 13-87　措施项目清单

## (二)其他项目清单

其他项目清单的编制按照《建设工程工程量清单计价规范》(GB 50500—2013)的规定进行，选中相应的费用名称双击，选择插入费用行，输入金额即可，如"暂列金额"，输入90000，如图 13-88 和图 13-89 所示。

图 13-88　其他项目

图 13-89　暂列金额

## (三)措施项目与其他项目组价

### 1. 措施项目组价

(1)计算公式组价方式。在费率措施费计算时，通常采用按计算公式组价方式，在操作时，只需要根据工程图纸在计算基数与费率列选择相应取费基数和费率即可，如图 13-90所示。

(2)定额组价方式。在定额措施费计算时，通常采用按定额组价方式，在操作时先选定措施项目，然后插入相应的定额子目，输入工程量即可。例如，选定混凝土、钢筋混凝土模板及安装措施项目，右击"插入子目"按钮，手动输入相应子目，双击相应序号列的位置或单击"查询窗口"按钮，选择相应的定额子目，然后输入工程量即可，如图 13-91 所示。

| 措施项目 | | | | | 95908.52 | | |
|---|---|---|---|---|---|---|---|
| 总价措施 | | | | | 88596.58 | | |
| 安全文明施工 | 项 | | | 1 | 88596.58 | 88596.58 | 建筑工程 |
| 环境保护 | 项 | ZJF+ZCF+SBF+JSCS_ZJF+JSCS_ZCF+JSCS_SBF | 1.07 | 1 | 20386.75 | 20386.75 | 缺省模板（直接费取费） |
| 文明施工 | 项 | ZJF+ZCF+SBF+JSCS_ZJF+JSCS_ZCF+JSCS_SBF | 0.57 | 1 | 10860.22 | 10860.22 | 缺省模板（直接费取费） |
| 安全施工 | 项 | ZJF+ZCF+SBF+JSCS_ZJF+JSC_ZCF+JSCS_SBF | 1.13 | 1 | 21529.92 | 21529.92 | 缺省模板（直接费取费） |
| 临时设施 | 项 | ZJF+ZCF+SBF+JSCS_ZCF+JSCS_SBF | 1.88 | 1 | 35819.69 | 35819.69 | 缺省模板（直接费取费） |
| 高层建筑超高费 | 项 | | | 1 | 0 | 0 | 缺省模板（直接费） |
| 工程水电 | 项 | | | 1 | 0 | 0 | 缺省模板（直接费） |
| 夜间施工 | 项 | | | 1 | 0 | 0 | 缺省模板（直接费） |
| 非夜间施工照明 | 项 | | | 1 | 0 | 0 | 缺省模板（直接费） |
| 二次搬运 | 项 | | | 1 | 0 | 0 | 缺省模板（直接费） |
| 冬雨季施工 | 项 | | | 1 | 0 | 0 | 缺省模板（直接费） |
| 地上、地下设施、建筑物的临时保护设施 | 项 | | | 1 | 0 | 0 | 缺省模板（直接费） |
| 已完工程及设备保护 | 项 | | | 1 | 0 | 0 | 缺省模板（直接费） |

**图 13-90　计算公式组价方式**

| 12 | 1.7 | | 文明施工 | | 项 | | | 1 | 369730959.52 | 369730959.52 | | 建筑与装饰工 |
|---|---|---|---|---|---|---|---|---|---|---|---|---|
| | 17-231 | 定 | 安全文明施工费 建筑装饰工程 建筑面积20000m2以内 五环路以外 | | % | | | 4889 | 75640.54 | 369730959.52 | 建筑工程 | 建筑与装饰工 |

**图 13-91　定额组价方式**

在"查看单价构成"界面查看提取的模板子目，如图 13-92 所示。

**图 13-92　"查看单价构成"界面**

（3）子措施组价。当一个措施项下有子措施项时，可以用此组价方式。将措施项的组价方式修改为子措施组价后，软件自动在其下一行插入一行措施，且默认为定额组价，可以根据实际情况进行调整其组价方式，然后按照上述组价方式的操作进行子措施项的组价，而措施项将直接汇总子措施项的费用，如图 13-93 所示。

| 15 | 011702001001 | | 基础 | m2 | 119.72 | 40.5 | 4848.66 | 建筑工程 | 建筑与装饰工程 |
|---|---|---|---|---|---|---|---|---|---|
| | 17-49 | 定 | 满堂基础 复合模板 | m2 | 119.7214 | 40.5 | 4848.72 | 建筑工程 | 建筑与装饰工程 |
| 16 | 011702001002 | | 基础-垫层模板 | m2 | 137.46 | 17.92 | 2463.28 | 建筑工程 | 建筑与装饰工程 |
| | 17-44 | 定 | 垫层 | m2 | 137.4513 | 17.92 | 2463.31 | 建筑工程 | 建筑与装饰工程 |

**图 13-93　子措施组价**

## 2. 其他项目组价

投标人部分如果没有发生费用，可参见图 13-94。

| 序号 | | 名称 | 计算基数 | 费率（%） | 金额 | 费用类别 | 不可竞争费 | 不计入合价 | 备注 | 局部汇总 |
|---|---|---|---|---|---|---|---|---|---|---|
| 1 | | 其他项目 | | | 0 | | | | | |
| 2 | 1 | 暂列金额 | 暂列金额 | | 0 | 暂列金额 | | | | |
| 3 | 2 | 暂估价 | 专业工程暂估价 | | 0 | 暂估价 | | | | |
| 4 | 2.1 | 材料暂估价 | ZGJCLCU | | 0 | 材料暂估价 | | ✓ | | |
| 5 | 2.2 | 专业工程暂估价 | 专业工程暂估价 | | 0 | 专业工程暂估价 | | ✓ | | |
| 6 | 3 | 计日工 | 计日工 | | 0 | 计日工 | | | | |
| 7 | 4 | 总承包服务费 | 总承包服务费 | | 0 | 总承包服务费 | | | 配合、协调：计算 | |

**图 13-94　投标人部分如果没有发生费用**

如果有费用发生，招标书已给出金额，应输入相同的金额，其余按实际情况进行组价。具体操作流程如下：

(1)查询费用代码。单击所要查询的其他清单项的计算基数列，如暂列金额，单击属性窗口的"查询费用代码"界面或双击计算基数列，并单击 按钮，如图 13-95 所示。

图 13-95　查询费用代码

在窗口里，选择其他项目，选择暂列金额，双击即可输入。

(2)暂列金额编辑。

1)单击"导航栏"按钮，选择"暂列金额"下拉列表，如图 13-96 所示。

图 13-96　暂列金额编辑

2)在右边的窗口里，输入暂列项的名称、单位、金额即可。

3)如果有多个暂列项，则在右边的窗口里单击鼠标右键，选择"插入费用"或"添加费用"，然后重复第 2)步操作即可。

4)如需删除，则先选择需要删除的费用项，单击鼠标右键，选择"删除"按钮或选择"编辑工具条"里的"删除"。

(3)专业工程暂估价编辑同暂列金额编辑操作。

(4)计日工费用计取同暂列金额编辑操作。

(5)总承包服务费计取同暂列金额编辑操作。

## 本章小结

工程造价软件(广联达)是我国目前使用较广泛的一款造价软件，从宏观上了解其结构组成、特点及基本操作流程，有利于掌握该软件的使用方法。本章主要包括工程造价软件(广联达)简介、钢筋算量软件应用、图形算量软件应用和计价软件应用。

**一、填空题**

1. GGJ2013 广联达 BIM 钢筋算量软件不仅能够完整地计算工程的_____，而且能够根据工程要求，按照结构类型、楼层及构件的不同计算出各自的_____。

2. 根据结构的不同部位，推荐使用的绘制流程：_____→_____→_____→_____。

3. 分部分项工程计价换算可以分为_____、_____。

4. 按照我国现行措施费项目清单，软件内置了_____和_____，如果实际工程有增项，可自定义添加。

**二、简答题**

1. 2013 版工程造价软件(广联达)主要由哪三部分组成？

2. 简述利用工程造价软件(广联达)计算工程项目造价时应遵循的操作思路。

3. 对不同的结构类型，各自的绘制流程是什么？

3. 简述钢筋算量软件轴网的绘制步骤。

4. 简述钢筋算量软件中横梁的画法。

5. 简述 GCL2013 广联达土建算量软件的算量思路及流程。

# 参 考 文 献

[1] 中华人民共和国住房和城乡建设部，中华人民共和国国家质量监督检验检疫总局．GB 50500—2013 建设工程工程量清单计价规范[S]．北京：中国计划出版社，2013．

[2] 中华人民共和国住房和城乡建设部．GB 50854—2013 房屋建筑与装饰工程工程量计算规范[S]．北京：中国计划出版社，2013．

[3] 胡洋，孙旭琴，李清奇．建筑工程计量与计价[M]．南京：南京大学出版社，2012．

[4] 袁建新．建筑装饰工程预算[M]．5 版．北京：科学出版社，2018．

[5] 侯献语，尹晶．工程计量与计价[M]．北京：北京邮电大学出版社，2014．

[6] 万小华，孙丽．工程造价软件应用(广联达)[M]．北京：中国石油大学出版社，2016．

[7] 王春宁．建筑工程概预算[M]．哈尔滨：黑龙江科学技术出版社，2000．